准噶尔盆地勘探理论与实践系列丛书

准噶尔盆地火山岩气藏描述

——以陆东地区火山岩气藏为例

Description of Volcanic Gas Reservoir in Junggar Basin：
A Case Study of Volcanic Gas Reservoir in the Eastern
Part of Luliang Uplift

钱根葆　王延杰　王　彬　戴　勇　李道清　邱恩波等　著

科学出版社

北　京

内 容 简 介

本书以准噶尔盆地陆东地区火山岩气藏为例,在对国内外火山岩气藏的勘探开发现状进行大量调研的基础上,总结了准噶尔盆地陆东地区火山岩气藏开发的难点,系统介绍了火山岩地层层序、层组划分方法、梳理构造、断裂、圈闭解释和分析流程;详述了火山机构、岩体、岩相、岩性等火山岩逐级解剖技术和识别方法;精细描述火山岩岩性特征、储集空间特征、裂缝特征、储层分类与预测、储层综合评价技术;阐述了改造型火山岩气水层识别技术、气水分布规律及气水分布模式;进一步深化了储量计算方法、基质与裂缝储量参数计算、储量计算与评价、采收率标定等储量评价技术与理论;演示了气藏构造建模、储层格架建模、储层属性建模及流体分布建模等最新三维地质建模技术方法。

本书可供从事油气勘探、开发的科研工作者、技术管理人员及高等院校师生科研和教学时参考。

图书在版编目(CIP)数据

准噶尔盆地火山岩气藏描述：以陆东地区火山岩气藏为例＝Description of Volcanic Gas Reservoir in Junggar Basin：A Case Study of Volcanic Gas Reservoir in the Eastern Part of Luliang Uplift/钱根葆等著. —北京：科学出版社,2016.6

(准噶尔盆地勘探理论与实践系列丛书)

ISBN 978-7-03-049184-8

Ⅰ. ①准… Ⅱ. ①钱… Ⅲ. ①准噶尔盆地-火山岩-岩性油气藏 Ⅳ. ①P618.130.2

中国版本图书馆 CIP 数据核字(2016)第 146919 号

责任编辑：万群霞 冯晓利 / 责任校对：蒋 萍
责任印制：张 倩 / 封面设计：无极书装

科 学 出 版 社 出版
北京东黄城根北街 16 号
邮政编码：100717
http://www.sciencep.com
中国科学院印刷厂 印刷
科学出版社发行 各地新华书店经销
*
2016 年 6 月第 一 版 开本：787×1092 1/16
2016 年 6 月第一次印刷 印张：16 1/4
字数：390 000
定价：178.00 元
(如有印装质量问题,我社负责调换)

本书作者名单

钱根葆　　王延杰　　王　彬

戴　勇　　李道清　　邱恩波

杨作明　　仇　鹏　　闫利恒

序

准噶尔盆地位于中国西部,行政区划属新疆维吾尔自治区(简称新疆)。盆地西北为准噶尔界山,东北为阿尔泰山,南部为北天山,是一个略呈三角形的封闭式内陆盆地,东西长 700km,南北宽 370km,面积为 $13 \times 10^4 km^2$。盆地腹部为古尔班通古特沙漠,面积占盆地总面积的 36.9%。

1955 年 10 月 29 日,克拉玛依黑油山 1 号井喷出高产油气流,宣告了克拉玛依油田的诞生,从此揭开了新疆石油工业发展的序幕。1958 年 7 月 25 日,世界上唯一一座以油田命名的城市——克拉玛依市诞生了。1960 年,克拉玛依油田原油产量达到 $166 \times 10^4 t$,占当年全国原油产量的 40%,成为新中国成立后发现的第一个大油田。2002 年原油年产量突破 $1000 \times 10^4 t$,成为中国西部第一个千万吨级大油田。

准噶尔盆地蕴藏丰富的油气资源。油气总资源量为 $107 \times 10^8 t$,是我国陆上油气资源超过 $100 \times 10^8 t$ 的四大含油气盆地之一。虽然经过半个多世纪的勘探开发,但截至 2012 年年底,石油探明程度仅为 26.26%,天然气探明程度仅为 8.51%,均处于含油气盆地油气勘探阶段的早中期,预示着准噶尔盆地具有巨大的油气资源和勘探开发潜力。

准噶尔盆地是一个具有复合叠加特征的大型含油气盆地。盆地自晚古生代至第四纪经历了海西、印支、燕山、喜马拉雅等构造运动。其中,晚海西期是盆地拗隆构造格局形成、演化的时期,印支—燕山运动进一步叠加和改造,喜马拉雅运动重点作用于盆地南缘。多旋回的构造发展在盆地中造成多期活动、类型多样的构造组合。

准噶尔盆地沉积总厚度可达 15000m。石炭系—二叠系被认为是由海相到陆相的过渡地层,中、新生界则属于纯陆相沉积。盆地发育了石炭系、二叠系、三叠系、侏罗系、白垩系和古近系六套烃源岩,分布于盆地不同的凹陷,它们为准噶尔盆地奠定了丰富的油气源物质基础。

纵观准噶尔盆地整个勘探历程,储量增长的高峰大致可分为准噶尔西北缘深化勘探阶段(20 世纪 70~80 年代)、准噶尔东部快速发现阶段(20 世纪 80~90 年代)、准噶尔腹部高效勘探阶段(20 世纪 90 年代至 21 世纪初期)、准噶尔西北缘滚动勘探阶段(21 世纪初期至今)。不难看出,勘探方向和目标的转移反映了地质认识的不断深化和勘探技术的日臻成熟。

正是由于几代石油地质工作者的不懈努力和执着追求,使准噶尔盆地在经历了半个多世纪的勘探开发后,仍显示出勃勃生机,油气储量和产量连续 29 年稳中有升,为我国石油工业发展做出了积极贡献。

在充分肯定和乐观评价准噶尔盆地油气资源和勘探开发前景的同时,必须清醒地看到,由于准噶尔盆地石油地质条件的复杂性和特殊性,随着勘探程度的不断提高,勘探目标多呈"低、深、隐、难"特点，勘探难度不断加大，勘探效益逐年下降。巨大的剩余油气资源分布和赋存于何处，是目前盆地油气勘探研究的热点和焦点。

由中国石油新疆油田分公司（以下简称新疆油田）组织编写的《准噶尔盆地勘探理论与实践系列丛书》在历经近两年时间的努力，终于面世。这是由油田自己的科技人员编写出版的第一套专著类丛书，这充分表明我们不仅在半个多世纪的勘探开发实践中取得了一系列重大的成果，积累了丰富的经验，而且在准噶尔盆地油气勘探开发理论和技术总结方面有了长足的进步，理论和实践的结合必将更好地推动准噶尔盆地勘探开发事业的进步。

该系列专著汇集了几代石油勘探开发科技工作者的成果和智慧，也彰显了当代年轻地质工作者的厚积薄发和聪明才智。希望今后能有更多高水平的、反映准噶尔盆地特色的地质理论专著出版。

"路漫漫其修远兮，吾将上下而求索"。希望从事准噶尔盆地油气勘探开发的科技工作者勤于耕耘、勇于创新、精于钻研、甘于奉献，为"十二五"新疆油田的加快发展和"新疆大庆"的战略实施做出新的更大的贡献。

新疆油田公司总经理

2012 年 11 月

前　言

　　火山岩油气藏作为油气勘探的新领域，近年来已引起了石油界和学者们的普遍关注和兴趣。目前，全球多个国家发现了火山岩油气藏，其特点是产层厚、产量高、储量大，已成为重要的勘探目标。虽然发现了众多火山岩油气藏，但尚未系统、深入地研究，总体来说火山岩油气藏勘探、研究程度较低，没有形成比较系统的研究方法，对勘探和开发造成一定的影响。目前，火山岩储层表征技术主要沿袭碎屑岩或碳酸盐岩储层研究的方法和思路，针对深层火山岩气藏描述还没有形成一套独立、完整而切实可行的研究体系。

　　陆东地区石炭系火山岩内幕结构复杂，各级结构单元的界面模糊，复杂的内幕结构导致火山岩储层非均质性更强、分布规律差；储集空间及孔隙结构复杂，有效储层类型多、导电机理复杂。因此，相对松辽盆地，克拉美丽火山岩储层识别及分类预测难度更大。由于岩石类型多、储层成因复杂，加上多期喷发及岩石蚀变影响，火山岩气藏低阻气层和高阻水层类型多，气水层识别难度大；内幕结构复杂也导致火山岩气水关系复杂，气藏类型、形态、叠置关系及规模变化大，气藏分布模式复杂，地质建模难度大。鉴于上述火山岩气藏描述的难点问题，有效地开展陆东地区石炭系火山岩气藏描述攻关，保持陆东地区火山岩气藏的产量稳定增长，推动新疆地区经济发展和火山岩气藏的有效开发，不但有利于推动我国天然气工业快速发展，对深化我国火山岩油气藏勘探、开发进程等具有重要意义。

　　全书以准噶尔盆地陆东地区火山岩气藏为例，对火山岩气藏进行较系统的描述，展示近年来火山岩气藏勘探开发中取得的重大进展，可为国内外同类气藏的勘探开发提供丰富的参考资料。全书共7章。第1章在对国内外火山岩气藏的勘探开发现状进行大量调研的基础上，总结准噶尔盆地陆东地区火山岩气藏勘探、开发的难点，并介绍准噶尔盆地火山岩气藏的形成机制。第2章介绍火山岩地层层序、层组划分方法，梳理构造、断裂、圈闭解释和分析流程。第3章针对准噶尔盆地陆东地区火山岩气藏的内幕结构特点，系统介绍火山机构、岩体、岩相、岩性等火山岩逐级解剖技术和识别方法。第4章是火山岩的储层特征描述，包括岩性特征、储集空间特征、裂缝特征、储层分类与预测、储层综合评价。第5章主要阐述改造型火山岩气水层识别技术、气水分布规律及气水分布模式。第6章介绍储量计算方法、基质与裂缝储量参数、储量计算及评价及采收率标定等储量评价技术与理论。第7章为三维地质建模技术，主要包括气藏构造建模、储层格架建模、储层属性建模及流体分布建模等技术方法。

本书编撰过程中得到中国石油天然气股份公司"十二五"油气田开发科技项目"天然气开发关键技术研究"(编号:2011B-1506-02)和"新疆大庆"油气田开发重大科技专项课题"特殊气藏开发技术研究与应用"(编号:2012E-34-10)的资助。

在全书撰写过程中,新疆油田分公司总经理陈新发欣然为本书作序,西南石油大学教授司马立强等人参与了部分编纂工作,中国石油大学(北京)教授王志章对全书做了系统校审,在此深表感谢。

鉴于编者水平有限,难免有错误及不妥之处,敬请广大读者不吝指正。

作　者

2016 年 1 月

目　录

绪　论　第1章

近年来,火山岩油气藏越来越受到石油地质界的关注。其中,火山岩气藏作为一种特殊的油气藏类型,广泛分布于世界多个含油气盆地中,已逐渐成为世界各国重要的勘探、开发目标和油气储量的增长点。国外火山岩气藏主要分布于美国、日本、澳大利亚等地,但储量和产能规模普遍较小,投入开发较少,研究程度低。国内自2002年起,相继发现大庆徐深、吉林长岭等大型火山岩气藏后,于2006年在准噶尔盆地陆东地区石炭系发现了资源丰富、储量规模较大的火山岩气藏,火山岩油气勘探取得重大进展。

1.1　火山岩气藏勘探开发及研究现状

1.1.1　国外火山岩气藏勘探开发现状

火山岩是油气储集的主要岩类之一,火山岩油气藏在中、新生代陆相及海相盆地中具有全球性发育的特点,火山岩的存在对油气形成和聚集均有十分重要的意义。近年来,随着石油工业的发展和勘探技术的提高,火山岩油气藏相继在美国、格鲁吉亚、印度尼西亚、日本、阿根廷、墨西哥、俄罗斯、联邦德国等国家被发现(温暖,2004)(表1.1)。特别是日本的新潟盆地已发现30多个油气田,最大的吉井-东柏崎气田原始可采储量为$118\times10^8 m^3$。日本新潟地区的东新潟气田和颈城油气田、新近系"绿色凝灰岩"油藏是火山岩组成的古地理锥状起后继承性发展为背斜而捕集油气的。美国得克萨斯州沿岸平原油田、白垩系的玄武岩油藏是呈火山锥的熔岩继承发展为穹窿而捕集油气的。阿塞拜疆穆拉德汉雷油田位于阿塞拜疆油气区的中库拉盆地东部,石油主要产于潜山顶部的喷发岩(粗面玄武岩及安山岩)中,喷发岩的孔隙度为$10\%\sim16\%$,基质渗透率实际上接近于零,油井获得较高产量与裂缝有关,单井产量最高达500t/d。

1. 国外火山岩勘探研究现状及发展趋势

火山岩油气藏在国外已有120年的勘探历史,火山岩储集层作为油气勘探的新领域,近年来已引起了石油界学者们的普遍关注和兴趣。目前,全球多个国家发现了火山岩油气藏,其特点是产层厚、产量高、储量大,已成为重要的勘探目标。

目前,世界范围内已发现300余个与火山岩有关的油气藏或油气显示,国外火山岩油气勘探研究和认识大致可概括为3个阶段(于宝利,2008)。

第一阶段(20世纪50年代前):大多数火山岩油气藏都是在勘探浅层其他油藏时偶然发现的,认为其不会有任何经济价值,因此未进行评价研究和关注。

表 1.1　世界火山岩油气藏分布及主要特征(据张子枢和吴邦辉,1994,有修改)

国家	油气藏名称		发现年份	油、气层					
				层位	岩性类型	深度/m	厚度/m	孔隙度/%	渗透率/10⁻³μm²
日本	见附		1958	新近系	斜长流纹角砾岩、英安熔岩	1515~1695 1570~2020	100	20~25	10~42
	富士川		1964	新近系	安山集块岩	2180~2370	57	15~18	
	吉井-东柏崎		1968	新近系	斜长流纹熔岩、凝灰质角砾岩	2310~2720	111	9~32	150
	片贝		1960	新近系	安山集块岩	750~1200	139	17~25	1
	南长岗		1978	新近系	流纹角砾岩		几百	10~20	1~20
印度尼西亚	贾蒂巴朗		1969	古近系	安山岩、凝灰角砾岩	2000	15~60	6~10	受裂缝控制
古巴	哈其包尼科		1954	白垩系	凝灰岩	330~390			
	南科里斯塔列斯		1966	白垩系	凝灰岩	800~1100	100		
	古那包		1968	白垩系	火山角砾岩	800~950	150		
墨西哥	富贝罗		1907	古近系	辉长岩				
阿根廷	赛罗-阿基特兰		1928	白垩系—新近系	安山岩-安山角砾岩	120~600	75		
	图平加托			白垩系—新近系	凝灰岩	2100		20	
	帕姆帕-帕拉乌卡			三叠系	流纹岩、安山岩				
美国	得克萨斯	利顿泉	1925	白垩系	蛇纹岩	330~420	平均4.5		
		雅斯特	1928	白垩系	蛇纹岩	400~500	平均4.5		
		沿岸平原	1915~1974	白垩系	橄榄玄武岩等				
	亚利桑那	丹比凯亚	1969	新近系	正长岩、粗面岩	850~1350	18~49	5~17	0.01~25
	内达华	特拉普-斯普林	1976	新近系	凝灰岩	2000			
苏联	格鲁吉亚	萨母戈里-帕塔尔祖利	1974~1982	新近系	凝灰岩	2500~2700		0.1~14	0.1~0.01
	阿塞拜疆	穆拉德汉雷	1971	白垩系—新近系	凝灰角砾岩、安山岩	2950~4900	100	平均20.2	0~2.3
	乌克兰	外喀尔巴阡	1982	新近系	流纹-英安凝灰岩	1580	300~500	6~13	0.01~3
加纳	博森泰气田		1982	第四系	落块角砾岩	500	125	15~21	

第二阶段(20 世纪 50 年代初至 60 年代末):认识到火山岩中聚集油气并非偶然现象,开始给予一定重视,并在局部地区有目的地进行了针对性勘探。1953 年,委内瑞拉发现了拉帕斯油田,其单井最高产量达到 1828m³/d,这是世界上第一个有目的的勘探并获得成功的火山岩油田,这一发现标志着对火山岩油藏的认识上升到一个新的水平。

第三阶段(20 世纪 70 年代以来):世界范围内广泛开展了火山岩油气藏勘探。在美国、墨西哥、古巴、委内瑞拉、阿根廷、苏联、日本、印度尼西亚、越南等国家发现了多个火山岩油气藏(田),其中较为著名的是美国亚利桑那州的比聂郝-比肯亚火山岩油气藏、格鲁吉亚的萨姆戈里-帕塔尔祖里凝灰岩油藏、阿塞拜疆的穆拉德哈雷安山岩及玄武岩油藏、印度尼西亚的贾蒂巴朗玄武岩油藏、日本的吉井-东柏崎流纹岩油气藏、越南南部浅海区的花岗岩白虎油气藏等。

国外火山岩油气藏储集层时代新,从已发现的火山岩储集层时代统计,在新近系、古近系、白垩系发现的火山岩油气藏数量多,在侏罗系及以前地层中发现的火山岩油气藏较少,勘探深度一般从几百米到 2000m 左右,深度超过 3000m 的较少。火山岩油气藏形成的构造背景以大陆边缘盆地为主,也有陆内裂谷盆地。如北美、南美、非洲发现的火山岩油气藏,主要分布在大陆边缘盆地环境。火山岩油气藏储集层岩石类型以中-基性玄武岩、安山岩为主,其中玄武岩储集层占所有火山岩储集层的 32%,安山岩占 17%;储集层空间以原生或次生型孔隙为主,普遍发育的各种成因裂缝对改善储集层起到了决定性的作用。

虽然发现了包括上述在内的众多火山岩油气藏,但多为偶然发现或局部勘探,尚未作为主要领域进行全面勘探和深入研究,总体来说,国外火山岩油气藏勘探、研究程度较低,目前,全球火山岩油气藏探明油气储量仅占总探明油气储量的 1% 左右(Sherwood,2002;Petford and Mccaffrey,2003)。

2. 世界火山岩油气藏资源量及开发现状

自 1887 年在美国加利福尼亚州的圣华金盆地首次发现火山岩油气藏以来,火山岩油气藏的勘探已有百余年历史,先后在全球发现了大量的火山岩油气藏。世界火山岩油气藏广泛分布于日本、美国、委内瑞拉、古巴、前苏联、中国等国家的多个含油气盆地中(Homvc,2001)。截至 2003 年年底,全球共发现火山岩油气藏 169 个,见油气显示 65 处、油苗 102 个,探明油气储量 $15 \times 10^8 t$ 当量以上(Petford and Mccaffrey,2003;冉启全等,2010)。

火山岩气藏总体上发现的较多,真正投入开发的较少。生产时间长、开发效果较好的火山岩气田仅有日本的吉井-东柏崎气田(1968 年)和南长冈气田(1978 年),但仍存在气藏地质研究系统、开发技术研究程度低的缺陷,研究成果仅能满足生产需求(邹才能等,2008)。

1.1.2　国内火山岩气藏勘探开发现状

自 20 世纪 50 年代以来,我国先后在渤海湾盆地、内蒙古二连盆地、黄骅拗陷、准噶尔盆地和塔里木盆地、松辽盆地及江苏油田等地先后发现了具有一定储量的火山岩油气藏。

据统计,其中火山岩气藏的有利勘探面积超过 $2\times10^4\,km^2$,气藏地质储量超过 $3\times10^{12}\,m^3$(袁士义等,2007;周学民,2007;雷群等,2008)。火山岩气藏已成为我国天然气勘探和开发的主要领域之一,经济有效地开发好火山岩天然气藏,不但有利于推动我国天然气工业健康快速发展,更是我国 21 世纪能源得以持续发展的战略问题(孙军昌,2010)。

1. 国内火山岩勘探研究现状及发展趋势

国内各沉积盆地内部及周边地区火山岩分布广泛,东部燕山期发育的火山岩体分布规模大,东南沿海火山岩分布面积超过 $50\times10^4\,km^2$,大兴安岭火山岩带面积超过 $100\times10^4\,km^2$,有较好的火山岩勘探基础(于宝利,2008)。

我国火山岩油气藏勘探在准噶尔盆地、渤海湾盆地等 11 个盆地中陆续发现了一批火山岩油气田。特别是近年来,相继在渤海湾盆地、松辽盆地、二连盆地、准噶尔盆地、四川盆地等火山岩油气勘探中取得了重大突破,同时在浙闽粤东部中生代火山岩分布区及东海陆架盆地中的长江凹陷、海礁凸起、钱塘凹陷等中、新生代火山岩发育区也成为找油、找气的新领域。目前,火山岩已作为重要的油气勘探领域进行全面勘探,我国东部、北疆两大火山岩油气区已初具规模。

我国第一个火山岩油气藏于 1957 年首次在准噶尔盆地西北缘发现,该区火山岩油气藏勘探已历经 50 余年。我国火山岩油气勘探也大致经历了三个发展阶段:

第一阶段(1957～1990 年):偶然发现阶段,主要集中在准噶尔盆地西北缘和渤海湾盆地的辽河拗陷、济阳拗陷等。

第二阶段(1990～2002 年):局部勘探阶段,随着地质认识的不断提高和勘探技术的不断进步,开始有针对性地在渤海湾盆地和准噶尔等的个别地区开展勘探。

第三阶段(2002 年以后):全面勘探阶段,在渤海湾盆地、松辽盆地、准噶尔盆地等全面开展火山岩气藏的勘探部署,取得了重大进展和突破。截至 2006 年年底,中国石油天然气股份有限公司已提交火山岩探明石油储量 $47821.3\times10^4\,t$,溶解气地质储量 $229.4\times10^8\,m^3$;火山岩油气藏探明天然气地质储量 $1249.2\times10^8\,m^3$,全国火山岩探明油气当量约为 $73000\times10^4\,t$。与国外火山岩油气藏勘探现状相比,中国的火山岩油气藏勘探主要有以下 3 个特点。

(1) 我国现已把火山岩油气藏作为重要的领域进行全面勘探。20 世纪 80 至 90 年代,中国相继在准噶尔盆地、渤海湾盆地、苏北盆地等地发现了一些火山岩油气藏,如准噶尔盆地西北缘克拉玛依玄武岩油气藏、内蒙古二连盆地的阿北安山岩油气藏、渤海湾盆地黄骅拗陷风化壳中生界安山岩油气藏和枣北沙三段玄武岩油气藏、济阳拗陷的商 741 辉绿岩油气藏等。进入 21 世纪以来,中国加强了火山岩油气藏的勘探,勘探领域不断扩展,又相继在渤海湾盆地的辽河东部凹陷、松辽盆地深层、准噶尔盆地、三塘湖盆地石炭系—二叠系发现了一批规模油气藏,尤其是以松辽盆地北部徐深 1 井获得重大突破为标志,全面带动了火山岩油气藏的大规模勘探,使其成为中国目前一个重要的勘探领域。

(2) 不同时代、不同类型盆地各类火山岩均可形成火山岩油气藏。我国已发现的火山岩油气藏,东部主要发育在中、新生界,岩石类型以中-酸性火山岩为主,西部主要发育在古生界,岩石类型以中-基性火山岩为主,但所有类型火山岩都有可能形成油气藏。火山岩油气藏主要发育在大陆裂谷盆地环境,如渤海湾盆地、松辽盆地等,但在前陆盆地、岛弧型海陆过渡相盆地中也普遍发育,如准噶尔盆地西北缘和陆东-三塘湖地区。在油气藏类型和规模上,东部以岩性型为主,可叠合连片分布,形成大面积分布的大型油气田,如松辽深层徐家围子的徐深气田;西部以地层型为主,可形成大型整装油气田,如准噶尔盆地克拉玛依大气田、西北缘大油田等。火山岩油气藏的分布与沉积盆地有密切联系。

(3)"十五"以来,中国石油天然气集团公司(以下简称"中国石油")的火山岩地震储集层预测、大型压裂等勘探开发配套技术不断完善,初步形成了针对火山岩油气藏的技术系列。

火山岩在火山作用、成岩作用和构造作用下,形成熔岩型储集层、火山碎屑岩型储集层、溶蚀型储集层、裂缝型储集层四类储集层,原始爆发相火山碎屑岩和喷溢相熔岩是最有利的储集相带;经后期风化淋滤作用,不同岩性均可形成溶蚀型好储集层。火山岩储集层形成主要受火山岩喷发时的岩性、岩相及次生作用控制,受压实作用影响较小,因此,储集层物性随埋藏深度变化较小。

火山岩气藏之所以能成为具有工业开采价值的气藏,主要原因在于:①火山熔岩中常有发育的气孔;②火山熔岩中大量发育有收缩裂缝;③火山碎屑岩中大量发育有粒间孔隙;④火山岩喷出地表后物理化学条件发生巨大变化,其岩石组成和矿物成分极不稳定,易遭受风化、溶蚀、交代等作用而产生大量溶蚀孔、重结晶孔、风化剥蚀裂缝等储渗空间;⑤火山岩扬氏模量比砂岩高,其中酸性火成岩又比中性及基性火成岩高,表现为脆性强,容易在构造力作用下,碎裂形成构造裂缝。构造裂缝往往是微裂缝,或被后期次生矿物充填后残留的部分微裂缝。当充填的程度不均一时,再经溶蚀作用,可成为有效的储集空间和渗流通道(伍友佳,2001;杨懋新,2002;彭彩珍等,2006)。

由于火山岩油气藏具有分布广,但规模较小、初始产量高、递减快和储集类型、成藏条件复杂等特点(罗静兰等,2003),目前,对该类油气藏没有形成比较系统的研究方法,对勘探和开发造成一定的影响。总体上,火山岩储层表征技术目前主要沿袭碎屑岩或碳酸盐岩储层研究的方法和思路,针对深层酸性火山岩气藏的储层表征技术严重滞后的问题,还没有形成一套独立、完整而切实可行的研究体系(王拥军,2006)。

2. 国内火山岩油气藏资源量及发展趋势

国内各盆地火山岩分布广泛,总面积达 $215.7 \times 10^4 \text{km}^2$,预测有利勘探面积为 $36 \times 10^4 \text{km}^2$,近期勘探不断有新发现,勘探领域亦不断扩展,根据目前勘探进展初步预测,火山岩总的石油资源量在 $60 \times 10^8 \text{t}$ 油当量以上。因此,我国含油气盆地火山岩中剩余油气资源丰富,勘探潜力大,展示了火山岩油气藏勘探领域的巨大潜力。目前,国内火山岩的油气勘探,出现了以下六个新的发展趋势:①在地区上,从东部渤海湾盆地向松辽盆地深层发展,西部准噶尔盆地、三塘湖盆地等地区由点到面快速发展;②在勘探层位上,由东部中、新生界向西部上古生界发展;③在勘探深度上,由中浅层向中深层甚至深层发展;④勘探部位,由构造高部位向斜坡和凹陷发展;⑤岩性岩相类型,由单一型到多类型,由近火山口向远火山口发展;⑥油气藏类型,由构造、岩性型油气藏向岩性、地层型油气藏发展。

目前,我国拥有世界上最大规模的火山岩气藏。实现该类气藏的有效开发,可以缓解国际能源供需矛盾,推动我国天然气工业快速发展;同时,火山岩气藏的高效开发对推动天然气开发技术进步、指导类似气藏的开发具有重要意义。

火山岩气藏地质条件复杂,国内外研究程度较低,可供借鉴的经验较少,气藏开发难度大。实现火山岩气藏有效开发的关键在于认识储层,而储层认识的关键又在于储层表征(冉启全等,2010)。但火山岩气藏内幕结构及储层成因复杂,储层表征的技术思路、方法、手段与常规气藏不同。因此,前人已经针对火山岩气藏开发的难点,以大庆、吉林、新疆等大型火山岩气藏开发的生产实践为依托,积极探索和反复求证,不断进行思路创新、方法创新和技术创新,在对最新成果进行总结、提炼的基础上,已初步形成火山岩气藏储层表征技术,从而指导生产,推动火山岩气藏开发技术的进步。

虽然人们对于火山岩油气藏的勘探和开发实践已有近百年的历史,但无论是研究深度还是广度都远远不及常规砂岩与碳酸盐岩油气藏(曹宝军等,2007)。这是由于早期火山岩油气藏均是在勘探浅层其他油气藏时偶然发现的,因此,石油工业界一般认为火山岩储层中含有油气只是一种偶然或者个别现象,从而使业界一直对此类油气藏缺乏重视,在主观上造成了对火山岩油气藏认识和研究的轻视(周学民,2007)。直至 20 世纪 70 年代,由于在全世界范围内多个不同地区陆续发现了一些火山岩油气藏,人们才开始对此类储层的地质和开发特征进行比较深入的研究,其中,美国、前苏联和日本等国研究较多(周学民,2007)。但直至现在,对于火山岩油气藏储层的主要研究工作还仅局限于大量的地面露头观察、储层评价方法研究、室内试验研究及对开发特征等初步研究阶段(徐正顺等,2008)。因此,总体来看,由于火山岩油气藏储层固有地质特征的复杂性,如储层岩相、岩性种类繁多,并且地区差异性较大,因此前期的很多研究工作都还比较粗浅,往往是以某一特定地区为研究对象,研究成果之间缺乏系统性和对比性。目前,尚未形成系统成熟的火山岩油气藏研究、开发的规律和经验(孙军昌,2010)。

1.1.3 火山岩气藏勘探开发理论、技术及应用现状

1. 火山岩气藏勘探理论、技术及应用现状

随着我国中、新生代含油气盆地中火山岩油气藏的不断发现及各油区勘探程度的进一步提高,构造油气藏、碎屑岩油气藏的勘探开发难度日益增大,火山岩油气藏勘探理论与技术已经引起了石油界学者的普遍关注和高度重视(罗静兰等,2003)。近十几年来,国内外针对火山岩油气藏的勘探理论、技术及应用研究开展了大量的工作,提出了火山岩气藏成藏、天然气分布与富集规律的理论与配套气藏描述等勘探技术。

(1)火山岩气藏成藏理论认为,火山岩储层油气既有有机成因,也有无机成因,绝大部分属于有机成因。油气运聚模式主要分为原生火山岩岩性型油气运聚模式和残留盆地火山岩风化壳型油气运聚模式两类(邹才能等,2011a),松辽盆地徐深火山岩气田为岩性型油气运聚模式,而准噶尔盆地克拉美丽火山岩气田则为风化壳型油气运聚模式(邹才能等,2008,2011b),是国内典型的火山岩气藏。其中,岩性型油气运聚模式包括:陡坡带运聚模式、断槽带运聚模式、缓坡带运聚模式、中央构造带运聚模式。而风化壳型的油气运聚模式有:源内火山岩层序型运聚模式、源上火山锥准层状型运聚模式、侧源火山岩不整

合梳状型运聚模式。

（2）关于火山岩气藏内天然气分布与富集的理论有：岩性型气田的天然气分布与富集规律主要有四点（邹才能等，2014）：①持续沉降型断陷控制天然气区域分布；②生烃断槽控制断陷内天然气分布；③近邻生烃断槽的断裂构造带是断陷内天然气富集区带；④优质火山岩储层控制了天然气富集带。而风化壳型油气分布与富集规律为：残留生烃凹陷控制油气平面分布；风化壳规模控制油气富集程度；风化壳地层型有效圈闭控制油气聚集；正向构造背景控制油气聚集方向；断裂及裂缝控制油气富集高产。

火山岩气藏往往非均质性非常强，气藏勘探及描述难度大。目前，在火山岩气藏成藏及天然气分布与富集规律机制理论的指导下，形成的火山岩气藏主要勘探技术主要包括以下 3 个方面（Jansa and Pe-Piper，1988；杜金虎，2010；郑建东，2010）：火山岩及岩相带宏观分布预测技术、火山岩体预测技术及以"三相孔隙弹性理论"研究、成像测井与 ECS（元素测井）相结合为基础的火山岩储层测井评价技术（Jansa and Pe-Piper，1988；Wu et al.，2008；李宁，2009；杜金虎，2010；郑建东，2010）。

当前，在火山岩气藏成藏、天然气分布与富集规律的理论指导下，运用上述配套的勘探技术体系，在新疆北部石炭系、松辽盆地白垩系火山岩油气勘探中，相继取得了一批重要成果，有效地指导了我国火山岩油气藏的勘探开发部署。

2. 火山岩气藏开发理论、技术及应用现状

近十几年来，国内外火山岩油气藏的开发技术发展较为迅速，在火山岩储层的精细描述等开发前期评价工作的基础上，进行了火山岩气藏开发理论、开发技术政策、产能评价等的气藏开发设计和裸眼井完井、大规模压裂完井、CO_2 防腐等气藏压裂工艺方面的研究（冯程滨等，2006；张训华，2006；徐正顺等，2010；宋元林等，2011）。形成了当前针对火山岩气藏特征的相态与渗流机理理论、水平井开采渗流理论以及水平井开采的物理模拟和数值模拟方法。同时在实际生产中也发展了相应配套的开发技术，主要有以下几个方面：

第一，针对不同的储层地质条件，对钻、完井方式进行优选。在储层厚度较大、距边底水较远、裂缝相对发育的区域优选直井压裂投产；在储层物性好、厚度大、距边水和底水较远的区域优选欠平衡直井投产；在厚层、距边水和底水较远、夹层发育的区域，优选水平井压裂投产；在距底水近、物性相对好的区域，选用欠平衡水平井裸眼完井投产。

第二，针对目前火山岩地层钻井存在的可钻性差、地层倾角大、井斜控制难度高、地层裂缝发育、漏失严重和井壁稳定性差等技术难点，进行钻井技术的优化。主要包括：以优选钻头为重点的综合提速技术；应用新材料和新工艺的防漏、堵漏技术；多种形式的欠平衡水平井钻井技术。

第三，为了对气井进行增产改造，发展了采气配套工艺技术。主要有：深层火山岩储层压裂技术；井下作业储层保护技术；直井和水平井的现场压裂技术（刘合等，2004；王彦祺，2009；杨明合等，2009；孙晓岗等，2010；杨虎等，2010；李君，2012）。

目前，上述技术已较好地应用于准噶尔盆地克拉美丽气田、松辽盆地徐深气田等火山岩气藏的开发中，并取得了较好的应用效果；同时，对其他油田火山岩油气藏开发工作有一定的借鉴意义。

1.1.4 火山岩气藏勘探开发难点及意义

准噶尔盆地陆东地区克拉美丽气田是近年来准噶尔盆地天然气勘探的一个重大发现。复杂的地质特点使气藏描述难度增大,主要表现如下。

(1) 火山机构类型多,内部岩性、岩相变化快;火山岩分布受水流、空气等多种介质的搬运、沉积和改造;后期遭遇多期构造运动破坏;因此内幕结构复杂,各级结构单元的界面模糊,识别和解剖难度大。

(2) 岛弧环境下水上、水下火山喷发频繁交互,导致原生孔隙类型、形态和规模变化大,后期改造作用及岩石蚀变使次生孔隙类型、形态及规模变化大,导致火山岩储集空间及孔隙结构复杂,有效储层类型多、导电机理复杂;同时,复杂的内幕结构导致火山岩储层非均质性更强、分布规律差;因此,相对松辽盆地,陆东地区火山岩储层识别及分类预测难度更大。

(3) 岩石类型多、储层成因复杂,加上水下火山喷发及岩石蚀变影响,克拉美丽火山岩低阻气层和高阻水层类型多,气水层识别难度大;内幕结构复杂导致火山岩气水关系复杂,气藏类型、形态、叠置关系及规模变化大,难以建立合理的气藏分布模式。

(4) 克拉美丽气田火山岩内幕结构复杂,储层发育影响因素多,为孔洞缝多重介质,流体分布规律复杂,地质建模难度大。

鉴于上述火山岩气藏描述的难点问题,有效地开展该类火山岩气藏描述攻关,对推动我国火山岩油气藏勘探、开发进程等具有重要意义。

1.2 准噶尔盆地火山岩形成机制

1.2.1 位置概况

准噶尔盆地位于我国新疆北部,周缘分布有古生代褶皱山系,西北部为哈拉阿拉特山、扎依尔山组成的西准噶尔界山,东北部为青格里底山和克拉美丽山组成的东准噶尔界山,南缘为北天山。盆地面积约 $130000km^2$,沉积岩最大厚度逾 $10000m$。盆地基底由古老结晶岩系和早、中古生代褶皱系组成。自晚古生代以来的海西、印支、燕山及喜马拉雅等多次构造运动,使盆地先后经历了南北向拉张伸展、南北向和北西向碰撞挤压、南北向和北西向张压交替和南北向冲断推覆压扭变形阶段,并且各次构造运动对盆地地层、油气的生成与运聚都起了重要的作用,亦造就了盆地现今拗隆(凹凸)间列的构造格局(李军,2008)。

准噶尔盆地陆梁隆起东南部的滴南凸起在石炭系发育火山岩气藏。滴南凸起夹持在滴水泉南断裂与滴水泉北断裂之间,呈近东西向展布,东抵克拉美丽山前、西连莫北凸起、北接滴水泉凹陷、南临东道海子凹陷和五彩湾凹陷,主体部位的基底顶面埋深为 $2000\sim4200m$(图 1.1)。

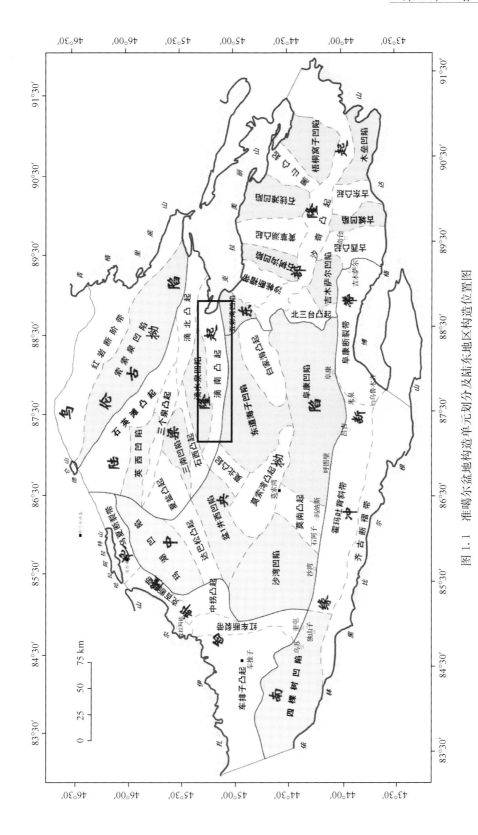

图 1.1 准噶尔盆地构造单元划分及陆东地区构造位置图

1.2.2 构造及演化特征(陈新发等,2012)

1. 准噶尔盆地基底结构

根据航磁资料,准噶尔盆地地壳有两个磁性界面,上界面在盆地边缘地区的平均厚度为 5～8km,下界面平均深度为 16km,两者之间的地层厚达 10km。从现有资料看,上界面相当于上古生界中磁性地层的顶面,在盆地南缘的北天山凹陷区,钻井资料与地面露头已证实为晚海西期褶皱基底,下界面所反映的地层要比上古生界老得多。从准噶尔盆地及其周边岩石的磁性来看,泥盆系以下的古生界及上元古界磁性都比较弱,难以形成磁性界面,只有比它们更老的太古宇及下元古界磁性比较强,可以形成磁性界面。所以,将深达 16km 的下磁性界面作为太古宇及下元古界(即前寒武纪)结晶基底的顶面。

石炭纪末,由于造山运动造成地热流值偏高,再加上石炭纪大量的火山喷发、岩浆侵入,使早古生代和晚古生代早期的沉积岩发生变质,形成准噶尔盆地海西期基底,并叠加于前寒武纪结晶基底之上,从而形成准噶尔盆地双重基底结构(图 1.2)。

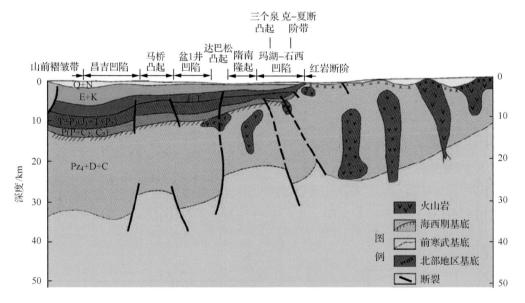

图 1.2 准噶尔盆地双重基底结构

这种双基底结构反映了前盆地阶段准噶尔地区在古生代极为复杂的构造演化过程和稳定体制向活性体制的转化。经历了加里东和早中海西两个时期后,准噶尔由稳定陆块完全变成了岛弧区。纳谬尔期以后,准噶尔岛弧开始回返(部分地区回返可延迟到早二叠纪末),在褶皱回返的复向斜中,出现了一些断拗结合的小盆地,准噶尔盆地开始形成。

2. 准噶尔盆地构造单元划分

准噶尔盆地是西部大型复合叠加盆地,从晚海西期开始经历了"四期三阶段"的构造演化,其中,晚海西构造运动对盆地构造格局的形成起到了至关重要的作用,因此,将晚海西的构造运动及形成的构造格局作为构造单元划分的基本依据与原则。另外,之后的构造运动对盆地各区的影响和意义不同。准噶尔盆地的构造单元划分为六个一级构造单元和 44 个二级构造单元(图 1.1)。

西部隆起:包括乌-夏断裂带、克-百断裂带、红车断裂带、车排子凸起、中拐凸起 5 个二级构造单元,北东向展布,长 300km,宽 20~30km,总面积 13500km²。主体由 3 个断裂带组成,表现出典型的冲断前锋构造带的推覆、分段、同生长、周期性活动的特征。推覆活动时间始于二叠纪,到燕山晚期休止,推覆距离自北向南逐渐减小,最大可达 16km。

陆梁隆起:走向北西,是盆地中的一个大型隆起单元,面积 19400km²。二叠纪—三叠纪早、中期一直处于隆升状态。陆梁隆起大部分地区缺失二叠系沉积(与玛湖凹陷和盆 1 井西凹陷相邻的地方有薄层沉积)。在这种隆升背景下,由于基底断裂的活动差异,形成了英西凹陷、石英滩凸起、三个泉凸起、滴南凸起、滴北凸起、三南凹陷等。三叠纪中晚期—侏罗纪,陆梁隆起逐渐下沉,接受了上三叠统、侏罗系沉积,但厚度相对南北两个拗陷都要薄。盖层厚度一般为 2000~5000m。

东部隆起:为盆地东部呈北西(NW)向的隆起区,由五彩湾凹陷、沙帐断褶带、沙奇凸起、北三台凸起、石树沟凹陷、黄草湖凸起、石钱滩凹陷、黑山凸起、梧桐窝子凹陷、木垒凹陷、吉木萨尔凹陷、古城凹陷、古东凸起、古西凸起 14 个次级构造单元组成,总面积 26400km²。

二叠纪时期,因克拉美丽山褶皱成山,并向南逆冲推覆以及博格达山的隆升、向北挤压,使东部形成了"两拗一隆"的构造格局,即五彩湾大井拗陷、博格达山前拗陷、沙奇隆起,拗陷内二叠系厚度可达 3000~6000m。印支、燕山期运动强烈,将晚海西晚期形成的北西向隆拗相间的构造格局切块改造为北东向的棋盘格子式叠加。

北天山山前冲断带:自西向东由四棵树凹陷、齐古断褶带、霍玛吐背斜带、阜康断裂带组成,总面积约为 24000km²,是一个以晚海西期前陆拗陷为基础,长期发育、多期叠合的继承性拗陷带。晚古生代中晚期该区发育大型山前前陆拗陷,沉积巨厚的海相、残留海相和陆相地层。中生代一直到古近纪,该区为陆相统一振荡型沉积盆地的拗陷中心地区,沉积厚度在 5000m 以上。新近纪至第四纪为再生前陆盆地阶段,该区再次大幅下降。受强烈的喜马拉雅构造运动影响,在构造上具有东西分带、南北分排的特点,形成以新近纪为主体的背斜构造带及滑脱推覆体。

中央拗陷:位于陆梁隆起以南,北天山山前冲断带以北,是准噶尔盆地相对稳定的地区,沉积地层全且厚度大,最厚可达 15000m,主要由大型凹陷,如玛湖凹陷、盆 1 井西凹陷、沙湾凹陷、阜康凹陷等持续性凹陷群组成。在拗陷中部有一二叠纪形成的弧形低凸带(莫索湾凸起、莫北凸起、白家海凸起),拗陷总面积 38200km²。目前,准噶尔盆地发现的油气几乎都是围绕这个大拗陷。

乌伦古拗陷:乌伦古拗陷位于盆地最北部,由红岩断阶带、索索泉凹陷组成,面积为 14700km²,和陆梁隆起一样,在晚海西期—早中三叠世也处于隆升状态,但在晚三叠世—侏罗纪形成了相对独立的箕状沉积凹陷,盖层厚一般为 4000~6000m。

3. 准噶尔盆地构造演化

据前人研究,石炭纪以前,准噶尔-吐哈地体的北边为西伯利亚板块,西边为哈萨克斯坦板块,西南边为伊犁地体,南边为塔里木板块,东南边为中天山地体,各板块与地体之间均为大洋所分隔。到了石炭纪,准噶尔-吐哈地体向西伯利亚板块拼接碰撞,形成东准噶尔造山褶皱带。同时向哈萨克斯坦板块拼接碰撞,形成西准噶尔造山褶皱带;伊犁地体向准噶尔-吐哈地体拼接,形成伊林黑比尔根造山褶皱带。与此同时,由于受力的不均衡性而导致准噶尔吐哈地体分离,其间形成博格达裂陷槽。随后的中天山地体向准噶尔、吐哈地体拼接碰撞而形成觉罗塔格造山褶皱带和博格达褶皱带。这一演变过程,基本造就了北疆地区的大地构造格局。据北疆地区各地质单元的磁偏角资料,在各板块和地体的拼接碰撞过程中,存在一定的相对运动,即西伯利亚板块和哈萨克斯坦板块相对于准噶尔地体进行了顺时针的旋转,这也就是目前西伯利亚板块位于准噶尔地体东北边,而哈萨克斯坦板块位于准噶尔地体西北边的原因所在,同时也是二叠纪右行压扭性应力场产生的直接原因。

实际上,在石炭纪以前,准噶尔地块是由两部分组成,即南部的玛纳斯地体和北部的乌伦古地体。石炭纪末,玛纳斯地体和乌伦古地体开始发生拼接,拼接带向东是克拉美丽山基性-超基性岩带与更东面的塔克扎勒超基性岩带相连,并沿中蒙边境向东延伸,正是西伯里亚板块与哈萨克斯坦板块在东准噶尔的缝合线,西段即为 3 个泉拼接带,而陆梁隆起带的北部就位于这个拼接带之上,由它所形成的一系列派生构造是陆梁隆起的主体构造。

至石炭纪末,基本形成准噶尔海西期褶皱基底,叠加于前寒武纪结晶基底之上,形成准噶尔盆地双重基底结构。

根据区域地质资料分析,自晚古生代以来,准噶尔盆地先后经历了海西运动、印支运动、燕山运动及喜马拉雅运动等多次构造运动,各次构造运动对沉积、油气的生成、运聚都起到至关重要的作用,正是由于不同时期的构造运动造就了现今盆地的构造格局和沉积特征。总的来说,准噶尔盆地属于由晚古生代、中生代、新生代三个阶段所形成的性质各异的盆地叠合在一起的大型复合叠加盆地。

海西运动中晚期的中石炭世,受西伯利亚板块与塔里木板块相对运动的影响,准噶尔陆块结束了以离散为主要运动方式的裂谷环境,进入了以聚敛为主要运动方式的造山环境,陆块边缘海槽全面回返褶皱成山,东、西准噶尔界山及北天山均在此时形成。周缘褶皱山系的升起,使准噶尔陆块相对下陷成为盆地。

二叠纪是盆地形成初期,盆地内部受造山期强烈构造运动的影响,在区域性南北方向的碰撞挤压下,形成了以北西、北西西向为主的大型隆起和拗陷,各个山前拗陷(西北缘山前拗陷、克拉美丽山前拗陷和北天山山前拗陷)间隔排列,形成了盆地早期特有的拗隆(或凹凸)间列的构造格局,使早期沉积产生了明显的分隔性。盆地一级构造单元的划分就是基于二叠纪构造背景。晚二叠世沉积范围逐渐扩大,分割局面初步统一,直到二叠纪末,盆地处于较为平坦的沉积状态。

三叠纪—新近纪漫长的陆内拗陷发育阶段,共经历了两次强烈的改造运动——印支运动和燕山运动。自三叠纪后,沉积主要受控于重力的均衡作用,沉积厚度一般表现为南厚北薄。三叠纪末的印支运动,总的表现为东强西弱、北强南弱,使盆地周边主控断裂除了同生性构造活动外,还有明显地左、右扭动,盆地北缘一些主控断裂还表现出强烈的推覆运动,克拉玛依-夏子街断裂就是发育于印支期。在安集海一带及博格达山,也叠加了一定程度的逆冲推覆,并对东部地区产生明显的影响。

燕山运动在盆地内的表现为西强东弱,盆地腹部从盆1井西凹陷到三个泉凸起一带整体上隆,上侏罗统基本缺失。与此同时,由于一些基底断裂的活动,使盆地内部各地的剥蚀程度有所差异。燕山晚期,盆地内部表现为以腹部为中心的整体下沉,白垩系沉积厚度大且稳定。

古近纪—第四纪为再生前陆盆地阶段。此时的喜马拉雅运动对准噶尔盆地有重大的影响。尤其是南缘,强大的挤压应力使北天山快速、大幅度隆升,并向盆地冲断,使盆地南缘发育陆内造山型前陆盆地;而盆地腹部和北部整体抬升,沉积拗陷收缩到南缘沿北天山一线,沉积了数千米的磨拉石建造,促使该区侏罗系及古近系烃源岩的成熟,同时扭压应力使盆地南缘形成一系列成排、成带的褶皱和断裂(图1.3)。

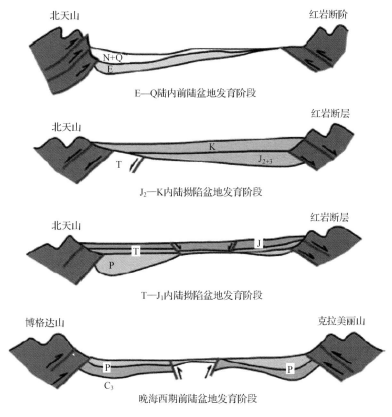

图1.3 准噶尔盆地构造演化示意图

准噶尔盆地的演化经历了裂陷阶段、前陆盆地阶段、拗陷阶段和收缩阶段四个阶段。陆东地区作为准噶尔盆地的一部分,其沉积构造演化与准噶尔盆地演化既有其一致性,也有其本身的特点。该区是在泥盆系基底上发育起来的,海西晚期、燕山期构造运动对该区的构造变形起决定性作用。

陆东地区构造格局的形成主要始于中海西期的碰撞造山运动。因而,中海西期以来的各次级构造运动直接控制了 DD 地区鼻状构造带的沉积与构造演化。中海西期运动主要表现为南北向挤压运动,滴水泉北断裂及其伴生的滴水泉西断裂生成并强烈活动,DD 鼻状构造带的上石炭统削蚀减薄。其中,滴水泉北断裂形成于海西中期,断开层位 C—J_1,断距下大上小、东大西小、走向近东西,为一南倾逆断层,该断裂具有同生断层的特点,对二叠系、三叠系、侏罗系沉积有明显的控制作用,为 DD 地区鼻状构造带的北部边界断裂。而滴水泉西断裂形成于海西中期,为滴水泉北断裂的伴生断裂,断开层位 C—J_1,断距下大上小、东大西小、走向近东西,为一北倾逆断层,该断裂具有同生断层的特点,对二叠系、三叠系、侏罗系沉积地层有明显的控制作用,是 DD 地区鼻状构造带的南部边界断裂。

DD 地区鼻状构造带的构造格局既有继承性,又有后期多次构造运动不同程度的改造。DD 地区鼻状构造带上石炭统自西向东地层削蚀减薄,顶部与二叠系呈不整合接触。石炭系顶面构造形态为南北两侧为边界断裂所切割、向西倾伏的大型鼻状构造,其上低幅度背斜、断鼻、断块发育,在东西方向上,根据构造走向、断裂展布,DD 地区鼻状构造带可分为三段:东段,走向北东;中段,走向北西;西段,走向东西(图 1.4)。

1.2.3 岩相古地理(陈新发,2012)

新疆北部大地构造位置处于西伯利亚、哈萨克斯坦及塔里木三大构造域的结合部,石炭纪处于古亚洲洋闭合到陆-陆碰撞及碰撞期后陆块伸展的洋陆转换过渡期,复杂的大地构造背景势必造就复杂的古地理背景,进而形成岩石类型及其组合特征的多样性。

新疆北部石炭纪古地理总体特征表现为由早石炭世的深海半深海相、浅海相向晚石炭世的浅海相、海陆过渡相及陆相演化的趋势。岩石组合类型由早石炭世的活动陆缘型岛弧火山岩、深海复理石及海相碳酸盐岩向晚石炭世的裂谷型火山岩、陆相碎屑岩、海相碎屑岩及海相碳酸盐岩过渡。早、晚石炭世不同地区的古地理及其相应的岩石组合类型也存在明显的差异。

1. 早石炭世古地理

早石炭世为碰撞间歇期伸展-残留洋闭合、陆-陆碰撞的大地构造演化背景,受古陆及缝合带控制发育残留洋、弧后裂谷、陆缘拗陷及陆内拗陷等盆地类型,古地理环境总体上为海相环境,并且具有北深南浅的特征,大体可分为深海-半深海、浅海两大相区(图 1.5)。

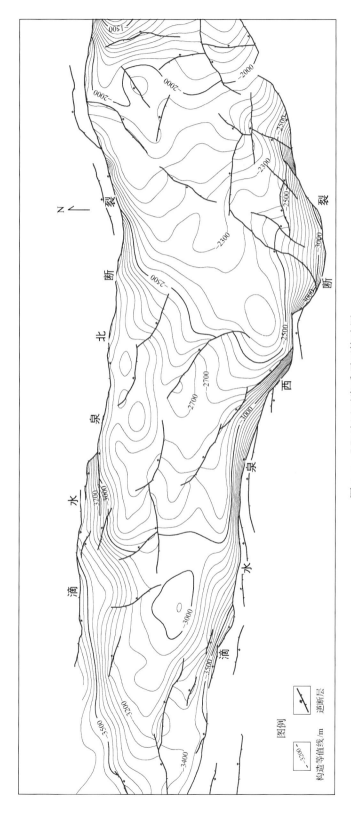

图1.4 DD地区石炭系顶面构造图

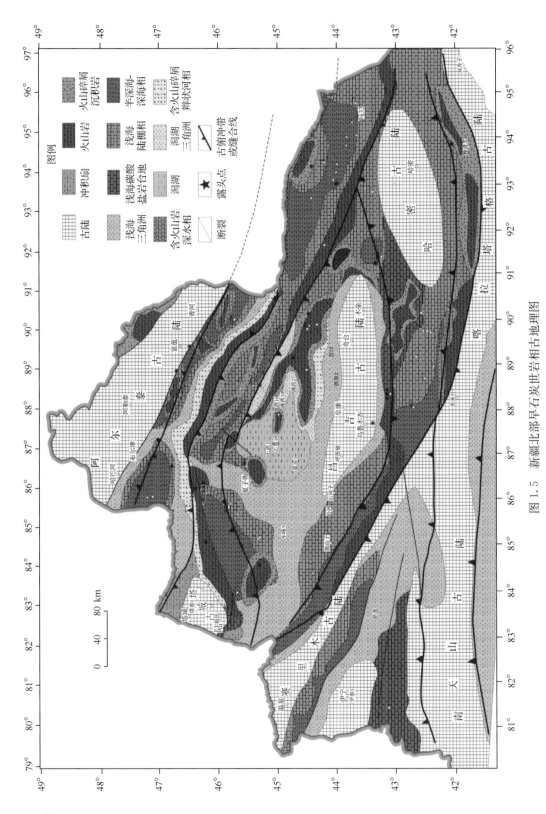

图 1.5 新疆北部早石炭世岩相古地理图

（1）早石炭世早期古地理。

准噶尔天山陆块在早石炭世发生较大规模海侵,古地理格局较晚泥盆世有所改变,海区除准噶尔海和南天山海继承了晚泥盆世的基本轮廓外,伊犁海和昆仑海则为新形成的海区。这个时期,伊犁海及阿齐山海槽火山活动最为强烈,准噶尔海普遍伴有微弱的火山活动。准噶尔区范围包括准噶尔海、伊犁海及阿齐山海。

准噶尔海北部的塔尔巴哈台萨吾尔及萨尔布拉克扎河坝等地区,为火山活动强烈及相变剧烈的滨海、浅海、次深海的复杂沉积环境,以陆源碎屑及火山碎屑浊流沉积为主。其中,塔尔巴哈台-萨吾尔山一带,其下部为泥质硅质粉砂岩、钙质砂岩,夹硅质岩及凝灰砂岩的浊流沉积,有包卷层理;上部为石英斑岩、安山玢岩,夹英安质火山角砾岩及凝灰岩。砂岩中含少量腕足类、苔藓虫及芦木类茎干化石,厚917～1259m;萨尔布拉克-扎河坝一带为浊积相的中-酸性火山灰凝灰岩、粉砂岩、砂岩,夹英安山玢岩、生物碎屑灰岩及凸镜体,含腕足类、珊瑚、三叶虫及植物化石碎片,厚706m。

准噶尔海南部发育海相过渡类型沉积。其中,西南部巴尔雷克山为滨浅海相钙质砂岩夹灰岩,含丰富的腕足类及少量珊瑚化石,厚850m。东南部为滨浅海陆源碎屑和火山碎屑夹碳酸盐岩沉积及滨海陆源碎屑沉积,其岩性为火山碎屑岩及泥质、钙质碎屑岩,夹少量灰岩、砾岩、安山岩。苏海图山一带还夹有煤线,含丰富的珊瑚、腕足类、菊石、双壳类、腹足类、三叶虫、苔藓虫化石,厚度为1070～3060m。在双井子一带发育有滨海陆屑滩及三角洲相沉积,由砂岩、粉砂岩,夹砾岩、碳质泥岩及煤线组成,含植物化石,厚度为877m。

伊犁海在尼勒克断裂以南区域广泛分布活动型的滨浅海碎屑或碎屑夹碳酸盐岩沉积,并以强烈的火山活动为主要物征,尤其是阿吾拉勒一带最为强烈。火山岩以安山岩类为主,夹火山碎屑岩,通常剖面下部以火山碎屑岩为主,上部火山熔岩居多,最大厚度1000m以上。海底火山喷发活动为链状多中心式,由强烈的喷发开始至大量中—酸性熔岩溢出结束。在火山活动间歇期,沉积了碎屑岩夹页岩及个别灰岩薄层,含植物及腕足类化石。北部博罗科努力及其以北地区,沉积过渡型滨海相凝灰质砾岩、砂岩及页岩,偶见石英斑岩或滨浅海相砾岩、砂岩、泥质岩及灰岩,其中含少量腕足类、珊瑚及植物化石碎片,厚度为410～883m。

（2）早石炭世晚期古地理。

早石炭世早期至晚期,除伊犁和准噶尔地区发生明显的地壳运动外,其他地区为连续沉积。这个时期,新疆地壳运动有两幕:一幕发生于维宪期末,局限于北准噶尔地区;另一幕发生于谢尔普霍夫期末,局限于阿尔泰和东准噶尔部分地区(图1.6)。

早石炭世晚期,由于地壳运动加剧,海陆分布发生重大变化,海侵范围扩大,陆壳面积缩小。准噶尔天山陆和昆仑塔南陆大部分被海水淹没,残留一些大小不等的岛屿;南天山海向东、向南扩展并变深。这个时期,火山活动有所加剧,主要发生在准噶尔-天山海、北山海槽及昆仑海东部,并伴随有酸性岩浆侵入,是新疆与火山-沉积作用有关矿产的重要成矿期之一。

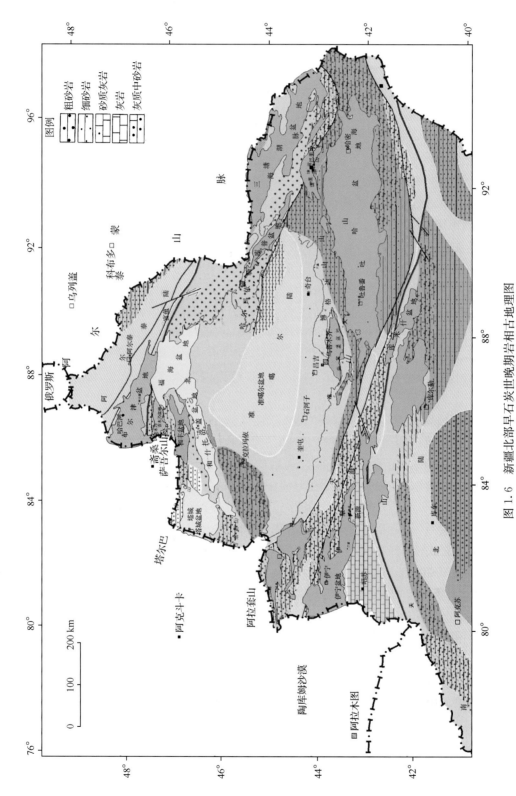

图1.6 新疆北部早石炭世晚期岩相古地理图

准噶尔区范围包括准噶尔-天山海和伊犁海,其沉积环境复杂多样,发育有各种海相沉积类型。海相活动类型沉积分布于准噶尔-天山海东北部的苏海图山及东南部的依连哈比尔尕-博格达山及阿齐山一带;海相过渡类型沉积分布于准噶尔天山海北部区域和东南部的雅满苏-苦水一带及伊犁海北部;海相稳定类型沉积分布伊犁海南部。海相过渡类型沉积,在准噶尔陆以北海域为滨浅海环境,广泛发育陆源碎屑或陆源碎屑和碳酸盐岩沉积,含腕足类、珊瑚、双壳类及植物化石,厚度为700～2700m;西准噶尔托里一带发育滨浅海相碎屑夹灰岩,含腕足类、珊瑚、腹足类及植物化石。

2. 晚石炭世古地理

晚石炭世岩相古地理背景是早石炭世末期古亚洲洋最终闭合成陆后,前期的板块边界力减弱或解除,增厚的岩石圈或造山带在其自重力作用下发生伸展塌陷,形成一系列裂陷槽、裂谷及陆缘拗陷。古地理总体具有北部陆相为主、南部海相为主的特征。北部裂谷区主要发育陆相沉积岩火山岩组合;南部裂陷槽、吐鲁番陆缘拗陷及伊宁裂谷主要发育海相沉积岩、火山岩组合(图 1.7)。

(1) 晚石炭世早期古地理。

早石炭世末发生的地壳运动主要影响新疆北部的部分地区,使海陆分布有所变化,准噶尔西缘及东北缘出现塔城陆和北塔山陆。准噶尔向北扩展为冲积平原,南部陆缘略有北移。准噶尔-天山海北浅南深,南天山海向西退缩,中天山陆扩展并与塔北陆相连,库鲁克塔为一小范围的残留海盆。新疆南部的塔里木海和昆仑海基本保持了早石炭世晚期的海域范围。这个时期的火山活动主要分布在准噶尔西部和东南部、伊犁海南部及山海槽。

海相活动类型沉积:在西准噶尔柳树沟成吉思汗山一带发育了半深海相的火山碎屑及陆源碎屑浊流为主的沉积,下部为安山岩、玄武岩、硅质岩及铁质碧玉岩,有滑塌作用和构造作用形成的灰岩块体,有丰富的放射虫构成放射虫岩,有深水相遗迹化石及芦木和孢粉化石,厚度为1572m。准噶尔-天山海东南部的觉洛塔格地区,火山活动最为强烈,沉积环境和岩相变化大。阿齐山一带发育发深、浅海相沉积,其下部为中-酸性火山碎屑岩及灰岩,上部以玄武岩及安山质凝灰岩为主,夹少量灰岩,含筳类、腕足类、珊瑚化石,厚度为2118m。苦水一带为半深海环境,发育了巨厚的细碧角斑岩建造,夹灰岩薄层或凸镜体,顶部为含泥质条带硅质岩及钙质砂岩。该套地层下部向东相变为含碳质硅质岩至细碎屑岩,灰岩中含蟆类、腕足类、珊瑚化石,厚度为5000～8000m。雅满苏一带为浅海环境,以安山岩、玄武安山岩及其凝灰岩、灰岩为主,其中,库姆塔格局部地段于上部出现硅质-铁质白云岩(含菱角矿)及石膏;该带北部以陆源碎屑岩为主,含腕足类、珊瑚、菊石、筳类、双壳类、腹足类化石,厚度为1500～2800m。在伊犁海南部为伴随有火山活动的滨浅海环境,依什基里克山一带火山活动较强,以南火山活动减弱,下部为砾岩、凝灰质砂岩、火山角砾岩夹泥岩,泥岩中含少量腕足类、珊瑚化石,上部为安山岩、流纹岩及凝灰岩,厚度为800m。

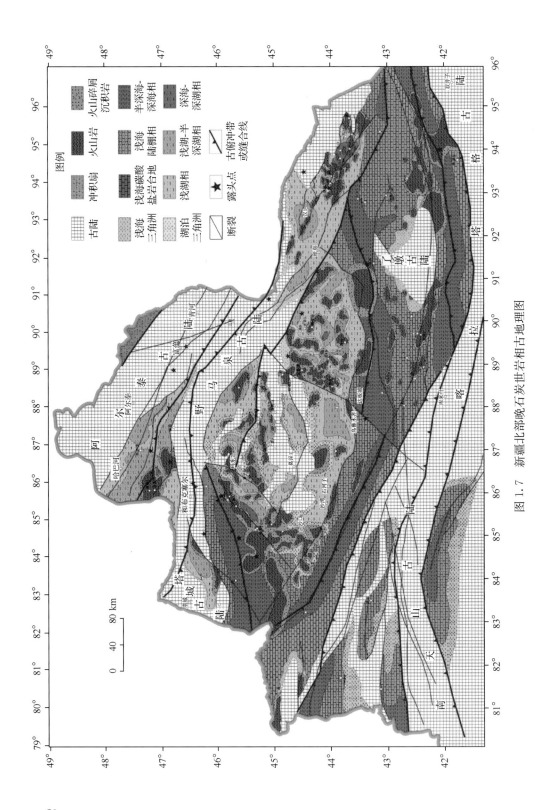

图 1.7 新疆北部晚石炭世岩相古地理图

海相过渡类型沉积:在西准噶尔谢米斯台山一带以海陆交互相的砂岩、泥岩、页岩为主,含植物化石,其下部夹火山碎屑岩及安山岩,厚度约为3000m。东准噶尔克拉美丽山南麓为海陆交互相碎屑岩夹灰岩,其下部为陆相碎屑岩夹煤线,含安加拉植物化石,上部为滨浅海相碎屑岩夹泥质砂质灰岩、生物灰岩,含丰富的腕足类、珊瑚、筳类、菊石、双壳类、腹足类化石,厚度为1058m。纸房一带以滨浅海相火山碎屑岩及陆源碎屑岩为主,其中、下部为层凝灰岩夹凝灰质砂岩,含植物化石,上部为砂砾岩、砂岩、粉砂岩,夹灰岩、层凝灰岩。碎屑岩中含植物化石,灰岩中含腕足类、双壳类化石,厚度为1170m。哈尔里克山一带为滨浅海火山碎屑及陆源碎屑沉积,其下部为火山角砾岩、凝灰质砂岩,夹一层凝灰岩,中上部为砂岩、粉砂岩,夹泥质灰岩凸镜体,含腕足类、腹足类、珊瑚及植物化石,厚度约为2000m。南准噶尔依连哈比尔尕博格达山一带为浅海陆架环境,其下部发育浅海安山质火山角砾岩、集块岩、中酸性凝灰岩,夹层凝灰岩、安山岩及少量硅质岩、砂岩、粉砂岩和灰岩凸镜体,含筳类、腕足类、珊瑚、菊石、腹足类化石,厚度约为1100m。上部以浅海陆架相灰岩为主,并有风暴流作用,有少量的凝灰质砂岩及安山岩夹层,含筳类、腕足类、珊瑚、双壳类、苔藓虫化石,厚度为350m。

伊犁海北部海相过渡类型沉积,以滨、浅海相陆源碎屑岩及灰岩为主。在博罗科努山南坡及其以南与南部活动区的过渡地带,陆源碎屑岩含凝灰质或出现流纹质凝灰岩,灰岩多含有泥质或砂质。生物化石有腕足类、珊瑚、菊石、腹足类、双壳类、苔藓虫、海百合茎及少量筳类、植物,厚度为300~1000m。

(2)晚石炭世晚期古地理。

晚石炭世晚期,昆仑海海侵范围继续扩大,南天山向椅坪一带扩展,其他海区则发生海退,海水变浅,陆地面积明显扩大。晚石炭世早期末的地壳运动波及准噶尔及塔里木东部地区,造成大部分区域晚期沉积缺失。南准噶尔、南天山、塔里木及昆仑的大部地区为连续沉积。该时期的火山活动除了北山陆内裂谷最为强烈外,东昆仑托库孜达坂以南、西昆仑的奥依塔格局部地区也有较弱或短暂的火山活动。

晚石炭世晚期,该区局限于西准噶尔托里以南、南准噶尔依连哈比尔尕-博格达山、克拉美丽及伊犁北部的博罗科努山等地区,发育海相过渡相类型沉积。

在西准噶尔托里以南的柳树沟一带为浅海、次深海环境,以细碎屑沉积为主,夹含放射虫硅质岩、玄武岩和铁碧玉岩及灰岩凸镜体,生物稀少,厚度为752m。南准噶尔依连哈比尔尕-博格达山一带为水体逐渐加深的外陆棚环境,以细碎屑岩和火山碎屑岩为主,偶夹灰岩透镜体,并见远源风暴岩。个别化石较晚石炭世早期变小,含腕足类、珊瑚、菊石、双壳类、腹足类、三叶虫、苔藓虫、海百合茎及植物化石,厚度为238~294m。卡拉麦里山一带发育滨浅海相陆源碎屑岩,为砂岩、砾岩及泥质粉砂岩,含腕足类、双壳类、藻类及植物化石,厚度为242~870m。伊犁北部的科古尔琴山及博罗科努山一带,下部以砾岩和砂岩为主,上部为灰岩、砂岩、凝灰砂岩,夹少量粉砂岩或砾岩。灰岩中含珊瑚、腕足类、筳类、双壳类、腹足类化石,厚为330~1370m。

1.2.4 火山岩储层控制因素

火山岩储层是在区域构造运动的背景下,由岩相古地理环境、火山喷发环境、古地貌条件以及古气候条件、构造和成岩作用等多种因素共同作用形成的具有储集能力的地质体。

1. 火山岩岩相古地理环境分析

岩相古地理主要涉及火山喷发时的环境条件、火山岩成岩时的地貌条件、火山喷发及成岩后的气候条件等,一定程度上决定了区域沉积相类型,影响着油气生、储、盖配置关系,制约着火山岩分布、火山岩喷发类型、火山岩储集空间类型等,对储集空间及油气后期的保存起着重要的作用。

研究表明(郭宏莉等,2002),新疆北部准噶尔盆地石炭系主要为一套陆源碎屑岩、海相碎屑岩和碳酸盐岩与火山碎屑岩互层沉积。石炭世早、晚期岩相古地理环境有所不同。

早石炭世岩相古地理:石炭世早期沉积体系显示克拉美丽地区属于冲积扇-湖泊相区,普遍发育早石炭世巨厚层状冲积扇砾岩,砾石排列方向总体向南倾斜,说明古水流具有由南向北流动的特点,南侧准噶尔古陆为其主要物源区。

晚石炭世岩相古地理:石炭世晚期克拉美丽地区位于北准噶尔古陆南缘,受早石炭世古地理格局的影响,巴塔玛依内山组以火山岩为主,夹煤线,由北向南,火山碎屑岩及沉积岩厚度呈逐渐减薄趋势,向南侧过渡为滨浅海-半深海-深海相沉积。

2. 火山喷发环境对火山岩有效储层的影响

火山岩喷发有陆上喷发与水下喷发两种环境,两者在岩石类型、结构构造、蚀变特征、产状、与下伏地层接触关系、孔隙和裂缝发育特点等方面有显著区别。

陆东地区火山岩岩石类型主要表现为熔岩、碎屑熔岩、火山碎屑岩和沉火山碎屑岩组合,且熔岩中存在大量的气孔-杏仁构造,没有发现原生气孔和杏仁体具有炸裂纹,玻璃质结构的熔岩不发育,没有水下火山喷发形成的枕状构造和自碎角砾构造,古风化壳发育且局部见陆相化石。因此,可以推断火山喷发环境以陆上喷发为主,沿斜坡带逐渐过渡为滨浅海沉积环境,这与石炭纪不同时期陆东地区的古地理演化相一致。

陆东地区陆上火山喷发环境对火山岩有效储层的影响主要表现在控制原生及次生储集空间的类型,形成包括原生气孔、杏仁体内溶蚀孔、晶内溶蚀孔、基质内溶蚀孔、炸裂缝、构造裂缝等储集空间,不具备水下火山喷发淬火形成的同心环状收缩缝。

3. 古地貌条件对火山岩有效储层的影响

陆东地区石炭系基底顶面形态总体呈现东高西低、北高南低的地貌特征,总体表现为由东向西埋深加大的斜坡。火山岩中开发效果较好的气井,如DD10井、DD18井,DD17井、DD14井等均位于古地貌高部位,或古地貌高向低部位过渡的斜坡带。古地貌条件对火山岩有效储层控制作用主要表现如下。

(1)一定程度上控制火山岩岩相的空间分布。一般情况下,火山熔岩、火山碎屑沉积岩和火山沉积碎屑岩通常位于地势相对低洼的区域,例如,DD14井区大量分布的是火山碎屑岩与火山碎屑沉积岩,其古地貌为相对低洼的区域。

(2)一定程度上控制油气生、储、盖配置。陆东地区岩相古地理演化使不同时期的火山岩和浅海、湖相沉积的暗色泥岩互层状产出。各类原生孔隙发育的火山熔岩和火山碎屑岩可作为油气良好的储集层,暗色泥岩是较好的烃源岩和油气储集层的盖层。从这种意义上讲,岩相古地理演化控制区域上油气生成与保存。例如,DD14 井区岩心就表现出火山碎屑岩与含碳质的凝灰质泥岩互层,一定条件下,含碳质泥岩可以成为较好的烃源岩(图 1.8)。

(3)一定程度上对储集空间及油气后期的保存起着重要的控制作用。构造高部位的火山岩长期暴露于地表,在风化带表生作用的影响下,易发生风化、破碎、溶蚀等作用,产生裂缝、溶孔等次生空间,形成风化壳型储层。例如,DD1813 井顶部 3640m 附近的正长斑岩,由于风化、淋滤作用,使本原致密的岩石变得疏松,提高原有岩石的孔隙度和渗透性,成为油气含量很高的储层,对油气的储集、保存,起着积极的建设性作用(图 1.9)。

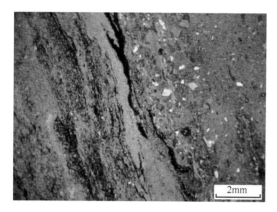

图 1.8 DD1414 井 3704.19m,安山质岩屑晶屑凝灰岩与含碳质凝灰质泥岩过渡。晶屑凝灰岩颗粒较粗,含碳质凝灰质泥岩中碳质定向排列

图 1.9 DD1813 井 3460.36m,油浸碎裂正长斑岩,构造高部位的火山岩破碎强烈,岩石疏松,孔隙发育,棕褐色的油气大量充填

(4)一定程度上促进火山岩的溶蚀作用。古地貌构造高部位古风化壳的存在在某种意义上为火山岩提供了溶蚀的通道,加剧了不整合面之下的火山岩的溶蚀作用。DD17井二叠系含长石砂岩,与下伏石炭系火山岩为沉积接触关系,两者之间存在古风化壳,风化壳厚度约为 60m,且成分复杂,既有陆源碎屑,又有火山岩碎屑。分析认为含气层位于每期火山喷发的顶部岩体,储集层具有风化、淋滤特征,风化壳与上部覆盖的后期喷发的致密岩层,构成很好的储、盖组合。

4. 古气候条件对火山岩有效储层的影响

气候条件主要包括温度、水分、阳光、气压等,其中最为重要的是温度和降水条件。陆东地区火山岩凝灰全铁含量为 $0.62\%\sim3.71\%$,平均为 1.80%;FeO/Fe_2O_3 值为 $1.08\sim2.59$,平均为 1.84,反映该地区古气候波动较明显,冷暖季节交替出现。根据卢玉东等(2005)全铁-温度公式计算得出的温度值最低为 $-5℃$,最高为 $12℃$,平均为 $2.25℃$,反映较为温凉的气候条件。这种温良气候条件对表生带岩石风化作用的影响可能以物理风化为主,岩石崩解、破碎、剥离成岩屑和单矿物,形成原地或近距离搬运的堆积型风化壳,有利于风化壳型储层的建立。

参 考 文 献

曹宝军,李相仿,姚约东.2007.火山岩气藏开发难点与对策明[J].天然气工业,27(8):82-84

陈新发,匡立春,查明,等.2012.火山岩形成、分布与储集作用[M].北京:地质出版社

杜金虎.2010.新疆北部石炭系火山岩油气勘探[M].北京:石油工业出版社

冯程滨,谢朝阳,张永平.2006.大庆深部裂缝型火山岩储层压裂技术实验[J].天然气工业,26(6):108-110

郭宏莉,朱如凯,邵龙义,等.2002.中国西北地区石炭纪岩相古地理[J].古地理学报,4(1):25-34

雷群,杨正明,刘先贵,等.2008.复杂天然气藏储层特征及渗流规律[M].北京:石油工业出版社

李军.2008.准噶尔盆地西北缘石炭系火山岩油藏储层分布规律及控制因素研究[D].北京:中国地质大学(北京)博士论文

李君.2012.长岭火山岩气藏完井投产储层保护技术[J].特种油气藏,19(4):138-140

李宁,陶宏根,刘传平,等.2009.酸性火山岩测井解释理论、方法与应用[M].北京:石油工业出版社

刘合,闫建文,冯程滨,等.2004.松辽盆地深层火山岩气藏压裂新技术[J].大庆石油地质与开发,23(4):35-37

卢玉东,孙建中,张骏,等.2005.用全铁含量作为黄土替代性气候指标推算古温度[J].干旱区地理,28(4):450-454

罗静兰,邵红梅,张成立.2003.火山岩油气藏研究方法与勘探技术综述[J].石油学报,24(1):31-38

彭彩珍,郭平,贾闽惠,等.2006.火山岩气藏开发现状综述[J].西南石油大学学报,28(5):69-72

冉启全,王拥军,孙圆辉,等.2010.火山岩气藏储层表征技术[M].北京:科学出版社

宋元林,廖健德,张瑾琳,等.2011.准噶尔盆地克拉美丽火山岩气田开发技术[J].油气地质与采收率,18(5):78-80

孙军昌.2010.火山岩气藏微观孔隙结构及核磁共振特征实验研究[D].北京:中国科学院研究生院硕士论文

孙晓岗,王彬,杨作明.2010.克拉美丽气田火山岩气藏开发主体技术[J].天然气工业,30(2):11-15

王彦祺.2009.松南气田火山岩气藏水平井钻完井关键技术[J].钻采工艺,32(4):23-25

王拥军.2006.深层火山岩气藏储层表征技术研究[D].北京:中国地质大学(北京)博士学位论文

温暖.2004.徐家围子断陷火山岩天然气藏研究[D].长春:吉林大学硕士学位论文

伍友佳.2001.火山岩油藏注采动态特征研究[J].西南石油学院学报,23(2):14-18

徐正顺,王渝明,庞彦明,等.2008.大庆徐深气田火山岩气藏的开发[J].天然气工业,28(12):74-77

徐正顺,庞彦明,王渝明,等.2010.火山岩气藏开发技术[M].北京:石油工业出版社

杨虎,张伟,凌立苏,等.2010.准噶尔盆地陆东裂缝性火山岩钻探技术[J].石油钻采工艺,32(4):22-25

杨懋新.2002.松辽盆地断陷盆地火山岩的形成及成藏条件[J].大庆石油地质与开发,21(5):15-17

杨明合,夏宏南,蒋云伟.2009.火山岩地层优快钻井技术[J].石油钻探技术,37(6):44-47

于宝利.2008.准噶尔盆地五彩湾地区石炭系地震识别与描述[D].东营:中国石油大学(华东)硕士论文

袁士义,冉启全,徐正顺,等.2007.火山岩气藏高效开发策略研究明[J].石油学报,28(1):73-77

张训华.2006.火山岩油藏水平井开采渗流理论与应用研究[D].北京:中国科学院研究生院

张子枢,吴邦辉.1994.国内外火山岩油气藏特征研究现状及勘探技术调研[J].天然气勘探与开发,16(1):1-23

郑建东.2010.徐深气田营城组中基性火山岩储层测井评价技术研究[D].大庆:东北石油大学:11-16

周学民.2007.火山岩气藏储层特征及数值模拟研究[D].北京:中国科学院研究生院博士学位论文

邹才能,赵文智,贾承造,等.2008.中国沉积盆地火山岩油气藏形成与分布[J].石油勘探与开发,35(3):257-271

邹才能,侯连华,陶士振,等.2011a.新疆北部石炭系大型火山岩风化体结构与地层油气成藏机制[J].中国科学:地球科学,41(11):1613-1626

邹才能,侯连华,王京红,等.2011b.火山岩风化壳地层型油气藏评价预测方法研究-以新疆北部石炭系为例[J].地球物理学报,54(2):389-400

邹才能,侯连华,陶士振,等.2014.非常规油气地质学[M].北京:地质出版社

Homvc J F. 2001. Hydrocarbon exploration potential within intraplate shear-related depocenters: Deseado and san julian basins [J]. AAPG Bulletin, 85(10): 1795-1816

Jansa L F, Pe-Piper G. 1988. Middle Jurassic to Early Cretaceous igneous rocks along eastern North American continental margin[J]. AAPG Bulletin,72(3):347-366

Petford N, Mccaffrey K J W. 2003. Hydrocarbon in Crystalline Rocks [M]. London: The Geological Society of London

Sherwood L B, Westgate T D, Ward J A, et al. 2002. Abiogenic formation of alkanes in the earth's crust as a minor source for global hydrocarbon reservoirs [J]. Nature, 416: 522-524

Wu Q L, Zhao H B, Li L L, et al. 2008. Analysis of rock physics response of gas-bearing volcanic reservoir based on three-phase poroelastic theory[J]. Applied Geophysics. 5(4):277-283

火山岩层序划分及构造描述 第2章

地层划分及构造描述是气藏精细描述中的一个重要的内容。目的是揭示气藏的地层发育、构造形态、断裂特征,探讨火山岩喷发期次、构造演化、形成机制,分析构造对气藏形成和破坏的控制作用,从而揭示气藏形成条件、分布规律和高产富集控制因素,为寻找更多的油气藏服务。

陆东地区巴山组形成于上石炭世火山喷发期,主要发育一套火山岩地层,具有相变快、连片性差、分布不稳定、地层划分和对比难度大的特点,因此,为了更加科学地认识研究工区地层结构及发育特点,在对该区区域构造、火山喷发期次和沉积体系系统深入研究的基础上,综合地质、地震及钻井、测井等信息,按照"等时、分级、实用"的原则,采用定性与定量结合方法,对工区的地层及层组进行科学、合理地划分与对比。

火成岩构造形态描述能够确定火成岩在空间的展布形态及其延伸范围(孙淑艳等,2003),火山岩气藏形成机制、内幕结构均不同于沉积岩油气藏。因此,火山岩气藏描述是在构造演化史分析的基础上,结合火山岩内幕结构解剖,应用全三维解释技术,对地质层位精细标定、追踪(徐守余,2005;王淑玉等,2011),并进一步进行断层、构造精细描述,精确确定火山岩气藏的构造形态成图。

2.1 地层层序及层组划分

2.1.1 地层发育特征

陆东地区火山岩气藏位于准噶尔盆地陆梁隆起东南部的滴南凸起上,东抵克拉美丽山前,西连石西凸起,南临东道海子凹陷,北接滴水泉凹陷。滴南凸起位于生油气凹陷之中,分别被南、北两大生油气凹陷所包围,是典型的"凹中之隆"。

滴南凸起形成于石炭纪末期,至早、中二叠世一直处于剥蚀夷平阶段,缺失中、下二叠统。三叠纪滴西地区接受了较广泛的沉积,晚三叠世印支末期的构造运动,使全区抬升遭受剥蚀。早侏罗世湖盆扩大,该区沉积了一套河流相、三角洲和湖相地层;晚侏罗世该区再次隆升遭受剥蚀,滴西地区缺失侏罗系上统及部分中统。白垩纪构造运动相对变缓。喜山期区域性南倾使一些圈闭构造幅度减小,甚至失去圈闭条件。

该区自上而下钻遇的地层有白垩系红砾山组(K_2h)、连木沁组(K_1l)、胜金口组(K_1s)、呼图壁河组(K_1h)、清水河组(K_1q),侏罗系头屯河组(J_2t)、西山窑组(J_2x)、三工河组(J_1s)、八道湾组(J_1b),三叠系白碱滩组(T_3b)、克拉玛依组(T_2k)、百口泉组(T_1b)、二叠系上梧桐沟组（P_3wt）和石炭系（C）（图 2.1）。

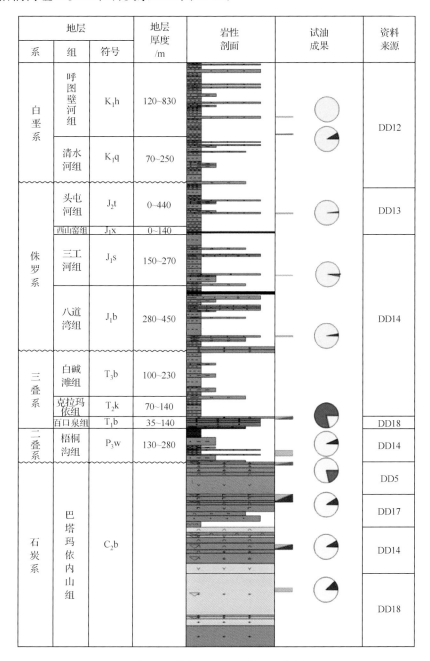

地层			地层厚度/m	岩性剖面	试油成果	资料来源
系	组	符号				
白垩系	呼图壁河组	K_1h	120~830			DD12
	清水河组	K_1q	70~250			
侏罗系	头屯河组	J_2t	0~440			DD13
	西山窑组	J_1x	0~140			
	三工河组	J_1s	150~270			DD14
	八道湾组	J_1b	280~450			
三叠系	白碱滩组	T_3b	100~230			
	克拉玛依组	T_2k	70~140			
	百口泉组	T_1b	35~140			DD18
二叠系	梧桐沟组	P_3w	130~280			DD14
石炭系	巴塔玛依内山组	C_2b				DD5
						DD17
						DD14
						DD18

图 2.1   陆东地区地层综合柱状图

该区石炭系地层是卡拉麦里山火山活动时间持续最长、强度最大、火山岩建造最为广泛的地层。岩相为海西中期沉积的一套浅变质火山碎屑岩建造和局部岩浆侵入岩建造，以及海陆过渡相、陆相沉积的碎屑岩和火山岩建造。

2.1.2 地层层序划分

火山岩地层层序与沉积岩地层层序在形成上的显著区别在于物源位置、持续性、造岩矿物搬运方式、搬运能量及方向的差异性。沉积岩矿物的搬运通常为水动力、风力等地面流体,沉积岩地层具有相对连续性和稳定性,规模较大,与全球海平面升降、区域气候变化、构造特征等密切相关,通常具有区域乃至盆地、全球可对比性的异旋回,从区域上容易识别和对比。火山岩地层是地下岩浆向地面活动过程中的岩石建造,造岩矿物的搬运流体为岩浆,岩浆活动特征是具有间歇性、多变性,规模较小,与地球内部动力活动相关,常常形成地层变化快,规模小,难以定量对比的自旋回。因此,火山岩地层层序划分以火山岩地层内部沉积岩为格架界限,依据火山岩喷发物质规模和喷发能量为旋回划分。

滴南凸起形成于石炭纪末期,至早、中二叠世一直处于抬升剥蚀夷平阶段,缺失中、下二叠统。火山岩地层主要与火山活动期次有关(与火山喷发和岩浆侵入活动密切相关),火山喷发和岩浆侵入不同于连续沉积事件,在层序上具有孤立事件属性,形成自旋回岩石地层。在地层序列上,巴山组顶与二叠系上梧桐沟组(P_3wt)为区域性不整合接触,下部与石炭系下统的滴水泉组(C_1d)为角度不整合接触。巴山组地层为火山喷发岩(熔岩和碎屑岩)、次火山岩(超浅成侵入岩)、沉火山岩、火山沉积岩和沉积岩交互作用的地层建造。

石炭系巴山组地层层序划分主要依据沉积地层与火山岩地层的相对关系,依据地层内部沉积岩空间分布格架,参考火山岩喷发活动的主要期次,将地层划分为三个火山喷发旋回,在沉积格架界定的喷发旋回内部,再划分为不同的喷发期次,共六个喷发期次。三个火山喷发旋回分别对应巴一段、巴二段和巴三段;六个火山喷发期次分别对应巴一段的下部亚段、上部亚段,巴二段的下部亚段、上部亚段,巴三段的下部亚段、上部亚段(图 2.2)。

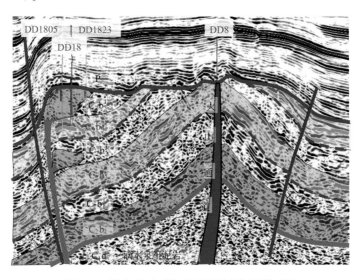

图 2.2 陆东地区石炭系地层层序划分模式图

陆东地区滴水泉凸起石炭系火山岩巴一段至巴三段呈现火山爆发强度从强减弱,喷出物质规模及喷发能量逐渐减弱的特征,从地层层序上看,巴一段至巴三段火山岩地层厚度有逐渐减薄的趋势(表 2.1)。

表 2.1　克拉美丽气田火山岩地层简表

层　位				层位代号	厚度/m	岩　性
系	组	旋回	期次			特征描述
二叠系	上梧桐沟组			P_3wt	87～286	灰绿色块状砾岩、砂岩、砂质泥岩、碳质泥岩和薄煤线组成的正韵律互层
石炭系	巴山组	Ⅲ	6	$C_2b_3^1$	0～500	灰色凝灰质中砂岩、沉凝灰岩
			5	$C_2b_3^2$		灰褐色玄武岩
		Ⅱ	4	$C_2b_2^1$	0～750	灰色沉凝灰岩夹黑色泥岩
			3	$C_2b_2^2$		浅红、灰白色火山角砾岩夹角砾凝灰岩
		Ⅰ	2	$C_2b_1^1$	0～800	灰褐、灰色凝灰质细砂岩夹煤层
			1	$C_2b_1^2$		灰色流纹岩、灰褐色火山角砾岩
	滴水泉组			C_1d	380～400	灰黑色、暗色泥岩,暗色凝灰岩

2.1.3　地层层组划分

1. 层组划分对比原则

依据“等时对比、分级控制、便于应用”的原则,按照“旋回(段)—期次(亚段)—火山岩体”的次序,逐级进行划分。旋回(段)的划分对比,按照各段岩性不同,不整合面接触,地震剖面可追踪,测井曲线值域范围、形态明显突变等为旋回界面特征进行;期次(亚段)的划分对比以沉积旋回和火山喷发旋回为基础,以标志层为界限,地震剖面上可断续追踪,测井曲线形态组合相似为特征;火山岩体的划分对比,以次级沉积旋回和火山喷发期次为基础,以沉积界面、火山活动间歇面及岩性突变面为界线,地震剖面可识别岩体形态,测井曲线有明显趋势性变化为特征,同时,充分考虑生产动态上的一致性和开发层系的合理划分与组合。

2. 层组划分对比依据

1) 旋回(段)的划分对比及标志

地层旋回划分按照地层形成的时间序列划分,即较早形成的旋回序号小,越晚形成的旋回序号越大。分析过程中,地层接触关系按照地震反射特征进行分析,地层接触关系从上部向下部进行分析。

(1) 旋回 1 与旋回 2 之间的角度不整合面。

巴山组旋回 2 与旋回 1 之间为角度不整合面(TC1),岩性上反映为灰色火山角砾岩、凝灰岩变为灰色沉凝灰岩、沉火山角砾岩含煤层,地震剖面上显示为顶部杂乱,弱振幅,翼部强-中振幅、低频、平行-亚平行反射变为弱振幅,中-高频,中等连续(图 2.3)。

测井响应上表现为高电阻率、高密度变为锯齿状低电阻率、低密度夹尖锋状高电阻率特征(图 2.4)。

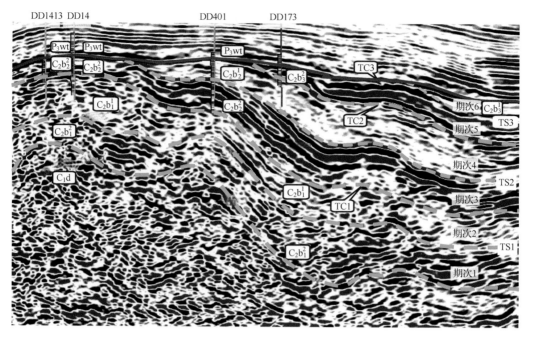

图 2.3　滴西地区石炭系巴山组旋回界面特征图

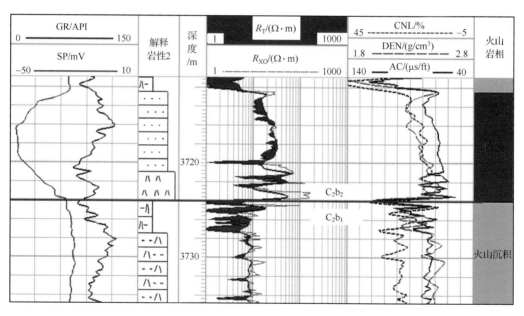

图 2.4　巴山组旋回 2 与旋回 1 之间不整合面测井响应特征图

1ft=0.3048m；GR. 自然伽马；SP. 自然电位；R_T. 地层电阻率；R_{XO}. 冲洗带电阻率；CNL. 补偿中子；

DEN. 密度；AC. 声波时差

（2）旋回 2 与旋回 3 之间的角度不整合面。

巴山组旋回 3 与旋回 2 之间为角度不整合（TC2）。岩性上反映为褐色玄武岩、玄武质火山角砾岩变为黑色泥岩，灰黑色沉凝灰岩。地震剖面上显示为强-中振幅、低频、平行-亚平行反射变为弱振幅,中等连续(图 2.2)。测井响应上表现为高电阻率、高密度变为锯齿状低电阻率、低密度特征(图 2.5)。

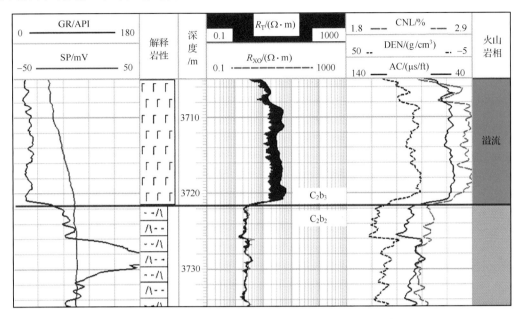

图 2.5　巴山组旋回 3 与旋回 2 之间不整合面测井响应特征图

(3) 旋回 3 与二叠系梧桐沟组之间的区域不整合面。

研究区内巴山组与上覆二叠系梧桐沟组为区域不整合(TC3)。二叠系梧桐沟组与旋回 3 在岩性上反映为红褐色泥岩、灰色泥质粉砂岩向灰色、灰褐色沉凝灰岩、玄武岩突变,地震剖面上显示为弱-中振幅、连续反射变为强-中振幅、低频、平行-亚平行反射(图 2.3)。

测井曲线上表现为锯齿状低阻、尖锋状高阻变为块状高电阻率、高密度,伽马发生突变特征(图 2.6)。

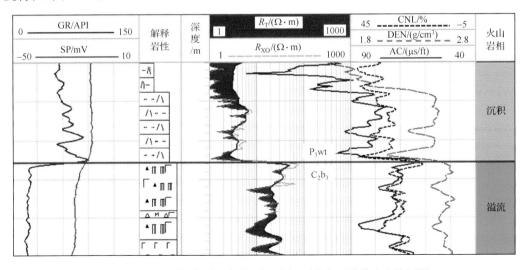

图 2.6　二叠系梧桐沟组与旋回 3 之间不整合面测井响应特征图

通过上述三个不整合面可以标出巴山组地层的三个主要旋回界面。

2）喷发期次划分对比及标志

火山岩喷发期次是指在火山喷发旋回内的爆发期和间歇期，爆发期以火山熔岩、火山碎屑岩、次火山岩为主，间歇期主要以火山碎屑沉积岩和沉积岩为主，不同的期次形成的岩石地层具有显著的岩性、物性差异，在地质、地震、钻测井剖面上均可以识别。在地层纵剖面上，一个火山旋回可划分为两个火山期次，研究区巴山组据此可划分为六个火山期次（图2.3）。

根据火山旋回划分界面，结合火山岩内部沉积旋回和火山喷发特征，结合岩性变化，以地质、地球物理标志层为界线，在巴山组内部划分出六个喷发期次，分别对应六个小层（图2.3）。

巴山组内的三个旋回界面及其识别标志在2.1.2小节已经论述，三个旋回界面作为六个期次的划分界面起着地层格架的作用。期次1、期次3、期次5的顶界面是内部的期次界面划分关键，根据岩性，地震剖面，钻井、测井剖面，可以给出旋回内部的期次界面划分标志。

期次1顶界面（TS1）是期次2与期次1的旋回内部接触面，该界面为角度不整合面。岩性上表现为灰褐、灰色凝灰质细砂岩夹煤层变为灰色流纹岩，灰褐色火山角砾岩，地震剖面上显示为弱-中振幅、中等连续反射变为强-中振幅、中-低频、亚平行反射（图2.2）。测井曲线上表现为犬齿状低-高电阻率变为块状-漏斗状高电阻率、高密度，伽马呈微齿变化（图2.7）。

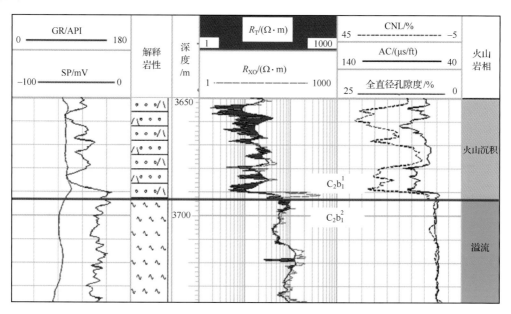

图2.7　期次1顶界面测井响应特征图

期次3顶界面（TS3）为期次4与期次3的旋回内部接触面，该界面为角度不整合。岩性上表现为灰色沉凝灰岩夹黑色泥岩变为浅红、灰白色火山角砾岩夹含角砾凝灰岩，地震剖面上显示为弱-中振幅、中等连续反射变为强-中振幅、低频、平行-亚平行反射（图2.3）。测井曲线上显示为锯齿状低电阻率向高电阻率、高密度突变，伽马变小（图2.8）。

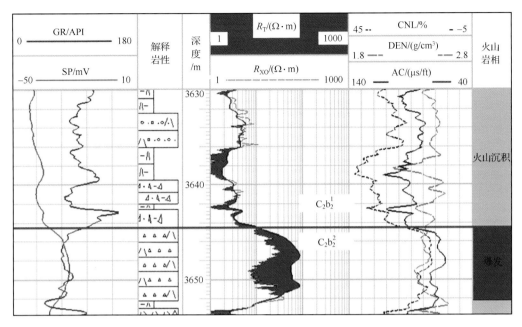

图 2.8　期次 3 顶界面测井响应特征图

　　期次 5 顶界面(TS5)为期次 6 与期次 5 的旋回内部界面,该界面为角度不整合界面。岩性上表现为灰色凝灰质中砂岩、沉凝灰岩向灰褐色玄武岩突变,地震剖面上显示为弱-中振幅、中等连续反射变为强-中振幅、低频、平行-亚平行反射特征(图 2.3)。测井曲线上显示为波状低电阻率向块状高电阻率、高密度突变,自然伽马略微降低(图 2.9)。

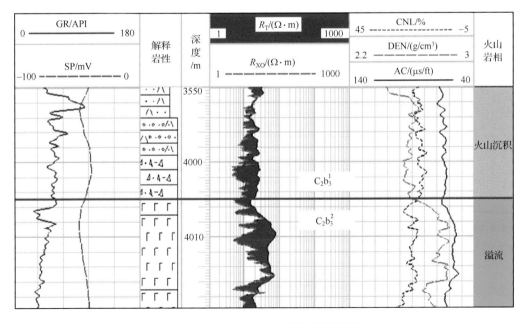

图 2.9　期次 5 顶界面测井响应特征图

　　从整体上来看,DD 地区巴山组发育三个火山喷发旋回、六个火山期次,分别对应三个气层组六个小层。具体气层组对应关系为:气层组 1 对应巴三段,气层组 2 对应巴二段,气层组 3 对应巴一段。不同旋回、期次界面在岩性、地震剖面、测井剖面上的响应特征区别明显,地层界面接触关系主要为角度不整合接触(图 2.3)。

由于该区石炭系巴山组存在边、底水,多数井没有钻穿石炭系,钻达巴一段(气层组 3)的井也很少,因此,对巴一段的地层解剖主要依据地震资料的推断和解析,可靠性可能相对降低。

利用区内地层层序划分方案和地层界面的地球物理识别标志,通过钻井剖面连井对比,研究划分含气区钻遇地层分布特征。巴一段(旋回 1)只在 DD10 井区有较厚钻遇,在 DD14、DD17 井区钻遇厚度不等,DD18 井区没有钻遇。巴二段(旋回 2)除了 DD18 井区没有钻遇外,其他井区都有较厚的钻遇。巴三段(旋回 3)DD18 井区钻遇厚度达 734m,这与 DD18 井区次火山岩发育较晚有关,其他井区钻遇巴三段厚度不大。

2.2 构造精细解释

利用区内地层层序划分方案和地层界面的地球物理识别标志,在资料解释过程中,在地质、钻井、物探资料综合分析的基础上,充分利用三维数据体所提供的各种信息和工作站提供的各种功能,根据高精度三维地震对地层界面的追踪解释,落实气藏构造特征。

2.2.1 地质层位精细标定

1. 层位标定

层位标定是构造解释的基础,层位标定的准确度决定着构造解释的精度。运用工区内勘探井及开发井资料,在地层序列划分及地震反射界面识别的基础上,对各井进行合成地震记录,对五个标准反射层进行标定(图 2.10)。从合成记录的标定结果上看,由于地震资料主频较低,分辨率不够,个别同相轴不能很好对应,但主要标志层反射特征明显,对应准确,符合研究要求。

2. 应用合成记录法进行层位标定时注意的问题

(1) 标准井选择。选择地层全、断层少、产状较平缓、井旁地震资料特征清楚、声波时差曲线受井壁坍塌、泥浆浸泡等因素影响小的井作为标准井。

(2) 必须对声波曲线进行环境校正。为了提高合成记录的质量,在做合成记录之前,首先要对声波时差曲线进行环境校正。

3. 地震反射层特征

在地震资料解释过程中,一般取具有明显地质特征、能量强、信噪比高、连续性好的反射波作为地震地质解释的标准反射波。在该区火山岩气藏构造解释中,选取侏罗系三工河组煤层底界 TJ_1S 作为研究区的标准反射层波,TP、TT、TJ、TK 波作为辅助反射波(图 2.11)。

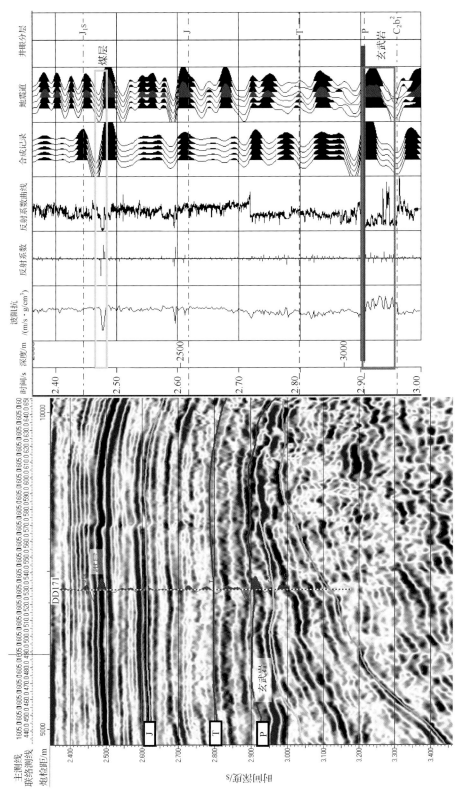

图 2.10　DD171 井合成地震记录

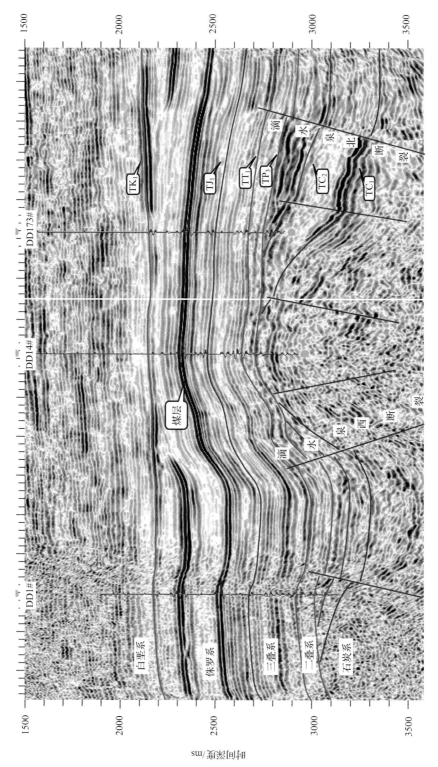

图 2.11　克拉美丽气田层位标定连井图

TJ₁s 标准反射层波为侏罗系三工河组煤层底界反射波。该反射波为一强波峰,特征明显,与下伏地层及上覆地层反射波波组关系明确,在整个测区能量突出、品质好,全区能连续追踪对比。

TK 辅助反射波为侏罗系顶界面反射波,该反射波在全测区能量较强,能连续追踪。

TJ 为三叠系顶界面反射波,该反射波为一中强反射波峰,连续性好,能在全测区连续追踪。

TT 为二叠系顶界面反射波,该反射波为一中强反射波谷,连续性较好,能在全测区连续追踪。

TP 为石炭系顶界面反射波,该反射波为不整合面反射,整体表现为强、弱相间的波峰反射特征。新处理资料不整合面反射波连续性有了明显改进,使不整合面识别追踪变得相对容易。

纵观全区各目的层的反射波特征,较真实、客观地反映了该区复杂的地质条件和构造特征,对该区构造解释有了基础客观的认识。

2.2.2　层位追踪解释

根据研究需要,在全区追踪解释了石炭系顶界不整合面反射层。解释过程中采用了以反射波标定结果为依据,测网逐渐加密,自动追踪与手动解释相结合的解释方法。最后以是否全区闭合、是否符合井标定为标准检查解释结果,使解释结果满足精度要求(图 2.12)。

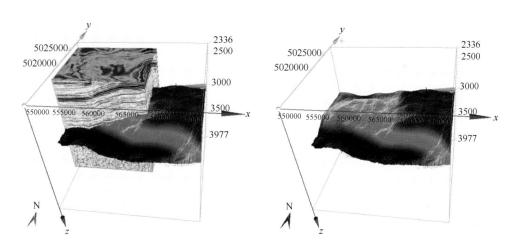

图 2.12　三维可视化技术提高构造解释精度

应用上述方法对工区全部测线进行追踪解释,共解释了石炭系顶界(P)、上序列沉积岩顶界、上序列沉积岩底界三个层位;并对各个火山岩体顶、底面进行追踪,为火山岩体解剖奠定基础。

2.2.3 断层解释

断层解释是构造解释的关键环节,断层解释的准确性和合理性直接影响构造成果的精度。解释上一般采用由主到次、由大到小、由粗到细,充分结合钻井地质资料的解释方法。

(1) 断层附近地层常发生产状和厚度变化,在地震剖面上主要表现为同相轴终止、错断、扭曲、合并、分叉、数量变化以及振幅突变等现象(图2.13)。落差较大的断层其断点主要表现为反射波同相轴错断或突然消失;而落差小的断层及断点表现为反射波同相轴扭曲、地层倾角突变、同相轴连续性、光滑程度及振幅强弱变化等。因此,剖面上解释的断层必须具有断点清晰、延伸距离较远的特征。

(2) 在骨干剖面解释断层的基础上,采用空间自动追踪、内插功能加密解释。用图形分析技术(包括相干体、方差分析、边界检测、倾角方位角等不连续性检测技术)验正、校正已解释成果。

(3) 利用水平切片技术和三维可视化技术解释并修正解释。水平切片技术是三维地震所特有的、对断层解释非常有效的技术。断层在水平切片上表现为同相轴水平错断,错断量的大小与断距成正比。研究表明,同一断层在水平切片上的错开量是垂向剖面断距的5~6.8倍。

(4) 研究断层的发育机制及空间展布规律,建立地质模式,用地质模式指导地震剖面的解释。

(5) 结合钻井地质分层,从生产实践中总结并修正解释模式,以指导地质上合理解释但地震上难以分辨的小断层。

运用以上方法对工区内各级断层进行解释,其中,滴水泉西断裂和滴水泉北断裂延伸远,断距较大,对滴南凸起的构造格局和地层层位的展布起决定性作用,也是油气运聚成藏的关键控制因素;其他规模较小的断层对局部构造和圈闭的形成起着重要作用,是区块内影响油气富集的关键(图2.14)。

在断层精细解释的基础上,对DD地区主断层性质进行分析。滴南凸起上发育一系列近东西向、北西向的断裂,规模较大的有北侧的滴水泉北断裂,为东南倾的逆断层,断开层位 C—J_1b,对三叠系、侏罗系沉积有明显的控制作用,是滴南凸起与滴水泉凹陷的分界线。南侧为滴水泉西断裂,为北倾的逆断裂,断开层位 C—J_1s,形成于石炭纪末到二叠纪初,三工河组沉积末期停止活动,为三级构造单元的分界线。DD17 井区南侧发育一条较大规模的北倾逆断裂,延伸 8km,断开层位 C—J,对 DD17 井区地层展布、构造形态有明显的控制作用(表2.2)。

2.2.4 速度分析及构造成图

在构造成图的过程中,速度分析和时深转换的质量对构造成果的好坏起着至关重要的作用。三维地震解释的速度来源一般有三种:叠加速度、VSP 速度、测井速度。根据测井资料分析研究区的速度一般大于 3500m/s,平均速度达 4000m/s。

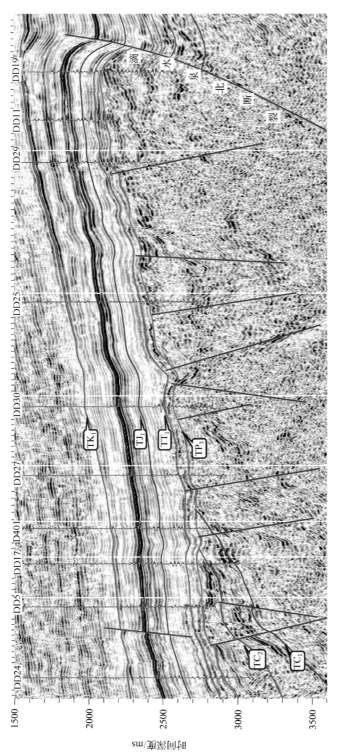

图 2.13　骨干剖面断层解释模式

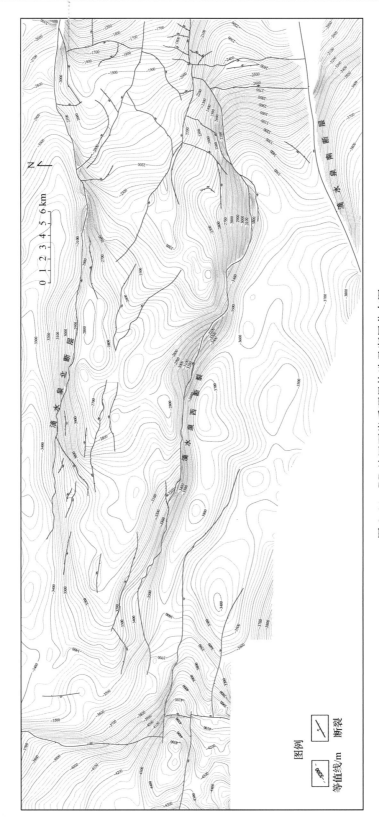

图 2.14 DD 地区石炭系顶界构造及断层分布图

图例

断裂

等值线/m

表 2.2　DD 地区主断层要素表

断层名称	断面产状		断开层位	断面形状	断层性质	延伸长度/km	垂直断距/m	活动时期
	走向	倾向						
滴水泉北断裂	北东东	南东	C—J$_1$b	铲型	逆	11	80～100	晚海西—早燕山
滴水泉西断裂	北西	北	C—J$_1$s	铲型	逆	30	120～500	晚海西—早燕山
滴西 17 南断裂	北西	北	C—J	铲型	逆	8	20～60	晚海西—早燕山

　　时深转换的方法有两种:一种是用统一的时深关系对全区进行时深转换,另一种是利用测井资料和地震速度计算出全区的速度场,再用这个速度场进行时深转换。由于 DD 地区石炭系顶界面地形起伏大,因而速度横向变化大。研究中采用变速成图,即以 22 口井的声波测井数据为基础,然后根据解释的构造趋势,在井间进行人工插值,全区插值生成初始速度场。生成构造图后,与实际钻井深度进行比较后,对速度场进行修改,直到与实际钻井资料吻合为止。

　　利用该速度场及解释的 t_0 数据就可以进行时深转换。地震数据体进行时深转换时,地震数据的每一点都对应一个特定的速度,每点的速度可能互不相同,实现变速时深转换。经变速时深转换,使构造形态更趋于真实,成图精度明显提高,如绘制 DD 地区石炭系顶界面及各期次界面构造图(图 2.14、图 2.15)。

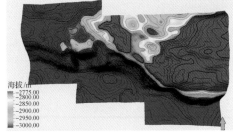

(a) 巴一段底

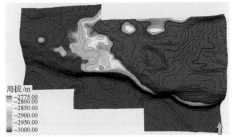

(b) 巴一段顶

(c) 巴二段顶

(d) 巴三段顶

图 2.15　DD 地区石炭系巴山组地层层序界面特征图

2.3　构造及圈闭特征分析

　　从石炭系顶界构造图来看出(图 2.14),DD 地区构造整体上为北西-南东走向,南、北两侧被滴水泉西断裂和滴水泉北断裂切割并夹持,向西倾伏的大型鼻状构造,在鼻状隆起上发育 DD14、DD18、DD17 等低断裂背斜局部构造圈闭。各圈闭高点埋深、闭合面积、闭合幅度各不相同,总体上,埋深由东向西呈逐渐加深趋势(表 2.3)。

表 2.3 克拉美丽气田石炭系圈闭要素表

圈闭名称	层位	圈闭类型	高点埋深/m	闭合高度/m	闭合面积/km²
DD14 井石炭系岩性圈闭		岩性	−2950	275	23.7
DD18 井石炭系断层-岩性圈闭	C	断层-岩性	−2800	700	22.9
DD17 井石炭系断层-岩性圈闭		断层-岩性	−3125	275	37.9

以 DD14 井区圈闭为例分析,DD14 井区石炭系气藏顶界整体表现为以 DD14 井为构造高点,向北西方向倾斜,向南东尖灭的背斜构造,为多锥型复合火山机构,爆发相为主,酸性-基性火山碎屑岩、火山熔岩均有揭示,经历多期次喷发及水流搬运沉积,结合地震反射特征、钻井实钻结果和火山岩气藏解剖,识别了五个火山岩体,分属五种不同的岩性圈闭(图 2.16)。

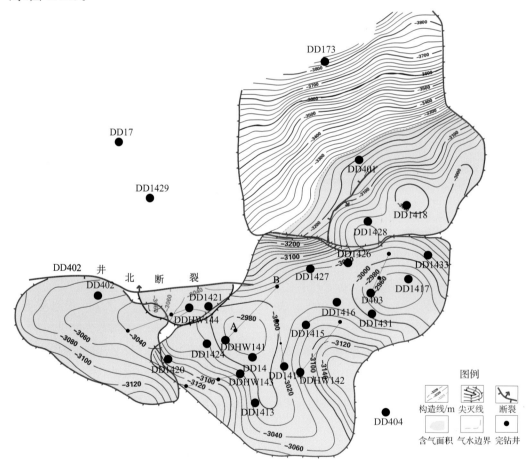

图 2.16 DD14 井区 $C_2b_2^2$ 圈闭顶面构造图

　　DD14 井区为一个复合岩体的火山碎屑丘,在 DD1413 井—DD403 井为火山碎屑堆积物,在垂向上又分为上、下两套,中间以火山沉积岩间隔,向西北斜坡带相变为溢流相玄武岩,向东 DD404 井一带则相变为湖沼相的煤层、炭质泥岩和泥岩(图 2.17),形成东侧上倾方向遮挡,上、下序列间的泥岩为西侧遮挡条件,上覆的二叠系泥岩为盖层的岩性圈闭。

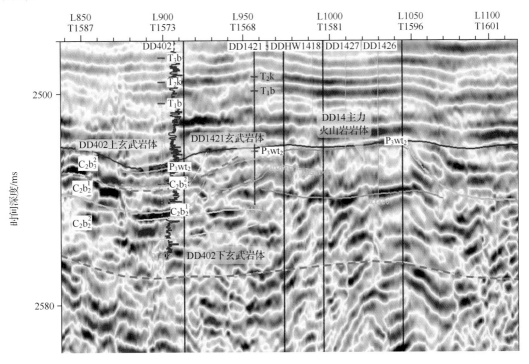

图 2.17　过 DD402 井—DD1426 井地震剖面

参 考 文 献

孙淑艳,李艳菊,彭莉,等. 2003. 火成岩地震识别及构造描述方法研究[J]. 特种油气藏,10(1):47-54

王淑玉,靳秀菊,郭海霞,等. 2011. 普光气田深层气藏构造综合解释技术研究[J]. 断块油气田,18(5):568-572

徐守余. 2005. 油藏描述方法原理[M]. 北京:石油工业出版社

改造型火山岩内幕结构解剖 第3章

与松辽盆地相比,陆东地区火山岩在成分、结构、成因及分布上都存在着很大的差异,具体表现为:由岛弧环境强火山喷发形成,火山岩与沉积岩交互,发育盾状、锥状及复合状等多种火山机构类型,涵盖中性、基性、酸性等多种火山岩成分,岩石骨架密度、储层结构及储集性能差异大,非均质性极强,储层识别及预测难度大。因此,必须针对性地开展火山岩体识别及内幕结构解剖研究,搞清火山岩结构及储层分布特点,为储层预测、井位部署及连通性分析奠定基础。

内幕结构复杂是火山岩气藏的重要地质特征。内幕结构识别与分级解剖研究,有助于揭示火山岩内幕结构单元的形态、规模及叠置关系,从而为气藏开发层系划分、储层地震反演、储渗单元表征和地质建模奠定基础。

内幕结构反映地质单元及其空间-时间关系(Stow and Johansson,2000)。前人在火山岩内幕结构方面做了大量研究(索孝东和李凤霞,2007;唐华风等,2008;庞彦明等,2009;郑荣才等,2009;郑洪伟和李延栋,2010)。冉启全等(2011)在研究火山岩气藏储层表征技术时,以气藏开发为出发点,结合火山岩的组成特征,将火山岩内幕结构定义为:从火山岩建造到火山机构、火山岩体、火山岩相、火山岩性的各级结构单元的成员关系、形成先后、叠置方式以及几何形体、规模大小(冉启全等,2011)(图3.1)。

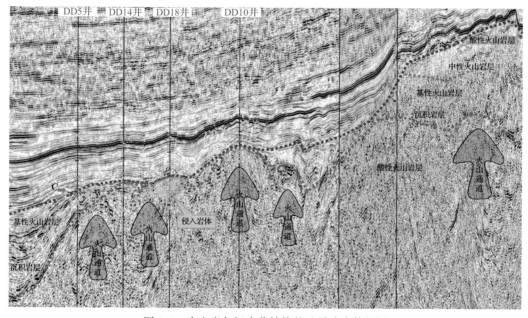

图3.1　火山岩各级内幕结构的地震响应特征图

3.1　火山岩内幕结构解剖难点与技术思路

3.1.1　火山岩内幕结构解剖难点

火山岩各级次内幕结构的内部组成、几何形态、叠置关系和规模大小不同,其识别、解剖和刻画的难度也不一样。高级次内幕结构与围岩差异大,地质特征与测井特征标志明显,由于规模大,地震响应特征明显,边界以可追踪性较好的不整合面强反射为主,因此容易识别。低级次内幕结构与围岩差异小,地质特征与测井特征标志不明显,由于规模小,导致地震响应特征也不明显,边界可追踪性差,因此识别难度大。从火山岩建造到火山岩性,结构级次逐渐降低,规模减小,地质学特征、测井标志和地震响应特征越来越不明显,边界可追踪性变差,识别与解剖难度增大。

同样,高级次内幕结构的内部特征、几何形态、叠置关系相对简单,且规模大,容易识别和解剖,因此容易定量刻画。低级次内幕结构相对复杂,且规模小,识别与解剖难度大。因此,从火山岩建造到火山岩性,随着级次降低,规模减小,定量刻画的不确定性增加、难度逐级增大。

3.1.2　火山岩内幕结构解剖技术思路

针对准噶尔盆地陆东地区火山岩气藏内幕结构复杂、且经历多期、多类型改造的特点和边界不清晰的解剖难点,综合应用露头、岩心、测井、地震、密井网等资料,采取由大到小、由单井到剖面、再到平面和空间的思路,突出井点约束和地质模式控制,通过单井模糊界面识别、剖面精细标定与追踪、平面多属性圈定、空间多角度精细刻画,逐级解剖火山岩内幕结构,揭示各级结构单元的形态、叠置关系、规模和分布规律(李道清等,2010;冉启全等,2011)(图 3.2)。

1. 建立识别标志

根据火山岩内幕结构的特点,通过地质和地球物理特征分析,搞清楚火山岩的重力、磁力、测井、地震响应特征,建立识别各级结构单元的岩性标志、测井标志和地震相模式,为单井识别和空间预测提供依据。

2. 火山岩内幕结构识别

根据内幕结构的识别标志,按照"点—线—面—体"的研究思路,通过单井识别、剖面识别、平面及空间预测,搞清楚各级结构单元的分布特征。

1) 单井识别

利用岩性标志与测井标志,通过岩石成分、结构构造、相序组合及测井曲线值域、形态、光滑度分析,在单井上识别各级结构单元,划分单元界限,搞清楚单元纵向分布特征,为剖面识别奠定基础。

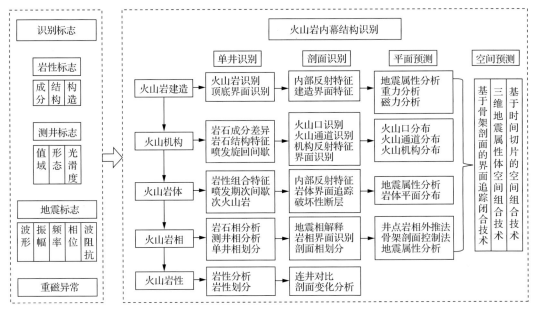

图 3.2　火山岩内幕结构解剖技术流程图

2）剖面识别

在井震联合标定的基础上，利用各级结构单元及其标志构成的地震相模式，通过地震反射剖面波形、振幅、频率、相位等属性分析，从剖面上识别各级结构单元，追踪单元界面，搞清楚单元的剖面分布特征，为平面预测奠定基础。

3）平面预测

开展各级结构单元的地震属性敏感性分析，优选敏感属性与属性组合；在地质模式和单井特征的约束下提取属性，初步圈定各级单元的平面分布；进一步开展多种属性的组合分析，并结合地质特征反复论证，综合预测各级结构单元的平面分布，为空间预测奠定基础。

4）空间预测

在单井识别、剖面识别及平面预测的基础上，采用三种方法预测各级结构单元的空间分布：①建立覆盖全区的骨架剖面网络，在结构单元剖面识别的基础上，追踪单元界面并闭合；②采用地震属性提取技术，提取各种敏感属性的三维数据图，在属性分析和优化的基础上，根据结构单元的空间位置进行组合；③采用基于地震数据时间切片和地层切片的空间组合技术进行预测。

3. 火山岩内幕结构刻画

在各级结构单元识别的基础上，进一步采用野外露头勘查、地震资料解释及加密井网解剖的方法，定量表征各级结构单元，刻画各级结构单元的形态、叠置关系和规模，揭示其空间分布规律，为储层预测、气藏综合评价及地质建模奠定基础。

3.2　火山岩建造识别与解剖

1981 年的地质学辞典将火山岩建造定义为:成因相似并有共同特征的几种火山岩呈有规律的组合(吴树仁和王曙,1981)。袁见齐等(1985)则认为,火山岩建造(或火山岩组合、火山岩系列)是指在一定的大地构造单元和发展阶段,在地壳表部形成的一套火山岩组合。孙鼐和彭亚明(1985)认为,岩浆建造是在一定地质构造环境和一定的地质发展阶段内,在成因上有密切联系的、互相紧密共生的岩石有规律的自然组合。冉启全等(2011)通过对松辽盆地营城组火山岩与准噶尔盆地石炭系火山岩建造的分析研究,提出火山岩建造是指"在一定地质阶段的某一特定地质构造环境下,由成因上密切联系、空间上紧密共生的火山岩相互叠置、连片,形成的一套岩石组合。"

3.2.1　火山岩建造识别标志

火山岩建造由多个喷发旋回或期次的火山岩构成,围岩则是沉积岩。因此,通过全井段取心井及测井、地震、重力、磁力响应特征分析,建立识别火山岩建造及围岩、界面的岩性标志、测井标志、地震标志及重力、磁力标志(冉启全等,2011)(表 3.1)。

表 3.1　火山岩建造识别标志表

识别对象	岩性	测井			地震					重力	磁力
		值域	主要形态	光滑度	波形	振幅	频率	相位	波阻抗		
火山岩建造	火山岩	高电阻率、高密度、低声波时差	箱形、钟形-漏斗组合形	平滑-齿状	杂乱	强	低	不连续	高	高	高
围岩	沉积岩	低电阻率、低密度、高声波时差	各种形态	齿形-锯齿形	层状	弱	高	连续	低	低	低
界面	火山沉积岩、沉火山岩	介于火山岩与沉积岩之间	指形	齿状	不整合界面强反射					介于火山岩与沉积岩之间	

1. 岩性标志

陆东地区石炭系火山岩建造由酸性到基性的多种火山岩构成,建造顶界面与石炭系顶面重合,为区域性分布的大型不整合界面,石炭系末期界面经历长期风化、剥蚀形成了风化壳,在岩性上易于识别(表 3.1)。

2. 测井标志

火山岩厚度大,通常具有典型的"高电阻率、高密度、低声波时差、低中子"特征,曲线平滑-齿状,多呈箱形或钟形-漏斗组合形(表 3.1)。

沉积岩厚度小,具有典型的"低电阻率、低密度、高声波时差、高中子"特征,曲线齿状-锯齿状。

沉火山岩或火山沉积岩厚度较小,岩石特征和测井特征都介于火山岩与沉积岩之间,测井曲线多呈齿状、指形。

3. 地震响应特征

相对于顶底的沉积岩,火山岩建造厚度大、岩石密度大、声波速度快,在地震上整体表现为强振幅、低频率、差连续性的反射特征,多数呈杂乱反射外形;波阻抗多高于9000m/s·g/cm³,最大可达 16000m/s·g/cm³;火山岩与围岩的界面表现为不整合界面的强反射特征(表3.1)。

3.2.2 火山岩建造单井测井识别

以岩性和测井标志为依据,综合利用岩心、录井和测井资料,通过内部火山岩、内部沉积岩和外部围岩的识别,划分陆东地区改造型火山岩建造的顶、底界面,搞清其纵向分布特征,为剖面识别和平面预测奠定基础。

1. 识别火山岩,初步确定火山岩建造顶、底界面

以岩石学特征和测井响应特征为依据,综合利用岩心、录井以及各种测井资料(ECS测井、FMI成像测井和常规测井),有效区分火山岩、沉火山岩、火山沉积岩和沉积岩,初步确定火山岩建造的顶、底界面。

图 3.3 是 DD171 井单井综合图,该井钻遇玄武岩、玄武质角砾熔岩、玄武质熔结角砾岩、沉凝灰岩、凝灰质砂岩等岩性,在分析录井和测井资料的基础上,共划分出三套火山岩地层,分别为 3653～3723.3m 段玄武岩、玄武质熔结火山角砾岩组合,3726.05～3736.6m 段玄武岩组合和 3750.05～3778.05m 段玄武岩、玄武质角砾熔岩组合。初步确定该井可能钻遇的火山岩建造顶底界面分别为 3653m、3778.05m,最大厚度 125.05m。

2. 区分建造内部沉积岩和外部围岩,确认建造顶、底界面

与外部围岩相比,火山岩建造内部沉积岩是在喷发旋回或喷发期次的间歇期形成的,具有"火山物质含量高、厚度小、平面分布范围小"的特点,多以沉火山岩或火山沉积岩为主,测井曲线上电阻率、密度都高于正常沉积岩,中子、声波时差则相对偏小。

在图 3.3 中,DD171 井三套火山岩之间发育两套沉凝灰岩地层,夹少量的外来碎屑,厚度分别为 2.75m、13.45m;测井曲线电阻率、密度明显高于上、下厚层沉积岩,分布范围仅限于火山机构内部,综合判断为建造内部的间歇期火山沉积岩。该井 3653m 以上及3778m 以下地层以不等粒长石砂岩为主,属正常沉积岩。从而证实该井钻遇以玄武岩为主的基性火山岩建造,顶、底界面分别为 3653m、3778m。

3.2.3 火山岩建造地震剖面识别

在单井识别的基础上,通过井震标定和地震反射特征分析,从地震剖面上识别火山岩建造,划分建造顶、底界面(图3.4)。

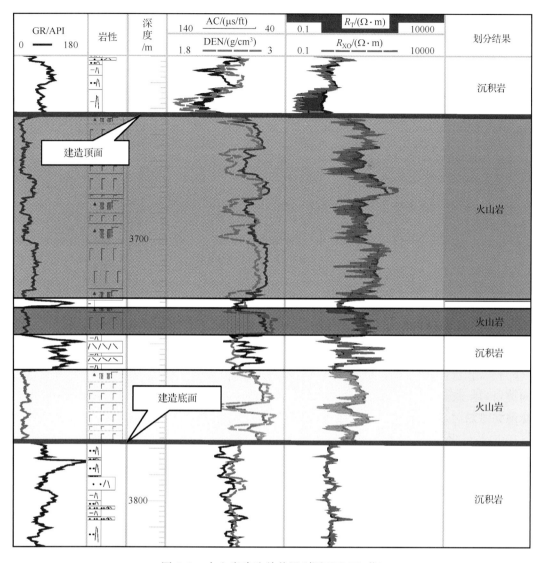

图 3.3　火山岩建造单井识别图(DD171 井)

1. 火山岩建造识别

陆东地区石炭系火山岩在地震剖面上普遍具有"强振幅、低频率、差连续性"的反射特征,具有杂乱的反射外形。在井震标定的基础上,通过单井约束和地震同相轴形态、振幅、频率、相位等属性分析,初步确定火山建造在地震剖面上的分布范围。

2. 火山岩建造顶、底界面划分

石炭系火山岩顶界面具有不整合界面的强反射特征,底界面与基底相连,地震反射特征不清。通过单井约束,可在地震剖面上划分火山岩建造顶界面。

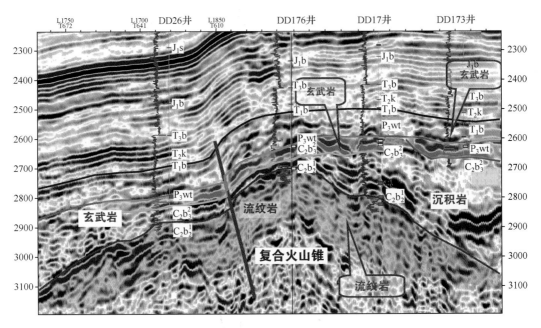

图 3.4　火山岩建造地震响应特征图

3.2.4　火山岩建造平面及空间预测

火山岩建造密度大、地震波速度高、重力高、磁力高,因此,综合运用重力、磁力和地震属性分析的方法,预测火山岩建造的平面及空间分布。

1. 平面预测

在陆东地区改造型火山岩内幕解剖时,采用了地震属性分析技术,预测火山岩建造平面分布。地震属性是指由叠前或叠后地震数据经过数学变换而得到的有关地震波的几何学、运动学、动力学或统计学特征,是地下地质构造、岩性和所含流体等因素的综合反映。地震属性包括地震的波形、振幅、频率和相位等基本特征属性及由基本特征属性演化出的各种衍生属性或组合属性。

火山岩相对围岩具有"振幅强、连续性差、频率中低值"等特点,因此,在均方根振幅属性平面上表现为高值(图 3.5),在相干属性上表现为"杂乱、弱相干"的特点。

2. 空间预测

在单井识别、剖面识别及平面预测的基础上,井点以单井界面划分为基础,井间以地震剖面反射特征为依据,以平面分布为约束,通过建立能有效控制研究区的骨架剖面网络,开展火山岩建造顶、底界面的追踪与闭合,预测火山岩建造的三维空间展布。

图 3.6 是用三维振幅属性体中高振幅异常点组合,预测的火山岩建造空间分布,预测结果与单井揭示的火山岩分布基本一致,从而较好地反映了火山岩建造在三维空间中的几何形态和规模。

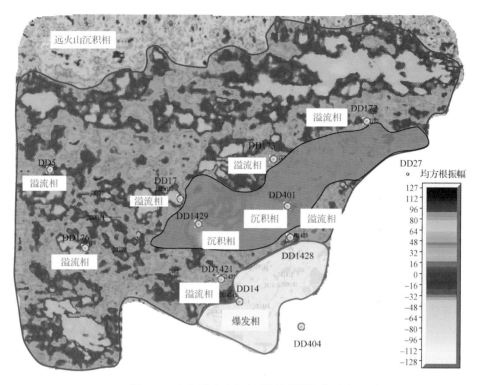

图 3.5　火山岩建造均方根振幅属性平面图

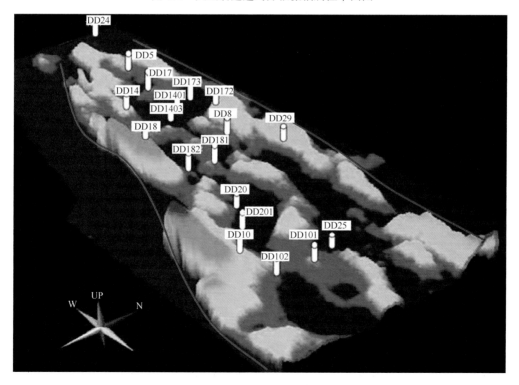

图 3.6　火山岩建造空间分布特征图

3.3　火山机构的识别与解剖

前人对火山机构有不同的解释与定义(李石和王彤,1981;王德滋和周新民,1982;邱家骧等,1996;王璞君等,2008;侯启军,2009),主要有:①直接在岩浆通道附近出现的火山活动产物的总和;②充填火山管的所有火山岩、同该喷发阶段有关的次火山岩及近火山管的生产物残余;③一定时间单元内,火山作用所形成的各种产物构成的一个整体;④空间上位于火山管附近,时间上属于同一火山喷发时代的各种火山-侵入作用的产物,以及这些产物所占据的特定位置和构造等反应火山喷发机制的整体形态;⑤一定时间范围内,来自于同一喷发源的火山物质围绕源区堆积所构成的、具有一定形态和共生组合关系的各种火山作用产物的综合。

冉启全等(2011)通过对松辽盆地营城组与准噶尔盆地石炭系火山机构的分析研究,在综合前人对火山机构有不同的解释与定义后认为,火山机构是比火山岩建造次一级的火山岩地质单元,且具有以下特点:①产出同源,熔浆来自同一个熔浆囊;②成因上互相联系,熔浆在同一个主干通道中运移,火山作用以爆发和溢流为主,局部可发生浅层侵入;③时间上连续,岩石集中在某一时间单元内形成;④空间上紧密共生,火山口、火山通道、火山喷发物及与火山作用有关的各种产物,共同形成一个火山岩组合体,其中,火山口是火山熔浆喷出通道,火山通道是火山熔浆由熔浆囊到地面的运移通道,火山喷出物是构成火山机构的主体,由火山喷发形成的熔岩及火山碎屑岩堆积而成。

3.3.1　火山机构识别标志

火山机构由火山口、火山通道及围斜构造构成(李石和王彤,1981;陈新发等,2012),火山口、火山通道是识别火山机构的重要标志。因此,识别火山机构首先要建立火山口、火山通道及围斜构造的岩性、标志和地震识别标志,综合利用岩心、测井和地震资料,识别火山机构,追踪火山机构界面,并进一步搞清火山机构的空间分布,为深入解剖火山机构奠定基础。

火山口、火山通道及围斜构造的内部特征和外部边界是识别火山机构的重要依据。通过分析岩性特征、测井特征及井旁地震响应特征,建立识别火山口、火山通道及围斜构造的岩性、测井和地震标志(张永忠等,2008;冉启全等,2011)(表3.2)。

1. 火山口

火山口周围的火山弹、火山角砾岩及凝灰岩呈环状分布,其间夹杂同期滞后角砾岩或表生碎屑,互层状发育,岩石结构包括集块结构、角砾结构、凝灰结构和层理;测井曲线多表现为齿状—锯齿状指形。陆东地区石炭系火山口外缘由于火山碎屑物质的就近堆积而形成正向隆起,内部则由于塌陷而形成下凹;在地震剖面上,火山口表现为弧形凹陷或地堑式下拉的地震反射特征,局部呈层状、振幅较强、频率高、同相轴较连续[图3.7(a)],平面属性特征则表现为近环状差相干带或相位突变[图3.7(b)]。当火山口全部被火山物质充填时,下凹特征消失,表现为同相轴的内倾或拉平。

表 3.2　火山机构识别标志表

识别对象		岩性特征			测井特征			地震特征			
		岩石类型	岩石组合形态	机构构造	值域	主要形态	光滑度	波形	振幅	频率	连续性
火山通道	火山口	火山碎屑岩环状分布,夹表生碎屑岩	近平行互层状	集块结构,火山角砾结构,凝灰结构,构/层理	高、低互层	指形	齿形-锯齿状	局部层状,弧形凹陷或地堑式下拉	强	高	好
	火山颈	侵出岩号或岩体	蘑菇状,云朵状	块状构造,流纹构造	高电阻率,高密度,低声波时差	箱形	平滑-微齿状				
		熔岩、熔结角砾岩、次火山岩、捕虏体	近直立的柱状	柱状节理,直立流纹构造,斑状结构	中高电阻率,中高密度,中低声波时差	箱形、钟形+漏斗复合形	平滑-微齿状	伞状,漏斗状,柱状,线状	中弱	高	差
	隐爆角砾岩	隐爆角砾岩	破碎的枝杈状,不规则脉状	隐爆角砾结构,碎斑结构,碎裂结构	中低电阻率,中低密度,中高声波时差	箱形+漏斗复合形	平滑-微齿状				
围斜构造	近火山口带	集块岩、角砾岩、熔结角砾岩、气孔熔岩	楔状,透镜状,块状	火山集块结构,角砾结构,气孔结构	电阻率,低密度,声波时差值中等	钟形、箱形	平滑-微齿状	杂乱,向上收敛	弱中	低	差
	远火山口带	凝灰岩、小气孔熔岩夹火山沉积岩	层状	凝灰结构,流纹构造,层理	中低电阻率,中低密度,中高声波时差	箱形、指形	微齿-齿状	似层状	中强	高	较好
外部包络面		岩性界面,地层产状变化面,不整合面			GR、DEN、电阻率等常规测井突变、FMI产状变化			不整合界面强反射			

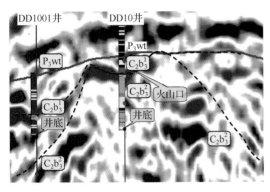
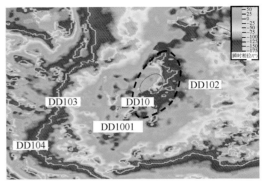

(a) 地震反射特征   (b) 瞬时相位属性响应特征

图 3.7　中心式火山口的地震响应特征

2. 火山通道

火山通道中发育呈岩株、岩脉、直立柱状产出的火山熔岩、熔结角砾岩及次火山岩,岩石成分、结构相对稳定,测井曲线多表现为"中高电阻率、中高密度、中低声波时差",曲线形态多为平滑-微齿状箱形、钟形＋漏斗复合形。在地震剖面上表现为近直立或向上发散的反射外形,内部表现为中-弱振幅、高频率、同相轴不连续。

3. 围斜构造

近火山口带以火山集块岩、火山角砾岩或气孔熔岩为主,多呈楔状、透镜状或块状;远火山口则以火山凝灰岩或小气孔熔岩为主,多呈层状。由火山口向外,火山碎屑的粒度逐渐变细,火山熔岩的气孔逐渐变小、流纹构造倾角逐渐减小。围斜构造的测井响应特征:近火山口带多以厚层、块状火山岩为主,测井曲线形态稳定,多表现为中等幅值,以平滑-微齿状钟形、箱形为主[图 3.8(a)]。

陆东区块 DD17 地区火山机构具有丘状、盾状、穹状等多种地震反射外形,但多具有点对称性:近火山口地震反射较杂乱,同相轴向上收敛,弱-中振幅、低频率、连续性差;远火山口则为似层状,同相轴向外延伸,中-强振幅、中高频、连续性较好,向外逐步过渡为平行、亚平行结构。

3.3.2　火山机构单井测井识别

由于来源相同,火山机构内部火山岩成分相同。若界面上、下火山岩成分不同,则属于不同的火山机构;若火山沉积岩上、下火山岩成分相同,则需要根据火山沉积岩的组成、厚度和延伸范围等,进一步进行分析。火山岩岩石结构和构造是识别火山机构的重要标志。在近火山口带,隐爆角砾岩和直立流纹构造是钻遇火山通道的标志;在远火山口带,上、下段岩层的趋势性产状变化面是两个火山机构的界面标志。

在岩性上,火山机构顶、底界都是火山岩与碎屑岩过渡的不整合岩性界面,从而易于区分(图 3.9)。例如,有的井区火山机构顶部主要为凝灰质砂岩、泥岩向玄武岩突变;有

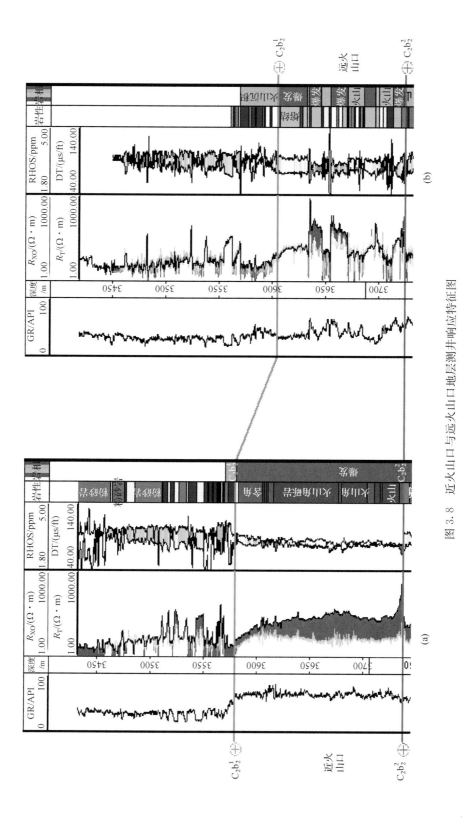

图 3.8　近火山口与远火山口地层测井响应特征图

的井区则主要为沉凝灰岩向火山角砾岩、熔结凝灰岩过渡;还有的井区则是由凝灰质砂岩、沉凝灰岩向正长斑岩突变。

在测井上,火山机构顶底界面的岩性发生突变导致测井曲线形态发生突变,产生显著抬升或降低,在"四性"曲线上,一般表现为密度的急剧增大、电阻率的显著增高及伽马值的突变(图3.10)。不同区块由于岩性变化及组合特征不同,测井响应特征不同:其中凝灰质砂岩、泥岩向玄武岩突变时,密度值急剧增大、电阻率的显著增高及伽马值突然降低;沉凝灰岩向火山角砾岩、熔结凝灰岩过渡时,表现为密度增大、电阻率增高及伽马值抬升或降低;凝灰质砂岩、沉凝灰岩向正长斑岩突变时,则密度、电阻率值显著增高及伽马值的明显抬升;沉凝灰岩向火山角砾岩、熔结凝灰岩过渡时,其密度、电阻率值及伽马值会突然增加。

图3.9 火山机构顶面岩性突变

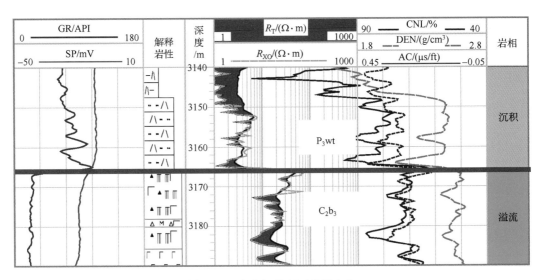

图3.10 火山机构顶面岩性突变

3.3.3 火山机构地震剖面识别

火山口及火山通道具有独特的地震反射特征,是识别火山机构的标志。因此,根据识别标志,找到火山口及火山通道的位置,为火山机构识别奠定基础。

在地震剖面上,火山机构顶底界面表现为强反射且可连续追踪,内部则多为中-强振幅,杂乱状反射,可区别于沉积岩的中-弱振幅、平行-亚平行结构,在振幅属性上火山机构表现为高值(图 3.11)。

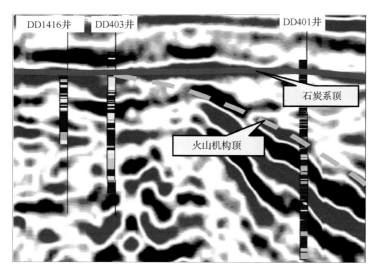

图 3.11 火山机构地震响应特征图

不同井区由于岩性特征不同,地震反射特征不同。通过火山机构的地质、测井、地震识别标志,在陆东地区识别出多个火山机构。其中,火山口喷溢型盾状火山机构具宽阔顶面和缓坡度侧翼,在地震上表现为中-低频、强振幅、连续性好、平行-亚平行的地震反射结构(图 3.12);多锥型复合火山机构由于火山口喷出物相互叠加,结构复杂,在地震上产生相对高频、杂乱、断续、中-弱反射、连续性差的地震反射结构,其残留火山机构具有轴部剥蚀平缓,两翼较陡的特征(图 3.13),火山机构间形成数个洼地均被沉火山岩充填;次火山岩体属厚层块状,次火山岩体与沉火山岩交互型建造,在地震上表现为顶、底强反射,内部弱振幅、断续、杂乱的特点,机构类型具有单锥叠层状火山机构(图 3.14);单锥层状火山

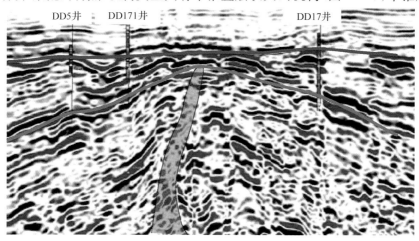

图 3.12 喷溢型盾状火山口地震响应特征

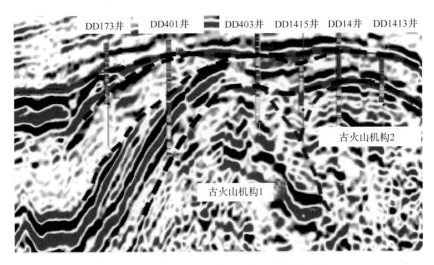

图 3.13 多锥型复合火山机构地震响应特征

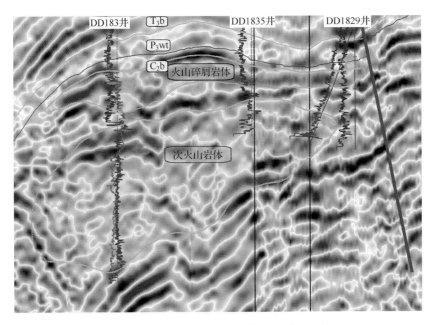

图 3.14 层状交互型火山机构地震响应特征

机构,具对称结构,轴部较陡,两翼平缓,间有厚层沉凝灰岩可形成隔层,地震上表现为相对高频、杂乱、断续、中-弱的地震反射特征(图 3.15)。

石炭系 $C_2 b_3^1$ 主要是以裂隙式次火山岩喷发为主,属厚层块状次火山岩体与沉火山岩交互型建造。火山沿滴水泉西断裂的火山喷发属于滴水泉西断裂诱导的裂隙式侵入,岩浆沿断裂运移至近石炭系顶不整合附近发生集中顺层侵入。

石炭系 $C_2 b_3^2$ 主要以裂隙式喷发为主,以中心式喷发为辅,为多锥型溢流相为主的盾状复合火山机构,具宽阔顶面和缓坡度侧翼,围绕局部的熔岩锥多火山口、多期次喷发,玄武岩体呈叠置分布。

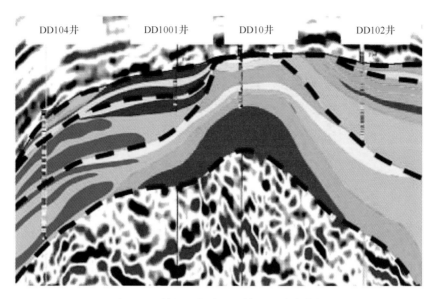

图 3.15　单锥层状火山机构地震响应特征

陆东地区石炭系 $C_2b_2^2$ 主要以中心式喷发为主,早期岩浆沿颈状管道运移至地表而发生的喷发,喷发通道在平面上为点状,是岩浆沿颈状管道运移至喷发通道,形成了下缓上陡的多锥型爆发相为主的丘状复合火山机构。复合火山锥顶部和翼部发育多套溢流相玄武岩体或流纹岩体,火山口喷出物相互叠加,局部流纹岩和玄武岩"双峰式火山岩"直接接触,结构复杂。

在火山口或火山通道识别的基础上,以火山口或火山通道为中心,在地震剖面上,根据不同类型围斜构造的地震相模式,识别围斜构造,搞清围斜构造的外部形态,进而根据围斜构造与围岩或其他火山机构的不整合接触界面,追踪构造边界,揭示火山机构剖面形态。

3.3.4　火山机构平面及空间预测

1. 平面预测

火山通道具有向上发散的反射外形特征;围斜构造由近及远表现为振幅增强、频率增高、连续性变好的特点;火山机构整体具有差相干、弱振幅、高倾角等属性特征。因此,通过在目的层沿层提取敏感地震属性,或提取地震属性时间切片,在平面上预测火山机构的分布范围。同时,火山机构在局部构造背景上具有隆起特征,即表现为正向微构造特征。因此,在火山岩顶面构造解释的基础上,对有正向微构造特征的区域进行分析,可初步确定火山机构或者火山口的平面位置。如图 3.16 所示,瞬时相位切片清晰地反映了火山机构的轮廓。

2. 空间预测

在单井及剖面识别、平面预测的基础上,预测火山机构的空间分布。

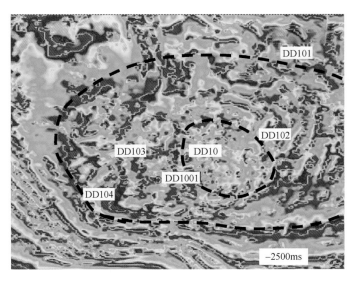

图 3.16 瞬时相位切片预测火山机构平面分布

1）基于骨架剖面识别的界面追踪、闭合技术

以火山机构单井及剖面识别为基础，在建立骨架剖面网络的基础上，通过逐个剖面的识别，开展火山机构界面的追踪与闭合，从而实现对火山机构的三维空间识别。该方法是陆东地区火山机构识别与解剖所运用的主要技术之一，需要以地质模式为指导，解释结果具有较高的精度。

2）基于地震数据时间切片的空间组合技术

火山机构是以火山通道为中心的各组成部分在时间上连续、在空间上有规律分布的集合体，而时间切片反映的是某一瞬时的地震反射特征。因此，根据火山机构的地震相识别标志，按一定时间间隔，连续地提取地震数据的时间切片，通过切片识别和空间组合，可有效预测火山机构的空间分布。该方法直观、便捷，但解释精度较界面追踪、闭合技术略差。

图 3.17 是 DD 地区 DD10 井区 2300ms（顶部）、2330ms、2360ms、2390ms（下部）的地震时间切片，从中可以看出：①火山机构都显示为较规则的近椭圆形特征；②从顶面往下，火山机构的面积向东北部逐渐扩大；③该区火山岩具有向北东方向拉长的单锥状火山机构特征。

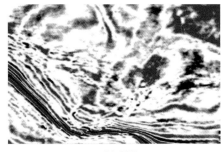

(a) 2300ms

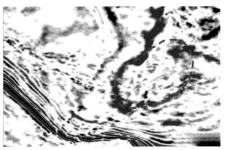

(b) 2330ms

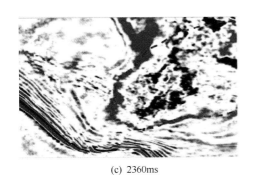 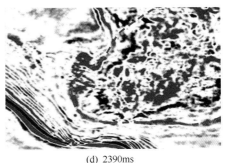

(c) 2360ms   (d) 2390ms

图 3.17 利用时间切片的空间组合技术预测火山机构空间分布

3.4 火山岩体的识别与解剖

目前,国内、外对火山岩体有多种定义,从狭义的单岩性体到广义的火山岩建造均有引用(余家仁,1995;蒙启安和门广田,2001;程日辉等,2003;李勇等,2008;孙东利,2008)。王思敬(1995)认为火山岩体大多由多次喷发构成,由于各次喷发之间间断时间长,在火山岩之间形成古风化夹层,这种认识概念相对较大。

综合参考前人定义,考虑到气藏开发的实用性,将火山岩体定义为"介于火山机构与火山岩相之间的地质结构单元,是具有成因联系的一套火山岩组合,包括喷发能量由强到弱的爆发相-溢流相-火山沉积相岩石组合、能量由弱到强再到弱的溢流相-爆发相-溢流相-火山沉积相岩石组合,其顶、底通常具有一定厚度的风化壳、松散层或沉积夹层"。

火山岩气藏中,火山岩体的规模与气层组规模相当,火山岩体形态、规模及空间分布对储层预测、开发层系划分及气水关系分析具有重要的指导意义。因此,火山岩体的识别与解剖是火山岩内幕结构解剖的重点之一。陆东地区火山岩气藏火山岩体普遍经历了风化剥蚀和构造破坏,火山岩体形态多样、界面模糊、相互交错,给火山岩体的识别与解剖造成很大的困难。

由于火山岩体的分布在成因上受火山口及火山通道位置的控制,所以,制定了以"源控"理论为指导,地质、测井、地震与生产动态相结合,火山口、火山通道、火山机构及火山岩体的逐步识别与解剖的研究思路。火山口、火山通道及火山机构的识别与解剖前面已论述,下面重点论述火山岩体。

3.4.1 火山岩体地质识别

由于喷发期次的不同,火山机构内部一般存在多个火山岩体。火山岩体在成因上为火山一次集中喷发堆积形成,在地质上表现为成分接近、具有韵律性结构的岩性组合体;在测井上具有箱形、钟形或漏斗形测井响应特征;在地震上表现为顶底形成强反射界面,内部块状弱反射。

火山岩体的地质识别关键在于层位的识别,即如何在众多地质界面中找到真正的火山岩体界面。由于形成时间及相对位置的差异,火山岩体在三维空间上常发生多种类型的叠置,表现为多种接触关系,但概括起来可分为沉积岩接触型、风化壳接触型及火山岩体直接接触型。

1. 沉积岩接触型

火山沉积岩是陆东地区非常发育的一种岩性,其常与正常火山岩相伴生,可出现在火山活动的各个时期,由火山碎屑含量为 $50\%\sim90\%$ 的沉火山碎屑组成。火山沉积岩主要形成于火山喷发间歇期,发育各种层理,如具有粒序层理和平行层理的浊积岩透镜体、波状层理凝灰岩等,都是各种粒级的火山碎屑,经过再搬运后,在一定的沉积环境中沉积形成的(图 3.18、图 3.19)。火山沉积岩在搬运过程中,有少量的外碎屑加入,搬运距离一般很近,也有搬运距离很远的火山灰在静水环境中沉积而保持很纯的成分。

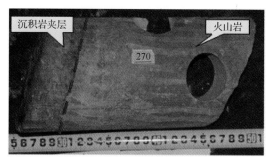

图 3.18　火山岩体之间沉积岩充填

图 3.19　火山岩体之间沉积岩层理

总体来讲,火山沉积岩形成于火山喷发期末,标志着一期火山喷发的结束,是陆东地区火山岩体划分的重要标志。

2. 风化壳接触型

风化壳是地壳表层岩石风化的结果,自上而下具有明显的垂直分带,依次为土壤层、全风化的风化土层带、强风化的风化碎石带、弱风化的风化块石带和微风化的风化裂隙带,最下部为未风化岩。风化壳的厚度取决于气候、地形、构造等许多因素。一般说来,在气候湿热、地形平坦、构造活动比较稳定的地区,风化作用较强,剥蚀作用较弱,风化残余物质易于保存,故风化壳厚度较大;在相反的条件下,风化壳厚度较小,以致为零。

风化壳在形成过程中,除一部分溶解物质流失以外,其碎屑残余物质和新生成的化学残余物质,大都残留在原来岩石的表层。按发育阶段的不同,风化壳可分为:①寒带高山气候下,以物理风化为主的岩屑型风化壳;②温带半干旱气候下,化学风化早期的硅铝-碳酸盐型及硅铝-硫酸盐型风化壳,或者干旱区的硅铝-氧化物-硫酸盐型风化壳;③温带森林气候下,化学风化中期的硅铝黏土型或高岭土型风化壳;④热带、亚热带湿热气候下,化学风化晚期的铁铝型或砖红壤型风化壳。

总之,风化壳标志着火山岩体建造的结束,也是陆东地区不同火山岩体区分的重要标志(图 3.20、图 3.21)。

图 3.20　火山岩体顶部风化壳（西北缘）

图 3.21　火山岩体之间风化壳接触

3. 直接接触型

形成时间间隔较短的火山岩体发生直接接触，中间可以不存在沉积岩夹层或风化壳。对于该类火山岩体的识别主要是通过火山岩相序组合来研究：火山喷发过程中火山能量有弱—强—弱、强—弱等变化形式，在喷发组合上表现为溢流-爆发相-溢流-火山沉积或爆发相-溢流-火山沉积等，所以，根据相序的组合及突变，可以划分不同的火山岩体。

综合研究表明，陆东地区火山岩相序变化多以爆发相火山角砾岩、凝灰质角砾岩开始，中间发育晶屑凝灰岩和熔结凝灰岩，喷发期末以细粒的凝灰岩或火山熔岩结束。通过火山岩体成分的突变（酸性、中性、基性成分的突变）、结构的突变（细晶、球粒结构向火山碎屑结构突变）、构造的突变（火山尘或火山熔岩向火山角砾突变），可划分出不同火山岩体。

基于上述认识，通过火山岩体之间的沉积岩、风化壳及岩性突变界面的识别及追踪，可以实现火山岩体的地质识别与解剖。

3.4.2　火山岩体单井测井识别

1. 火山岩体界面测井识别模式

不同火山岩体由于成分、结构、构造的不同，往往造成相序上的突变，通过火山岩相序的分析，可以区分不同的火山岩体。火山岩体之间以沉积岩、风化壳及直接接触三种类型为主，在相序组合上表现为不同的特点。

（1）火山岩体-沉积岩接触界面。当火山岩体之间为沉积岩充填时，在测井曲线上表现为电阻率、密度及伽马的突变。例如，DD171 井 3740～3750m 段为火山岩体之间的沉积岩，在测井上具有低电阻率、低密度、高伽马、测井曲线犬齿状，其上、下段岩性则表现为高电阻率、高密度、低伽马、测井曲线箱形的特点（图 3.22）。

（2）火山岩体-风化壳接触界面：当火山岩体之间为风化壳界面时，由于风化剥蚀造成溶解物质的流失及母岩稳定性的破坏，在测井曲线上表现为井径的垮塌、伽马异常及密度的变小。DD18 井区次火山岩体普遍具有顶部孔缝发育、密度小，中部孔缝发育程度降低、密度增大，下部次生孔缝不发育、密度大的特点。这些都是古地理环境下，次火山岩体遭受风化、剥蚀的有力证据。

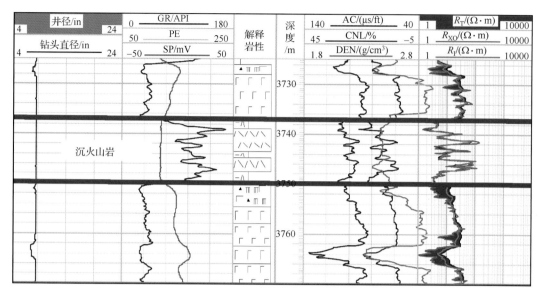

图 3.22　火山岩体之间沉火山岩测井响应特征图

1in≈2.54mm；PE. 光电吸收截面指数；RI. 浅地层电阻率

（3）不同火山岩体直接接触界面：当火山岩体之间发生直接接触时，由于形成时间的不同及成分的差异，造成伽马曲线的突然抬升及电阻率、密度的突变。例如，DD104 井3398m 上部火山岩体主要发育二长斑岩，在测井曲线上具有高伽马、较高电阻率特征；下部火山岩体主要发育凝灰质角砾岩，在测井曲线上具有低伽马、较低电阻率特征（图 3.23）。

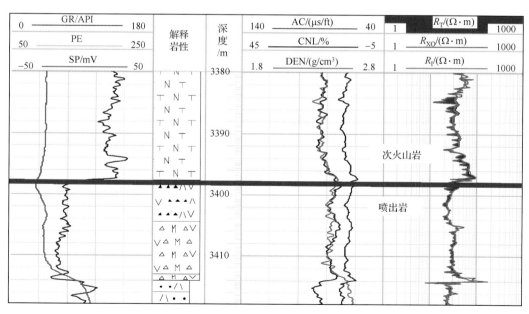

图 3.23　不同成分火山岩体接触测井响应特征图

2. 火山岩体单井测井识别

以火山机构顶、底界面为约束,以岩性、测井标志为依据,综合利用岩心、录井和各种测井资料,识别火山岩体,划分岩体界面。

(1) 通过识别风化淋滤作用形成的风化壳及火山沉积岩,确定喷发间歇期。通过岩性识别和测井响应特征分析,在火山机构内部寻找风化壳及火山沉积岩,确定喷发间歇期,为岩体识别提供依据。以 DD103 井为例,该井首次钻遇正长斑岩是在 3034m;往下到 3200m 之前,依次钻遇两套火山沉积岩,分别为 3055～3080m 段凝灰质砾岩和 3098～3131m 段沉火山角砾岩,测井曲线电阻率约 10Ω·m,低值;声波时差约 80μs/ft,高值;补偿中子约 26%,高值;自然伽马为 45～60API,低值;3057～3065m 取心段为凝灰质砂砾岩,证实这两段是典型的火山沉积岩,从而将次火山岩分为三个岩体(图 3.24)。

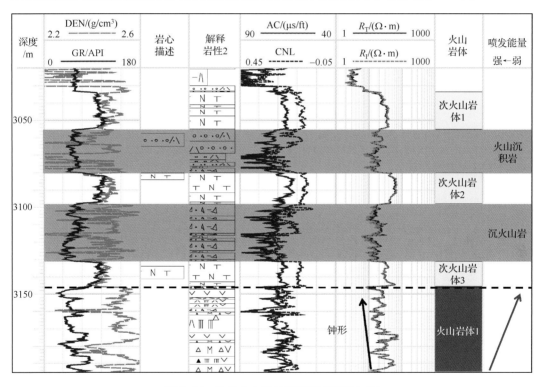

图 3.24　单井火山岩体识别图(DD103 井)

(2) 通过区分具有蚀变充填特征的喷出岩和次火山岩,确定次火山岩体分布界限。与喷出岩相比,次火山岩具有"高电阻率、低中子、低密度、低声波时差"特点,曲线形态多为稳定的微齿状箱形(图 3.24)。因此,在火山岩体分布模式的指导下,根据喷出岩与次火山岩在测井曲线上的细微差异进行区分,确定次火山岩体分布界限。

(3) 通过识别具有异地搬运特征的火山岩,划分岩性组合,建立喷发能量转换模式。以岩性识别结果为依据,根据喷发能量强、弱划分岩性组合,建立喷发能量转换模式。DD103 井(图 3.24)下部火山岩岩性组合为典型的安山质火山角砾岩-含角砾凝灰岩-安山岩,喷发能量逐渐减弱,测井曲线为斜率较小的钟形,该段岩性组合构成该井纵向上第一个火山岩体。

（4）通过识别、划分经风化淋滤、异地搬运及蚀变充填的火山岩体界面,确定岩体纵向分布。在上述分析的基础上,进一步划分火山岩体界面,确定岩体数量及纵向分布。例如,DD103 井共识别出四个火山岩体,自上而下分别为:3034～3055m 段次火山岩体、3080～3098m 段次火山岩体、3131～3145m 段次火山岩体及 3145～3195m 段火山岩体。划分结果为剖面识别提供了单井依据。

3.4.3 火山岩体地震剖面识别

1. 地震反射特征

不同类型火山岩体内部反射特征和外部边界存在较大差异。

（1）岩体内部反射。溢流相为主的火山岩体具有中弱振幅、低频率、连续性较好的似层状地震反射特征;爆发相为主的火山岩体表现为弱振幅、低频率、不连续的杂乱反射;侵出相及次火山岩相为主的火山岩体则表现为中弱振幅、中等频率、连续性差的杂乱反射。

（2）边界反射特征。火山岩（或次火山岩）→风化壳（火山沉积岩）界面在地震剖面上表现为不整合面的强反射,同相轴连续,可追踪性好;喷出岩→次火山岩及喷出岩能量强弱转换界面表现为不整合面的中-弱反射,同相轴断续,可追踪性较差;断层在地震剖面上表现为同相轴终止、错断、扭曲、合并、分叉、数量变化及极性反转等现象。

2. 识别方法

以火山机构边界为约束,以不同类型火山岩体的地震相模式为依据,在单井识别的基础上,通过测井标定和地震响应特征分析,在地震剖面上识别火山岩体,追踪具有改造特征的火山岩体界面,搞清火山岩体的剖面分布特征。

由于火山岩体形成时间和相对位置存在差异,导致火山岩纵、横向叠置关系不同,在地震反射剖面上,火山岩体之间主要表现为振幅强、弱,同相轴的连续性以及频率不同,火山岩体界面主要表现为同相轴的尖灭、错断及能量突变。

3.4.4 火山岩体平面及空间分布预测

1. 火山岩体平面分布预测

在地震响应特征分析的基础上,通过敏感性分析和地震属性提取,识别火山岩体,预测火山岩体的平面分布特征。

不同地震属性反映的地层信息不一样,通过对比分析,波形分类、振幅及相位属性,识别本区火山岩体具有较好效果。

在目的层提取敏感的地震属性,利用火山岩体的地震属性响应特征,预测其平面分布。如在瞬时相位属性上,火山岩体内部相位特征稳定,外部边界则表现为相位突变;在波形分类属性上,火山岩体外部轮廓表现为波形特征的突变;在振幅属性上,火山岩体内部表现为强振幅值。

波形分类属性:火山岩体叠置部位表现为波形特征的突变(图 3.25)。振幅属性:火山岩体叠置部位表现为高值与低值的突变,次火山岩体的中部均是处于叠后振幅的强振幅区,向周边叠后振幅属性值逐渐减弱(图 3.26)。

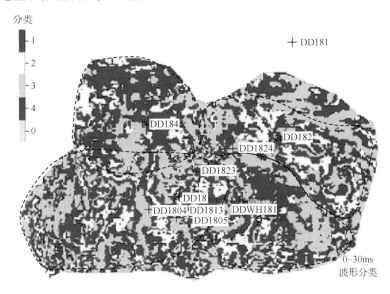

图 3.25　火山岩体地震波形分类属性特征图

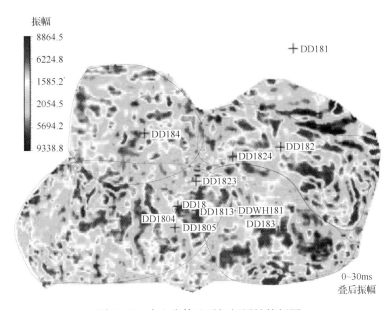

图 3.26　火山岩体地震振幅属性特征图

相干及倾角属性:火山岩体叠置部位表现为强-弱相干突变或倾角异常值带,在相位属性上表现为相位的突变。从图 3.27 及图 3.28 可以看出,各个火山岩体在瞬时相位属性上具有环状突变的特点,突变界面清晰地反映了火山岩体的轮廓。

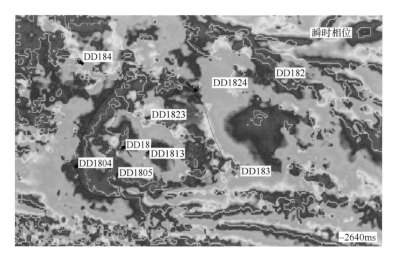

图 3.27　单火山岩体地震相位属性特征图

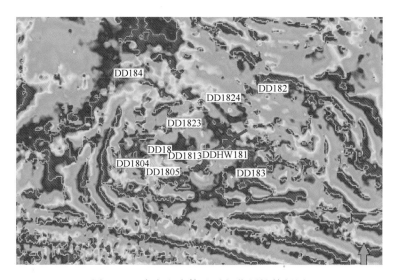

图 3.28　多火山岩体地震相位属性特征图

2. 空间分布预测

在单井、剖面识别及平面预测的基础上,通过建立骨架剖面网络,应用基于骨架剖面的火山岩体界面追踪、闭合技术,实现火山岩体三维空间分布的预测。

图 3.29 为应用该技术预测的陆东地区次火山岩体空间分布图,预测结果揭示了次火山岩体空间展布及叠置关系,为储层预测及地质建模建立了格架约束。

3.4.5　火山岩体解剖

综合构造特征、地震属性特征分析与地震反演结果,对陆东地区主要火山岩体进行综合预测研究。以开发三维地震为基础,以"源控"理论为指导,地质、测井与地震综合研究逐级识别与刻画火山岩体。以 DD14 井区为例,DD14 井区刻画出四个玄武岩体和一个复合火山岩体(表 3.3)。

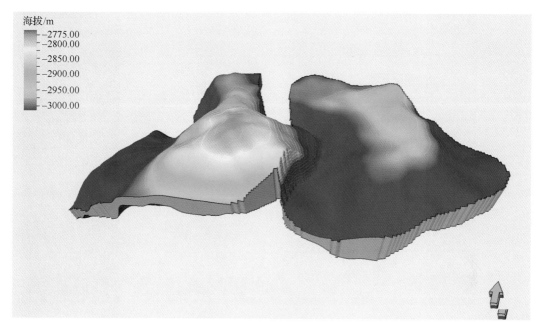

海拔/m

图 3.29　火山岩体空间分布预测

表 3.3　陆东地区某气田 DD14 井区火山岩体特征表

火山岩体	长/km	宽/km	厚/m	面积/km²	岩性
DD401 火山岩体	东西 3.11	南北 2.55	83	6.75	玄武岩、流纹岩
DD402 上火山岩体	东西 2.07	南北 1.26	50	2.29	玄武岩
DD402 下火山岩体	东西 2.39	南北 1.07	100	2.37	玄武岩
DD14 复合火山岩体	东西 2.93	南北 2.74	300	6.47	火山角砾岩、熔结凝灰岩
DD1421 火山岩体	东西 1.14	南北 0.76	70	0.45	玄武岩

目前,DD14 井区主要包括五套储集层:DD14 主力岩体、DD401 玄武岩体、DD402 上玄武岩体、DD402 下玄武岩体和 DD1421 玄武岩体五个火山岩体。DD14 复合火山锥为以近火山口爆发相为主的火山岩形成的背斜,形态为近东西向椭球体,面积 6.67km²,最大厚度为 280m 左右;DD401 岩体为以溢流相为主的火山岩形成的北西倾的单斜,面积为 8.0km² 左右,最大厚度为 300m 左右;DD402 岩体为以溢流相为主的玄武岩形成的南西倾的单斜,面积 2.45km²,最大厚度为 150m 左右;DD1421 岩体为以溢流相玄武岩为主形成的似平台构造,面积 4.67km²,最大厚度为 200m 左右(图 3.30、图 2.16)。

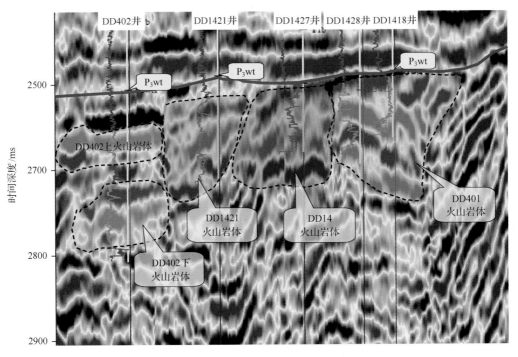

图 3.30　DD402 井—DD1427 井—DD1418 井地震剖面图

3.5　火山岩相的识别与解剖

火山岩岩相一词较早时期由苏联学者引入地质文献(地质矿产部情报研究所,1986),并按火山岩产出条件和岩体形态分为原始喷发相、次火山岩相和火山管道相。李石和王彤(1981)将火山岩相定义为"一定自然条件和一定热力条件下形成的一种岩石或一个地质体"。王德滋和周新民(1982)将火山岩相定义为"火山作用产物在空间分布的格局、产出的方式以及这些产物所呈现的外貌特征"。邱家骧等(1996)将火山岩相定义为"在一定环境条件下的火山活动产物特征的总和"。冉启全等(2011)认为,火山岩相是相同类型火山作用及其产物的时-空分布和地质特征。

火山岩相分布于火山岩体内,是比火山岩体次一级的地质结构单元,其特征是与火山喷发模式有直接关系。岩相研究能够揭示火山岩空间展布规律和不同岩相组合之间的成因联系,是火山岩成因与物性研究的重要内容(王璞君和冯志强,2008)。

3.5.1　火山岩相分类与岩相模式

1. 火山岩相分类

火山岩相是火山作用产物在空间上分布的格局、产出的方式及这些产物的外貌和特征,其决定因素包括火山岩作用方式、喷发模型、岩浆成分、地质构造和古地理环境等(王德滋和周新民,1982)。

识别与划分火山岩相通常应考虑以下几个因素：①火山喷发形式；②火山喷发环境；③火山产物的地面堆积环境；④火山爆发机制与火山碎屑搬运方式、堆积机理；⑤火山岩浆在地表以下一定深度的侵入机制；⑥在火山机构中特定的位置（邱家骧等，1996）。

与松辽盆地相比，陆东地区火山岩相不仅类型多，而且多经历过搬运沉积，因此，外来碎屑混杂，其识别与解剖难度较大。本书在吸收前人研究成果的基础上，结合准噶尔盆地陆东地区火山岩的地质特点，依据"形成方式、产出状态、产出部位和岩石组合"的分类原则，参照《准噶尔盆地石炭系火山岩岩相类型及命名标准》，将准噶尔盆地陆东地区火山岩相划分为爆发相、溢流相、火山通道相、次火山岩相和火山沉积相 5 个岩相 16 种亚相（表 3.4）。

表 3.4　陆东地区石炭系火山岩相类型简表

岩相	亚相	典型井区
爆发相	溅落亚相、热碎屑流亚相、热基浪亚相、空落亚相	DD14、DD10 井区
溢流相	顶部亚相、上部亚相、中部亚相、下部亚相	DD14、DD17 井区
火山通道相	火山颈亚相、侵出亚相	DD10 井区
次火山岩相	内带亚相、中带亚相、外带亚相	DD18 井区
火山沉积相	含外碎屑亚相、再搬运亚相、凝灰岩夹煤亚相	DD17、DD14 井区

2. 火山岩相模式

火山岩相模式是对某一类或一岩相组合的全面概括，是展现火山岩岩相间依存关系的概念化和简单化模型（刘喜顺等，2010）。火山岩相的分布主要受火山喷发模式的控制。

1）火山喷发模式

火山喷发模式一般可分为中心式喷发和裂隙式喷发两种。中心式喷发指岩浆沿一定的圆柱状通道喷出地表，它通常伴随有强烈的喷发。裂隙式喷发是岩浆比较缓和地沿地壳裂隙流出地表的一种喷发形式，它通常不发生爆炸现象。岩浆沿裂隙流出后，沿地表流动，常常形成面积很大的熔岩被，这种熔岩被面积可达几十平方千米以上，厚达几十米，甚至超过数百米。

准噶尔盆地陆东地区石炭系沉积时期，火山活动频繁，火山碎屑含量高（约占 55%），火山喷发能量较强；多数火山机构正向凸起形态均较明显，火山喷发方式为以中心式喷发为主，裂隙式喷发为辅。

2）火山岩相模式

火山岩相模式是指形成火山岩的岩相之间相互关系的一个概念模型，它是对工区火山岩相展布、火山岩相旋回（相序）等火山机构研究成果的概括总结，并对今后工区火山岩相的研究具有指导作用。

火山喷发形式很少是单一的，大多数为多种喷发形式的交叉或叠合。陆东地区西部火山岩既有熔浆的溢流，又有产生各种抛出物的爆发。其中，DD18 井区次火山岩、正常火山碎屑岩与沉火山岩均有揭示，但以发育次火山岩为主，岩相类型以次火山岩相为主，亚相类型自外而内依次发育外带亚相、中带亚相、内带亚相；DD17、DD14、DD10 井区熔岩、熔结火山碎屑岩、火山碎屑岩、沉火山碎屑岩均有揭示,岩相类型包括爆发相、溢流相、火山沉积相、火山通道相。

结合陆东地区火山活动和火山岩分布的特点,归纳总结该区火山岩相模式:横向上自火山口由近及远可以划分为火山通道、侵出相区、爆发相区、溢流相区及火山沉积相区;垂向上自下而上发育爆发相、溢流相、火山沉积相,亚相自下而上依次为爆发相的空落亚相、热基浪亚相、热碎屑流亚相、溅落亚相和溢流相的下部亚相、中部亚相、上部亚相、顶部亚相。爆发相在火山口附近的堆积厚度最大,随着离火山口距离的变远而减薄,锥体的坡度也随之减缓(图3.31)。近火山口岩相类型复杂,远离火山口岩相相对简单。

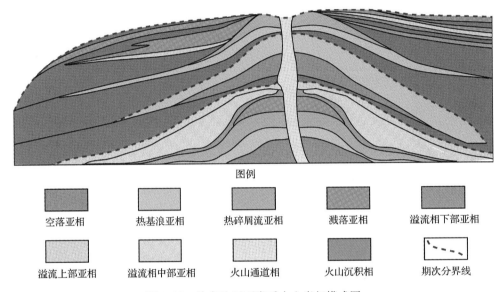

图例

| 空落亚相 | 热基浪亚相 | 热碎屑流亚相 | 溅落亚相 | 溢流相下部亚相 |

| 溢流上部亚相 | 溢流相中部亚相 | 火山通道相 | 火山沉积相 | 期次分界线 |

图3.31 陆东地区石炭系火山岩相模式图

3.5.2 火山岩相地质识别

研究表明,陆东地区发育的主要岩相类型有爆发相、溢流相、火山通道相、次火山岩相、火山沉积相。不同火山岩相的岩性、结构、构造特征、测井响应特征及地震剖面特征不同,建立火山岩相地质识别标志,将为单井相识别、划分奠定基础。

1. 爆发相

爆发相形成于火山作用早期,是由于岩浆中含有大量气体造成对围岩的巨大压力,因而,产生岩浆(包括围岩)的爆炸,形成各种粒级不同的火山碎屑物质的堆积。爆发相可分为四个亚相:溅落亚相、热碎屑流亚相、热基浪亚相、空落亚相。不同亚相成因及岩性、结构、构造特征不同(表3.5)。

陆西地区爆发相主要发育集块岩、火山角砾岩(空落亚相)、凝灰岩、晶屑凝灰岩(热基浪亚相)以及含晶屑、玻屑、浆屑、岩屑的熔结凝灰岩(热碎屑流亚相)和角砾熔岩、凝灰熔岩(溅落岩相)等,多近火山口发育(图3.32、图3.33)。

表 3.5　爆发相亚相类型及其地质标志

相	亚相	成因	特征岩性	特征结构	特征构造	典型井区
爆发相	溅落亚相	在火山口附近,当熔岩上涌时,携带的围岩及岩浆就近坠落堆积形成	角砾熔岩、凝灰熔岩、熔结角砾岩	熔结角砾结构、熔结凝灰结构	变形流纹构造	DD10 井、DD14 井区
	热碎屑流亚相	含挥发成分的灼热碎屑-岩浆混合物,在后续喷出物推动和自身重力的共同作用下,沿地表流动,受熔浆冷凝胶结与压实作用而形成	熔结凝灰岩、熔结角砾岩	熔结凝灰结构	粒序层理,火山玻璃定性排列,基质支撑	
	热基浪亚相	气射作用的气-固-液态多相体系在重力作用下,近地表呈悬移质搬运,再经重力沉积压实成岩而成	含晶屑、玻屑、浆屑的凝灰岩	晶屑凝灰结构	平行层理,交错层理、逆行沙波层理	
	空落亚相	固态火山碎屑和塑性喷出物在火山气射作用下,做自由落体运动降落到地表,经压实作用而成	集块岩、火山角砾岩、凝灰岩	集块结构、角砾结构、凝灰结构	正粒序层理、弹道状坠石	

图 3.32　爆发相火山角砾岩,DD17 井

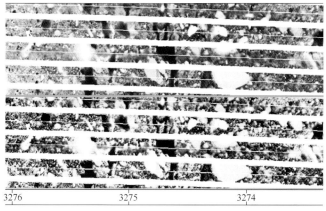

图 3.33　爆发相火山角砾岩,DD17 井

2. 溢流相

溢流相形成于火山喷发旋回的中期,是含晶喷出物和同生角砾的熔浆在后续喷出物推动下和自身重力的共同作用下,在沿着地表流动过程中,熔浆逐渐冷凝固结而形成。溢流相在酸性、中性、基性火山岩中均可以见到,自下而上一般可分为下部亚相、中部亚相、上部亚相、顶部亚相(表3.6)。

表 3.6 溢流相亚相类型及其地质标志

相	亚相	成因	特征岩性	特征结构	特征构造	典型井区
溢流相	顶部亚相	岩浆流动过程中,与空气接触的熔浆冷凝快,固结后被后续熔浆挤压、破碎形成	角砾熔岩	自碎结构、熔结角砾结构	变形流纹构造	DD17井区
	上部亚相	熔浆流动过程中,由上部熔浆受冷凝、胶结与压实的共同作用形成,是原生气孔的发育部位	气孔构造熔岩(玄武岩、流纹岩等)	球粒结构、细晶结构	气孔构造、杏仁构造、石泡构造	
	中部亚相	熔浆流动过程中,由中部熔浆受冷凝、胶结与压实的共同作用形成,是较致密的岩相带	致密块状熔岩(玄武岩、流纹岩等)	细晶结构、斑状结构	流纹构造	
	下部亚相	熔浆流动过程中,由下部熔浆受冷凝、胶结与压实的共同作用形成	含同生角砾或具细晶结构的熔岩(玄武岩、流纹岩等)	玻璃质结构、细晶结构、斑状结构	块状或断续的变形流纹构造	

陆东地区溢流相主要发育玄武岩、安山岩、流纹岩及凝灰熔岩和角砾熔岩等(图3.34、图3.35)。

图 3.34 溢流相玄武岩,DD171 井

3. 火山通道相

位于火山机构下部和近中心部位,可进一步划分为火山颈亚相和侵出相。火山颈亚

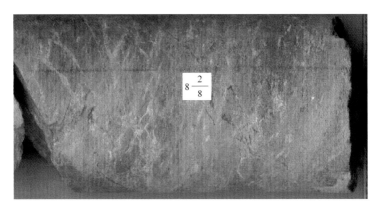

图 3.35　溢流相流纹岩,DD10 井

相发育的岩性包括隐爆角砾岩、熔结角砾岩及角砾熔岩等,侵出相发育的岩性包括珍珠岩、细晶结构熔岩及变形流纹构造角砾熔岩(表 3.7)。

表 3.7　火山通道相亚相类型及其地质标志

相	亚相	成因	特征岩性	特征结构	特征构造	典型井区
火山通道相	火山颈亚相	火山喷出后期的熔浆,由于内压力减小不能喷出地表,在火山通道内冷凝固结,同时,由于热沉陷作用,火山口附近岩层下陷坍塌,而被持续溢出冷凝的熔浆胶结而成	隐爆角砾岩、熔结角砾岩、角砾熔岩	斑状结构、熔结结构	环状或放射状节理	DD10井区
	侵出亚相	黏度大、不易流动的熔浆,在火山喷发旋回晚期,受内力挤压从火山口往外流出、冷凝固结,在火山口附近堆积而成	珍珠岩、细晶结构熔岩及变形流纹构造角砾熔岩	珍珠结构、细晶结构、熔结结构	变形流纹构造、层状构造	

4. 次火山岩相

次火山岩形成于火山喷发旋回的同期或后期,是熔岩侵入到围岩中,缓慢冷凝、结晶形成的相带,多位于火山通道附近,呈岩床、岩盖、岩株、岩墙及岩脉形式嵌入。次火山岩相以发育斑状结构及捕房体构造为典型特征(图 3.36),其自内而外可划分为内带、中带和外带三个亚相(表 3.8)。

陆西地区次火山岩相主要发育正长斑岩和二长岩,该类岩相基质矿物以长石为主(包括钾长石和钠长石),斑晶发育,少量的石英、黑云母和角闪石,石英含量为 5% 左右,最高不超过 10%(图 3.36、图 3.37)。次火山岩相不同亚相岩性存在差异,虽然在成分上都是以次火山岩为主,但外带亚相以含有侵入捕房物为典型特征,内带亚相以成分单一、结晶规则为特点。

图 3.36　次火山岩相正长斑岩,DD1824 井

表 3.8　次火山岩相亚相类型及其地质标志

相	亚相	成因	特征岩性	特征结构	特征构造	典型井区
次火山岩相	外带亚相	同期或晚期熔浆发生潜侵入作用时,熔浆舌前缘冷凝、变形并铲刮和包裹新生和先期岩块,在内力挤压下流动形成	含火山碎屑的正长斑岩、二长斑岩	熔结角砾结构、熔结凝灰结构	捕房体构造	DD18井区
	中带亚相	同期或晚期熔浆发生潜侵入作用时,高黏度熔浆受内力挤压流动,其中,部分岩浆冷凝结晶,堆积在围岩中形成	含气孔的正长斑岩、二长斑岩	斑状结构	冷凝边构造、流面构造	
	内带亚相		成分均一孔的正长斑岩、二长斑岩	全晶质结构	柱状、板状节理	

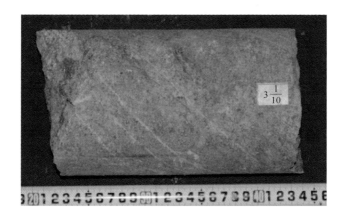

图 3.37　次火山岩相正长斑岩,DD1813 井

5. 火山沉积相

　　火山沉积相是经常与火山岩共生的一种岩相,可出现在火山活动的各个时期,碎屑成分中含有大量火山岩岩屑,主要为火山岩穹隆之间的碎屑沉积体,具韵律层理、水平层理。

火山沉积相可划分为含外碎屑亚相、再搬运亚相和凝灰岩夹煤亚相(表3.9)。

表 3.9　火山沉积相亚相类型及其地质标志

相	亚相	成因	特征岩性	特征结构	特征构造	典型井区
火山沉积相	再搬运亚相	火山碎屑经过水流作用改造形成	沉火山角砾岩、沉凝灰岩	陆源碎屑结构	交错层理、槽状层理、粒序层理、块状层理	DD14井区
	含外碎屑亚相	以火山碎屑岩为主,可能有其他陆源碎屑物质加入形成	沉凝灰岩、凝灰质砂岩	陆源碎屑结构	交错层理、槽状层理、粒序层理、块状层理	
	凝灰岩夹煤亚相	火山岩间凝灰质火山碎屑岩或成煤沼泽环境的富植物泥炭互层	沉凝灰岩、煤层	陆源碎屑结构	韵律层理、水平层理	

陆东地区石炭系火山沉积相主要发育玄武质、安山质和流纹质的沉凝灰岩和沉火山角砾岩等(图3.38、图3.39)。

图 3.38　火山沉积相沉凝灰岩,DD403 井

图 3.39　火山沉积相沉凝灰岩,DD14 井

3.5.3 火山岩相单井测井识别

1. 火山岩相测井识别标志

研究表明,陆东地区发育的主要岩相类型有爆发相、溢流相、火山通道相、次火山岩相、火山沉积相。不同火山岩相的岩性、结构、构造特征、测井响应特征不同,建立火山岩相测井识别标志,将为单井相识别、划分及相的追踪解释奠定基础。

1) 爆发相

一个完整的爆发相组合,其测井曲线形态总体表现为齿状-微齿状的箱形或钟形-漏斗形复合形态。

陆东地区火山岩爆发相测井响应总体表现为顶、底高 AC、低地层电阻率 R_T,曲线呈齿状;中部低 AC、高 R_T、曲线平直的特点。不同亚相测井曲线形态有一定差异:其中,空落亚相表现为低 DEN、高 AC、低 R_T,曲线呈齿状;热基浪亚相表现为高 DEN、低 AC、高 R_T,曲线较平滑;热碎屑流亚相表现为高 DEN、低 AC、高 R_T,曲线较平滑;溅落亚相则表现为低 DEN、高 AC、低 R_T,曲线呈齿状(图 3.40)。

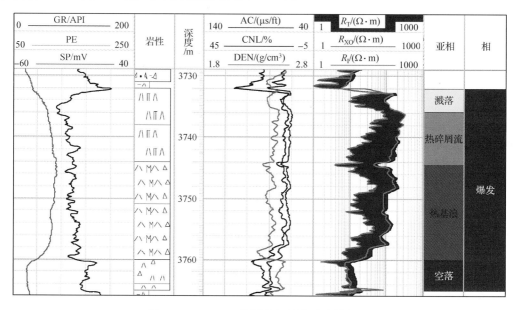

图 3.40　DD1413 井爆发相测井响应特征图

2) 溢流相

溢流相测井曲线通常较平滑,曲线形态以微齿状箱形或钟形为主。

陆东地区溢流相测井响应总体表现为:顶底为高 AC、低 R_T,曲线呈微齿状;中部低 AC、高 R_T、曲线平直的特点。其中,顶部亚相表现为高 AC、低 R_T、DEN 较低,曲线呈微齿状;上部亚相表现为高 DEN、低 AC、高 R_T,曲线较平滑;中部亚相表现为高 DEN、低 AC、高 R_T,曲线较平滑;下部亚相则表现为高 AC、低 R_T、DEN 较低,曲线呈微齿状(图 3.41)。

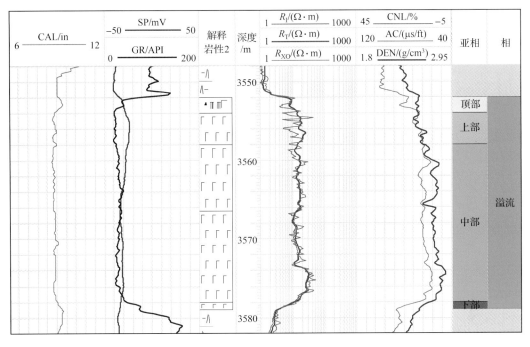

图 3.41 溢流相测井响应特征图

3）火山通道相

火山通道相不同亚相岩性、岩石结构和岩石构造不同，其测井响应特征不同。其中，火山颈亚相岩性稳定，测井曲线形态多以平滑箱形为主，具有低密度、低电阻率、高声波时差的特点。侵出亚相测井曲线形态总体以齿状箱形为主，多表现为高声波时差、低密度、低电阻率，曲线形态多呈锯齿状、微齿状特征。

4）次火山岩相

次火山岩相测井曲线形态总体表现为微齿状箱形或钟形特征。

陆东地区次火山岩相在测井曲线上整体表现为顶部高 AC、低 R_T，曲线尖峰刺刀状；中部低 AC、高 R_T，曲线平直的特点。其中，外带亚相表现为低 DEN、高 AC、低 R_T，曲线呈齿状；中带亚相表现为 DEN 较高、AC 较低、R_T 较高，曲线微齿状-平滑；内带亚相表现为高 DEN、低 AC、高 R_T，曲线平滑的特点（图 3.42）。

5）火山沉积相

火山沉积相多表现为锯齿-齿状指形或漏斗-钟形复合形态。

陆东地区火山沉积相测井响应总体表现为：下部高 AC、低 R_T，曲线微齿状；上部低 AC、高 DEN；尖峰状高阻的特点。其中，含外碎屑亚相表现为低 AC、低 R_T、DEN 较高，曲线微齿，局部见尖峰状高 R_T；再搬运亚相表现为 AC 较低、DEN 较高，R_T 呈齿状夹尖峰状；凝灰岩夹煤亚相表现为 AC 较高、DEN 较低，R_T 呈尖峰锯齿状（图 3.43）。

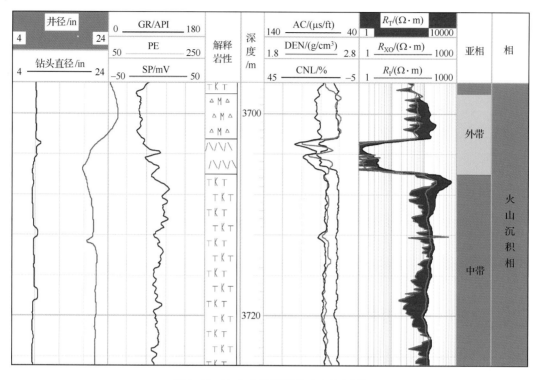

图 3.42　次火山岩相测井响应特征图

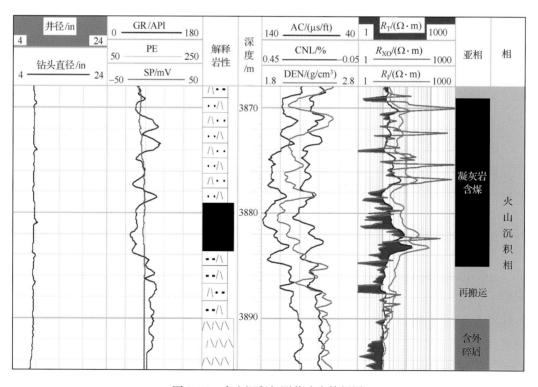

图 3.43　火山沉积相测井响应特征图

2. 单井岩相划分

单井相分析是进行火山岩岩相层序研究的主要手段,也是进行火山岩相平面相划分的基础和前提。在火山岩相类型、特征及其相标志分析的基础上,综合岩性、测井等资料,对火山岩单井相划分。

以 DD14 井区为例,岩性以火山角砾岩、含角砾凝灰岩夹英安岩为主,岩相以爆发相为主,火山沉积相次之,亚相类型以空落亚相为主(图 3.44、图 3.45)。

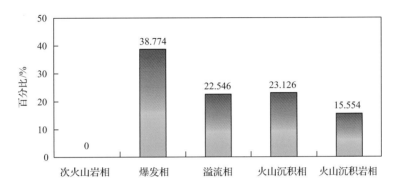

图 3.44　DD14 井区单井岩相比例

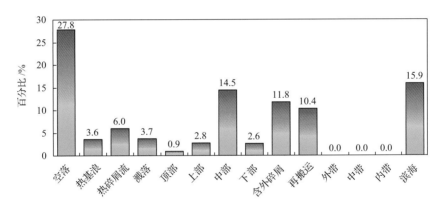

图 3.45　DD14 井区单井亚相比例

DD14 井区岩相以 DD1413 井为典型代表,即总体以爆发相为主,纵向上划分为多套火山喷发序列,以 1~2 个亚相组合形式产出,中间以火山沉积相分隔。DD1413 井在3765~3732m 钻遇完整爆发相相序,即至下而上依次发育空落、热基浪、热碎屑流、溅落亚相,下伏和上覆的火山沉积相标志着该喷发周期的开始和结束(图 3.46)。

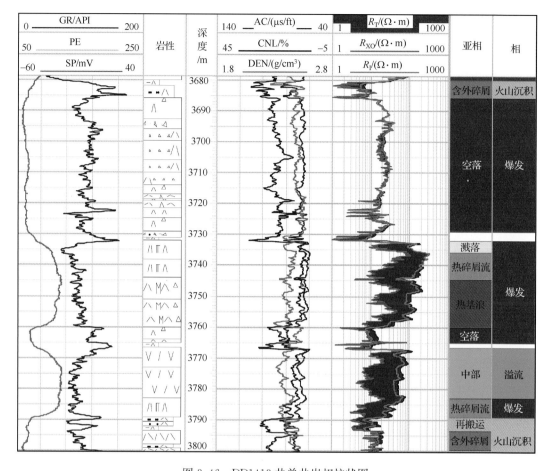

图 3.46　DD1413 井单井岩相柱状图

3.5.4　火山岩相地震剖面识别

1. 火山岩相地震识别标志

剖面相识别是研究岩相古地理的基础(欧阳永林等,2009)。在单井岩相地质识别与测井识别的基础上,利用测井标定地震,建立火山岩不同岩相的地震相识别模式。从井点出发分析井间地震反射特征,以不同岩相的地震识别模式为依据,进行剖面相的识别与划分。不同火山岩相的地震响应特征不同,建立火山岩相地震识别标志,将为火山岩相的平面预测及岩相古地理研究奠定基础。

1）爆发相

陆东地区爆发相在地震上表现为相对高频、杂乱、断续、中-弱反射、连续性差的特点,现今多表现为局部构造。DD14 井 3570～3738m 和 3738.5～3952.7m 层段发育厚层火山角砾岩和凝灰岩,为近源的爆发相空落亚相沉积,在地震上表现为中-弱振幅,杂乱反射,连续性极差,整体呈丘状或楔状外形的特点(图 3.47)。

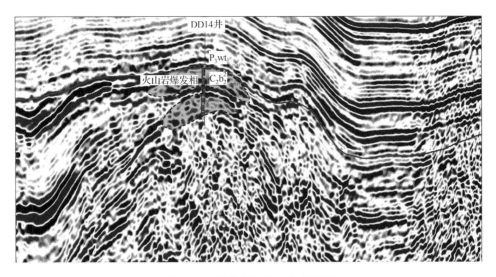

图 3.47 爆发相地震响应特征图

2）溢流相

溢流相在陆东地区的地震响应特征主要表现为平行-亚平行结构、中-强振幅、连续性相对较好特点。DD173 井 3649.8～3721.5m 层段发育溢流相玄武岩，在地震剖面上表现为连续性较好、中等反射强度、内部呈平行-亚平行结构反射特点，多具有层状、透镜状外形（图 3.48）。

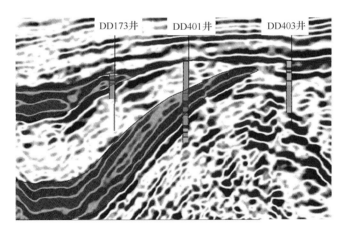

图 3.48 溢流相地震响应特征图

3）火山通道相

火山通道相特征构造多表现为筒状、层状、脉状、枝杈状、裂缝充填状、环状或放射状节理，主要发育在火山口附近（图 3.49）。由于火山通道相本身规模较小，所以，钻井钻遇的概率不大。

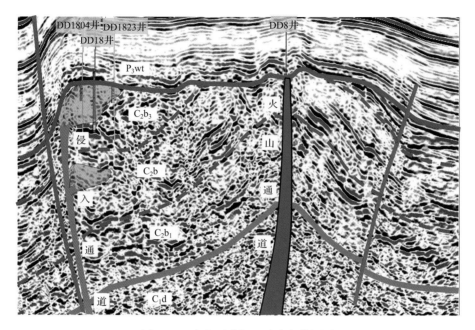

图 3.49　火山通道相地震响应特征图

4）次火山岩相

次火山岩相多具有岩床、岩盖、岩株、岩墙、岩体及岩脉的外形特征，通常，外带亚相成分混杂，中带亚相成分、结构稳定。

陆东地区次火山岩相主要在 DD18 井和 DD10 井区有揭示，以块状结构产出为主，在构造上多依托于滴水泉西断裂。次火山岩岩相在地震上多表现为弱振幅、断续、杂乱的特点，其外部边界则多表现为强的地震反射界面（图 3.50）。

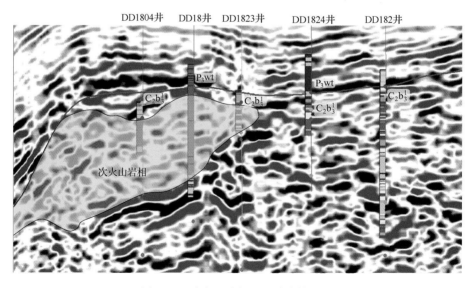

图 3.50　次火山岩相地震响应特征图

5）火山沉积相

火山沉积相以上超充填为主，多具有层状外形特征，内部火山碎屑的分选相对较好。

DD 地区火山沉积相以巴二段上部亚段最为发育，在 DD14、DD17 井区均有大量揭示，在地震上表现为弱振幅、中频、中等连续的特点。DD17 井 3759.25～4003.64m 发育火山沉积相沉凝灰岩和沉火山角砾岩，在地震剖面上表现为连续性中等、弱反射强度、亚平行结构的特点（图 3.51）。

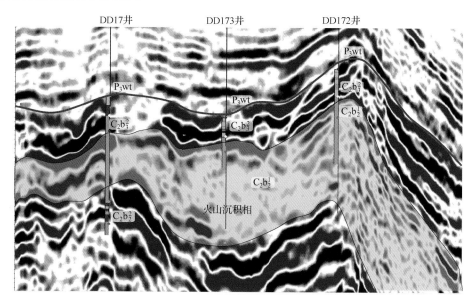

图 3.51　火山沉积相地震响应特征图

2. 剖面相识别

在单井相识别的基础上，通过井震标定，结合不同岩相的地震反射特征及井间同相轴的变化，以火山岩内幕结构为约束，采取"先大后小、先清晰后模糊"的分析思路，逐一追踪火山岩相界面。通过火山岩相顶底界面的追踪，实现火山岩剖面相的识别，编绘火山岩相剖面图。

图 3.52 中火山岩爆发相、溢流相、火山沉积相、次火山岩相交互发育，具有相变快、平面分布不稳定、三维空间追踪和识别难度大的特点。从成因来看，近火山口以发育爆发相火山碎屑锥为主，远火山口以发育火山沉积相沉火山岩为主，中间为爆发相、溢流相、火山沉积相过渡区。

3.5.5　火山岩相平面分布预测

火山岩相能够揭示火山岩空间展布规律和不同岩性组合之间的成因联系。因此，在单井相和剖面相识别的基础上，通过多井岩相测井对比与外推、剖面相骨架网络控制及井震结合的地震相预测，进一步搞清楚火山岩相的平面分布，为火山岩性与储层特征研究奠定基础。

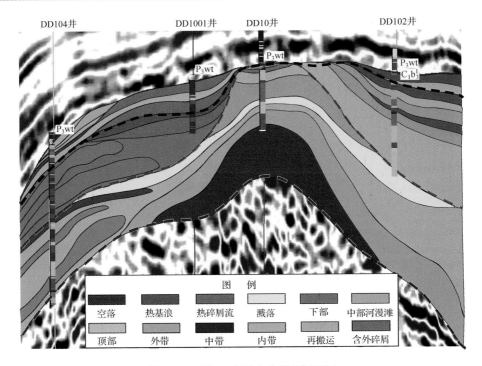

DD104井   DD1001井   DD10井   DD102井

图 3.52   DD10 井区火山岩相剖面图

1. 平面预测

理论分析和实际研究表明,地震属性与地下岩石物性之间存在着千丝万缕的联系,包含着储层的岩性、物性及流体性质等多方面的信息。有些属性对特定储层环境较为敏感,有些擅长于揭示不易探测到的地下异常,还有一些可以作为直接烃类检测的标志。

因此,在运用地震属性分析陆东地区火山岩岩相时,提取振幅、频率、相位及波形分类等多种属性,通过地震标定及地震属性对比,认为振幅及波形聚类属性在反映陆东地区岩相特征方面效果较好。

1) 用振幅属性预测火山岩相

振幅属性反映的是地震波反射的强弱,与地层岩性、岩相有很大的关系。

陆东地区溢流相玄武岩、安山岩、流纹岩岩性相对较致密,孔、缝发育程度不均一,在地震上具有中-强反射特征,在叠后振幅属性上表现为高值(图 3.53);爆发相火山岩发育各类粒间孔及溶孔,与沉火山岩频繁互层,后期蚀变强,岩性疏松,在地震上具有高频、杂乱、断续、中-弱反射的特点,在叠后振幅属性上表现为相对低值(图 3.54);次火山岩相岩性致密,原生孔缝不发育,以厚层块状产出为主,在地震上具有内部弱振幅、断续、杂乱、外部强反射、连续的特点,在叠后振幅属性上表现为高值;沉火山岩岩性较疏松,在地震上表现为弱反射、中频、中等连续,在叠后振幅属性上表现为低值(图 3.55)。

2) 用波形分类属性识别火山岩

地震波形分类是通过提取和分析地震层序内的属性,将同一类的相模式识别出来,划分出地震相,再结合井点处岩相识别结果,实现岩相的定性预测。如厚层火山沉积相凝灰

图 3.53　溢流相均方根(RMS)分布图

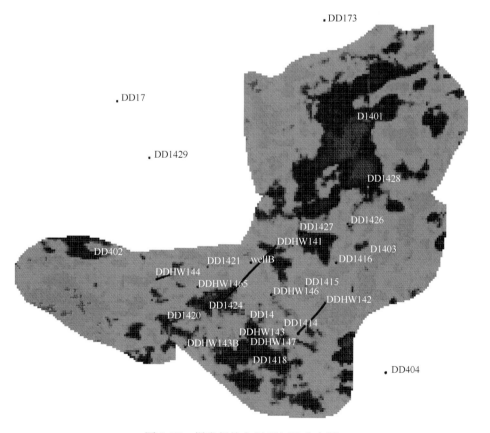

图 3.54　爆发相均方根(RMS)分布图

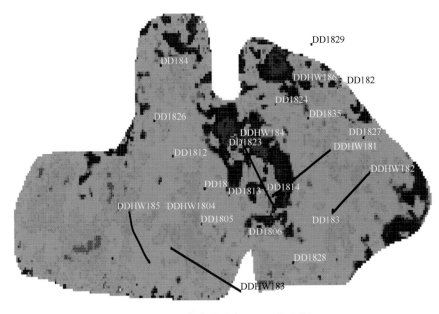

图 3.55　次火山岩相 RMS 分布图

岩在波形分类属性上表现为橙色,厚层爆发相火山角砾岩和凝灰岩在波形分类属性上表现为紫色,溢流相在波形分类属性上表现为灰绿色,互层状火山沉积相和爆发相火山岩在波形分类属性上表现为紫色、橙色、灰绿色等交互的特征(图 3.56)。

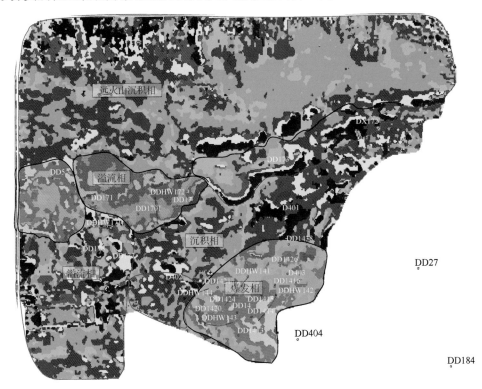

图 3.56　波形聚类属性平面岩相特征

2. 岩相分布

根据构造断裂分析、地层厚度变化和单井岩相识别结果,结合地震资料,通过建立地质-地震对应关系,综合录井、测井的结果,综合编绘陆东地区不同区块火山岩体气藏的岩相平面分布图(图 3.57)。

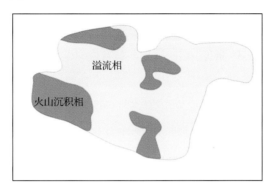

(a) DD17井区岩相平面分布图

(b) DD14井区岩相平面分布图

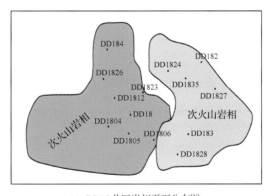

(c) DD18井区岩相平面分布图

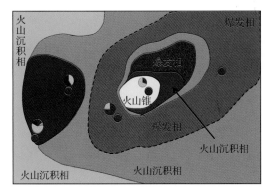

(d) DD10井区岩相平面分布图

图 3.57　陆东地区不同火山岩体岩相平面分布图

3.6　火山岩性的识别与解剖

岩性是矿物成分、颜色、结构、构造等特征的总和。火山岩岩性是火山岩储集空间、储层物性等特征的重要控制因素之一。火山岩性是比火山岩相次一级的地质结构单元,是依据火山岩岩石类型、矿物成分、结构、构造的差异划分出来的火山岩基本结构单元。其中火山碎屑岩的成分、结构、构造特征差异显著,而火山熔岩的差异往往较小。所以,在熔岩内部常根据岩流单元划分不同火山岩性。岩流单元是火山一次喷溢的岩浆经冷凝固结而形成的(祝永军,2002),相邻岩流单元之间有一定的时间间隔。因冷却条件不同,岩流单元不同部位的岩石结构、构造及相关的物性性质存在一定差异(欧阳永林等,2009),从而形成了不同类型的火山熔岩,如上部气孔流纹岩、中部致密流纹岩、下部变形流纹构造流纹岩等。

准确地识别岩性并搞清楚岩性的分布特征,是划分火山岩相、计算储层参数、识别气水层、预测有效储层的基础与关键。

3.6.1　火山岩性地震剖面识别

用单井岩性测井解释结果标定地震资料,通过正演模拟及井旁地震道响应特征分析,可以建立不同火山岩性的地震响应模式和解释标准。在陆东地区重点建立了正长斑岩、玄武岩、流纹岩、安山岩和火山角砾岩等几种主要的岩石类型的地震剖面识别模式。

(1)正长斑岩:主要发育在次火山岩相带,高伽马、高阻抗。地震反射剖面上表现为高频率、中弱振幅、不连续的特征,多表现为穹状或不规则楔形反射外形;正演分析顶、底界面为较强反射,与地震剖面上不整合面特征一致[图 3.58(a)]。

(2)火山角砾岩:主要发育在爆发相带,高伽马、低阻抗。地震反射剖面上表现为低频率、中弱振幅、不连续的特征,多表现为丘状反射外形;正演分析顶界面为强反射,底界面则为较弱反射,与地震剖面上顶界面为不整合界面、底界面为整合面特征一致[图 3.58(b)]。

(3)玄武岩:主要发育在溢流相带,由基性熔浆喷发形成,高伽马、高阻抗。地震反射剖面上表现为高频率、强振幅、连续性较好的反射特征,多呈席状或楔状反射外形,具有类前积结构的反射特征；正演分析顶界面为强反射，与地震剖面上顶、底界面都为整合面特征一致[图 3.58(c)]。

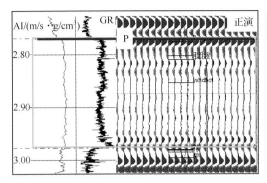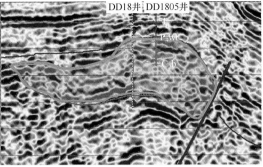

(a) 正长斑岩

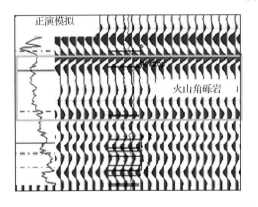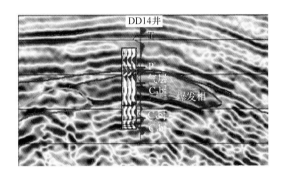

(b) 火山角砾岩

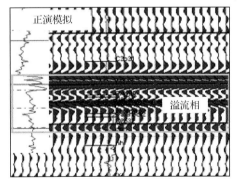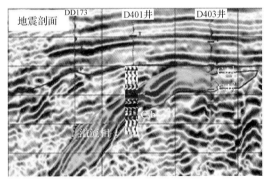

(c) 玄武岩

图 3.58 不同岩性地震响应特征及模型正演

（4）玄武岩、流纹岩：主要发育在 DD17 井、DD14 井区溢流相带。流纹岩由酸性熔浆喷发形成，高伽马、中阻抗；安山-玄武岩由中性熔浆喷发形成，低伽马、高阻抗。地震反射剖面上表现为低频率、强振幅、连续性好的反射特征，多呈席状或楔状反射外形；正演分析顶、底界面为强反射，与地震剖面上顶、底界面都为整合面特征一致[图 3.58(c)]。

根据这些特征,在单井测井岩性解释结果标定的基础上,通过正演模拟及井旁地震道响应特征分析,总结典型岩性的地震相特征,可以识别正长斑岩、玄武岩、流纹岩、安山岩和火山角砾岩等几种主要的岩石类型(表3.10)。由于采集方法、地面与地下条件的差异,不同井区、不同时期采集的地震资料存在差异,不同火山岩地震响应特征及识别模式也存在一定差异。

表 3.10 不同火山岩的地震响应特征

岩性	所属岩相	地震相		代表井
		内部反射特征	外部形态	
火山角砾岩	爆发相	低频率、中弱振幅、不连续	丘状	DD14井、DD403井
玄武岩	溢流相	高频率、强振幅、连续性好	席状、楔状	DD171井、DD401井
安山岩		低频率、强振幅、连续性好	层状	DD403井
流纹岩		低频率、强振幅、连续性好	似层状	DD403井、DD401井
正长斑岩	次火山岩相	高频率、中弱振幅、不连续	穹状、楔状	DD18井

3.6.2 火山岩性平面分布预测

应用地震剖面分析、地震波形分类、分频反演方法开展火山岩岩性平面预测。

地震剖面分析是指在井-震联合标定及井旁地震道响应特征分析的基础上,利用地震反射剖面预测火山岩岩性分布。主要包含三个步骤:首先以火山岩内幕结构为约束,建立火山岩性分布模式;其次通过分析不同岩性的地震响应特征,预测岩性剖面分布;最后建立岩性地震解释的骨干剖面,预测岩性平面分布。

地震波形分类是一种地震相分析技术,它从井点出发,在对实际地震反射波形状进行分析、归纳、分类处理的基础上,通过波形变化的地质解释,研究目的层的岩性。地震波形分类技术预测岩性分布的主要步骤:①已钻井地震地质层位标定;②从井出发,在地震剖面上追踪目的层不同岩性段的地震反射层;③以岩性差异为依据,根据同相轴波形、振幅、频率、相位等特征划分地震相,确定波形类型及特征;④利用神经网络技术,通过对各种波形的学习、训练,建立拾取模式;⑤在目的层内确定拾取范围,利用拾取模式拾取波形,确定不同波形的平面分布范围;⑥结合单井及井间分布特征进行解释,确定不同岩性的平面分布。

分频反演是一种基于振幅随频率变化(AVF)和神经网络技术而形成的非线性属性反演,可用于直接反演岩性,在预测火山岩岩性中具有独到的作用。主要包括两个步骤:首先进行岩石物理分析,通过分析岩石弹性参数与储层岩性参数间的关系,找到能够较好反应岩性的敏感参数,波阻抗和自然伽马是该区岩性预测的敏感参数;其次进行波阻抗反演和伽马反演,有效预测火山岩岩性分布。

运用上述三种方法预测陆东地区火山岩岩性平面分布情况,该区 DD404井—DD27井一线沉凝灰岩和砂泥岩近南北向展布,分布范围广,将火山岩分成东西两部分;东部火山岩以正长斑岩为主;北部则以凝灰岩、沉凝灰岩为主;西部地区主要发育玄武岩和火山角砾岩,沉积岩呈不规则相间分布,其中,火山角砾岩主要分布在DD14井区域,玄武岩主要分布在DD17井区域(图3.59)。

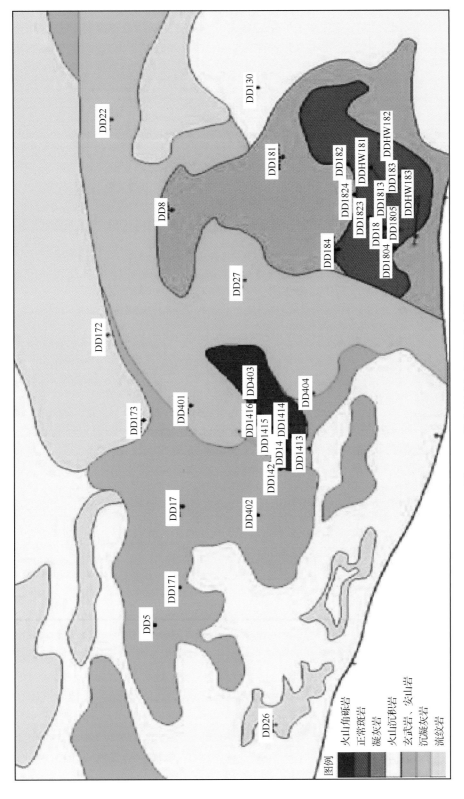

图 3.59　陆东地区火山岩性分布图

参 考 文 献

陈新发,匡立春,查明,等. 2012.火山岩形成、分布与储集作用[M]. 北京:地质出版社

程日辉,王璞珺,刘万洙,等.2003.徐家围子断阶带对火山岩体和沉积相带的控制[J].石油与天然气地质,24(2):
126-129

地质矿产部情报研究所.1986.找矿矿物学与矿物学填图[M].福建:福建科学技术出版社

侯启军,赵志魁,王立武.2009.火山岩气藏[M].北京:科学技术出版社

李道清,王彬,喻克全,等. 2010.克拉美丽气田石炭系火山岩体识别及内幕结构解剖[J].石油钻采工艺,32(增):16-18

李石,王彤.1981.火山岩[M].北京:地质出版社

李勇,宋宗平,李琼,等.2008.火山岩体地震特征识别技术与应用研究[J].矿物岩石,3:105-110

刘喜顺,许杰,张晓平.2010.准噶尔盆地西北缘石炭系火山岩岩相特征及相模式.新疆地质,28(1):73-76

蒙启安,门广田.2001.松辽盆地深层火山岩体、岩相预测方法及应用.大庆石油地质与开发[J],20(3):21-24

欧阳永林,曾庆财,耿晶,等.2009.滴西5、滴西8三维地震处理解释和储层预测研究(内部资料).北京:中国石油勘探
开发研究院,14-25

庞彦明,毕小明,邵瑞,等.2009.火山岩气藏早期开发特征及其控制因素[J].石油学报,30(6):882-886

邱家骧,陶魁元,赵俊磊,等.1996.火成岩[M].北京:地质出版社

冉启全,王拥军,孙圆辉,等.2011.火山岩气藏储层表征技术[M].北京:科学技术出版社

孙东利.2008.利用第三代相干技术预测松辽盆地北部深层火山岩体[J].内蒙古石油化工,18:145-147

孙鼐,彭亚明.1985.火成岩岩石学[M].北京:地质出版社

索孝东,李凤霞.2007.三塘湖盆地马朗凹陷石炭系地质结构与火山岩分布[J].新疆石油地质,30(4):463-466

唐华风,庞彦明,边伟华,等.2008.松辽盆地白垩系营城组火山岩机构储层定量分析[J].石油学报,29(6):841-845

王德滋,周新民.1982.火山岩岩石学[M].北京:科学技术出版社

王璞珺,冯志强,等.2008.盆地火山岩[M].北京:科学技术出版社

王思敬.1995.坝基岩体工程地质力学分析[M].北京:科学技术出版社

吴树仁,王曙.1981.地质辞典(二)矿物岩石地球化学分册[M].北京:地质出版社

余家仁.1995.隐伏火山岩体岩相解释与储集性能研究[J].石油勘探与开发,22(3):24-29

袁见齐,朱上庆,翟裕生.1985.矿床学[M].北京:地质出版社

张永忠,何顺利,周晓峰,等.2008.兴城南部深层气田火山机构地震反射特征识别[J].地球学报,29(5):578

郑洪伟,李延栋,高锐,等.2010.青藏高原北部新生代火山岩区深部结构特征及其成因探讨[J].现代地质,24(1):
131-139

郑荣才,胡诚,董霞.2009.辽西凹陷古潜山内幕结构与成藏条件分析[J].岩性油气藏,21(4):10-18

祝永军.2002.辽河油田勘探开发研究院优秀论文集[M].北京:石油工业出版社

Stow D A V,Johansson M J. 2000. Deep-water massive sands:Nature,origin and hydaocarbon imolication[J]. Marine
and Petroleum Geology,17(2):145-174

储层特征描述 第4章

储层特征认识是油气藏描述的重要内容，是储量计算和地质建模的基础。火山岩储层作为一种特殊的储层，具有比常规储层更复杂的地质形成条件。火山岩形成时的构造环境、岩浆活动及后期的埋藏、成岩、风化淋滤等作用导致火山岩储层岩性、储集空间和裂缝发育的多样性与复杂性(高山林等，2001；侯英姿，2001；高福红等，2006)。在火山岩储层基本特征认识的基础上，对储层进行综合评价是进行火山岩油气藏有效开发的重要任务之一。

火山岩储层特征描述主要包括岩性特征、储集空间特征、裂缝特征等几个方面。在充分认识储层基本特征的基础上，划分出不同储层类型，并通过地球物理方法进行储层预测，然后对储层进行综合评价。

4.1 火山岩储层特征描述的难点

岩性、物性及储集空间是火山岩油气储层评价的重要内容，且岩性是影响火山岩储层物性的直接因素(余淳梅等，2004)；裂缝的发育程度对储层的渗流能力起关键作用。但火山岩具有独特的矿物成分、结构和构造，使岩性的分类命名、岩性的测井和地震识别与预测难度增加；极其复杂的储集空间和孔喉结构，无论在形态、大小，还是储集能力上，差别都很大，增大了储集空间和孔喉结构的定性和定量表征的难度；而裂缝成因复杂、类型多，测井、地震响应特征复杂，认识与预测难度大(冉启全等，2011)。

4.2 储层岩性特征

4.2.1 火山岩性分类

1. 火山岩气藏开发岩性分类体系和命名标准

火山岩是指地下深处的岩浆在地壳构造运动的驱使下，沿地壳脆弱地带上升到地壳上部或喷出地表，逐渐冷凝而形成的岩石，是与火山活动有关、具隐晶质-玻璃质结构的岩石。火山岩可喷出地表，也可能是侵位较浅的岩颈、岩墙、岩床等火山通道相或次火山相岩石。火山岩是相对结晶较差-很差、矿物不易识别、多以隐晶质-玻璃质存在的岩浆岩石。火山熔岩通常能较好地反映岩浆成分，而火山碎屑岩由于外来碎屑的混入，化学组分不能代表岩浆成分。火山岩岩石由于不同的岩石成分组成、岩石结构、岩石成因等导致岩石类型复杂多样,而岩性又是影响火山岩储集空间、储层物性等特征的重要因素之一(胡治华等,2008;林承焰等,2010;晏军等,2011),并且对气藏开发具有较大影响,为实现高效开发火山岩气藏,必须进行岩性分类研究,这也是认识和评价气藏地质参数的基础,并为气藏开发提供可靠的岩性特征参数。

国内外已有的火山岩分类方案十分繁杂,不同的研究者从不同的角度对火山岩进行分类研究,如火山岩的成因分类、成分分类、结构、构造分类等。为了提高研究区火山岩岩性认识,进一步规范我国火山岩分类体系的实用性,提高火山岩气藏开发研究中对岩石分类特征的认识,同时为了满足火山岩油气藏开发地质研究需要,本书基于突出"符合习惯、符合实际、简便实用"原则,开展了火山岩分类体系、分类方案及分类标准的研究。

在对有关火山岩岩石分类、命名相关文献充分调研基础上(范宜仁等,1999;刘传平等,2006),结合陆东地区石炭系火山岩露头观测、岩心观测及薄片岩性鉴定结果,吸收国内火山岩岩性分类研究成果,以岩浆岩分类与命名(SY/T5830—1993)标准为依据,参考国际地质科学联合会(IUCS)火山岩分类标准,按照"成分+结构、构造+成因"的分类原则,从产出方式、矿物成分、化学元素组成和结构、构造出发,充分考虑火山岩岩性气藏的开发因素,重新建立火山岩气藏开发岩性分类体系和命名标准(表4.1)。

根据上述火山岩气藏开发岩性分类体系和命名,将火山岩分为7大类、28亚类、161种岩石类型。

7大类火山岩是按"构造+成因"划分,分别为侵入岩、次火山岩、火山熔岩、火山碎屑熔岩、熔结火山碎屑岩、正常火山碎屑岩和火山碎屑沉积岩。

28亚类按"成分+结构"划分,即酸性、中性、基性、超基性4种成分,与7大类进行组合,共计28种亚类。

具体到岩石类型是在亚类和小类划分基础上,按"矿物结晶状况、岩石结构、矿物含量、碎屑大小及含量"等因素综合划分,总计划分出161种火山岩岩石类型(表4.1)。针对不同的岩石类型,制定了相应的划分指标和标准,这有利于火山岩岩性分类的统一,便于开展储层评价研究。

2. 陆东地区石炭系火山岩性分类

根据火山岩分类研究所建立的命名标准,结合陆东地区石炭系岩石定名研究成果,开展了陆东地区石炭系火山岩分类与命名标准研究,确定陆东地区石炭系火山岩岩石分类及命名标准(表4.2)。

陆东地区石炭系火山岩发育有6大类(次火山岩、火山熔岩、火山碎屑熔岩、熔结火山碎屑岩、正常火山碎屑岩和火山碎屑沉积岩)18亚类,86种岩石类型。

对于侵入岩、次火山岩和火山熔岩,岩石化学成分能够代表岩浆成分,并在岩石物理性质上具有规律性的反映,一般基性岩密度大、弹性好;酸性岩密度小、脆性大。因此,岩石成分与火山熔岩、次火山岩和侵入岩裂缝发育具有良好相关性,岩石成分可作为此类岩石定名的主要因素;对火山碎屑岩及火山碎屑沉积岩,岩石结构更能反映岩石物理特征,可作为岩石分类的主要因素(表4.3)。

表 4.1　火山岩气藏开发岩性分类体系及命名表

成分	侵入岩 深成岩	侵入岩 浅成岩 分类	侵入岩 浅成岩 结构细分	次火山岩 分类	次火山岩 结构细分	火山熔岩类 成分分类	火山熔岩类 结构细分	火山碎屑熔岩 分类	熔结火山碎屑岩 组成	熔结火山碎屑岩 结构细分	正常火山碎屑岩 分类	火山-沉积碎屑岩类 沉火山岩	火山-沉积碎屑岩类 火山碎屑沉积岩
酸性	花岗岩	斑状花岗岩	气孔、杏仁、含碎屑、致密、碎裂	花岗斑岩	气孔、杏仁、含碎屑、致密、碎裂	流纹岩 英安岩 粗面英安岩	气孔、块状、杏仁、球粒、霏细、珍珠	集块熔岩 角砾熔岩 凝灰熔岩	熔结集块岩 熔结角砾岩 熔结凝灰岩	强、中等、弱熔结	集块岩 火山角砾岩 凝灰岩	沉集块岩 沉火山角砾 沉凝灰岩	凝灰质巨(角)砾岩 凝灰质(角)砾岩 凝灰质砂岩 凝灰质粉砂岩 凝灰质泥岩
中性	正长岩 二长岩 闪长岩	正长斑岩 二长斑岩 闪长玢岩	气孔、杏仁、含碎屑、致密、碎裂	正长斑岩 二长斑岩 闪长玢岩	气孔、杏仁、含碎屑、致密、碎裂	粗面岩 粗安岩 安山岩 玄武安山岩	气孔、块状、杏仁、球粒、霏细、珍珠				与酸性火山岩同	与酸性火山岩同	与酸性火山岩同
基性	辉长岩	辉绿玢岩		辉绿岩		玄武岩	气孔、块状、杏仁、球粒、霏细、珍珠						
超基性	橄榄岩					苦橄岩							

表 4.2 陆东地区石炭系火山岩分类与命名

成分	次火山岩 主名	次名	火山熔岩 主名	次名	火山碎屑熔岩 主名	次名	熔结火山碎屑岩 主名	次名	正常火山碎屑岩 主名	次名	火山碎屑沉积岩 主名	次名
酸性			流纹岩	碎裂	集块熔岩		熔结集块岩		集块岩		沉集块岩	
			英安岩		角砾熔岩	英安质、流纹质	熔结角砾岩	英安质、流纹质	火山角砾岩	流纹质、英安质、凝灰质	沉火山角砾岩	英安质
					凝灰熔岩	英安质、含角砾	熔结凝灰岩	流纹质、英安质、含角砾	凝灰岩	流纹质、英安质、含角砾	沉凝灰岩	英安质
											凝灰质砾岩	
											凝灰质砂岩	
											凝灰质泥岩	含角砾
中性	正长斑岩	碎裂	安山岩	碎裂、玄武安山	集块熔岩		熔结集块岩		集块岩		沉集块岩	
	二长斑岩	碎裂	粗面岩		角砾熔岩	安山质	熔结角砾岩	安山质	火山角砾岩	安山质	沉火山角砾岩	安山质
			粗安岩		凝灰熔岩	安山质	熔结凝灰岩	安山质	凝灰岩	安山质、角砾、含角砾	沉凝灰岩	安山质
											凝灰质砾岩	
											凝灰质砂岩	
基性			玄武岩	蚀变、碎裂、安山	集块熔岩		熔结集块岩		集块岩		沉集块岩	
					角砾熔岩	玄武质	熔结角砾岩	玄武质	火山角砾岩	玄武质	沉火山角砾岩	安山质
					凝灰熔岩	玄武质	熔结凝灰岩	玄武质	凝灰岩		沉凝灰岩	
											凝灰质砾岩	
											凝灰质砂岩	
											凝灰质泥岩	

表 4.3　火山岩岩浆/岩性基本特征

| 岩浆类型 | 岩石名称 | 化学组分 | | 成岩温度 /℃ | 黏度 /(Pa·s) | 密度 /(g/cm³) | 天然气含量 |
		SiO₂/%	元素特征				
玄武质/基性	玄武岩	45～55	Fe、Mg、Ca 高，K、Na 低	1000～1200	10-10³	大	低
安山质/中性	安山岩	55～65	Fe、Mg、Ca、K、Na 中等	800～1000	10³-10⁵	中等	中等
流纹质/酸性	流纹岩	65～75	Fe、Mg、Ca 低，K、Na 高	650～800	10⁵-10⁹	小	高

4.2.2　岩石学岩性识别

储层岩性识别与特征描述的研究方法主要包括：①野外露头观测法是野外地质研究方法，利用构造活动出露的岩石剖面，通过观测、描述、对比等基本地质研究，初步识别特征明显的岩石岩性、地层产状、地层序列，建立基本地层岩石和岩性剖面，指导地下地质研究；②取心岩性分析法是利用钻井取心、井壁取心和露头岩石取样等岩石样品，通过岩心观察描述、薄片鉴定和化学成分分析等分析技术手段，进行火山岩岩性识别；③测井岩性识别法是利用岩心岩性识别成果，结合常规测井、ECS 测井、FMI 测井和核磁测井等测井资料，进行刻度或标定，建立岩性测井综合识别模型或模式，运用岩性测井识别模型，进行岩性识别和评价；④地震岩性预测是利用测井岩性的识别成果，通过井-震岩性标定技术，对三维地震数据体进行岩性空间分布参数预测（冉启全等，2011）。

1. 野外露头观测识别岩性

通过岩石观测识别岩性是一种直接观测、研究认识岩性的方法，是相对最为准确、可靠的识别方法。通过对陆东地区石炭系出露的火山岩进行地质踏勘，全面、详细的岩石学研究鉴定，为岩石定名和钻井岩心分析定名提供依据（图 4.1）。

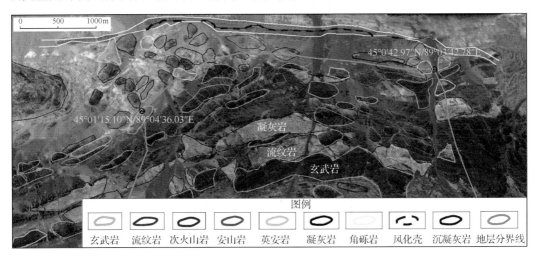

图 4.1　白碱沟石炭系巴山组野外露头观测图

在野外，通常只能初步对火山岩进行分类，主要依据岩石的矿物、颜色、结构、密度、硬度和盐酸反应程度等要素进行初步分类（图 4.2）。

(a) 流纹岩

(b) 火山角砾岩

图 4.2　白碱沟石炭系巴山组野外露头岩石观测分类

通过对克拉美丽山白碱沟石炭系野外地质露头勘测,对 110 处岩性分布参数进行测量,获取了不同岩性火山岩几何参数(图 4.3)。火山岩野外观测几何参数统计表明,玄武岩、凝灰岩和次火山岩岩石分布尺度相对较大,火山角砾岩、英安岩尺度相对较小。

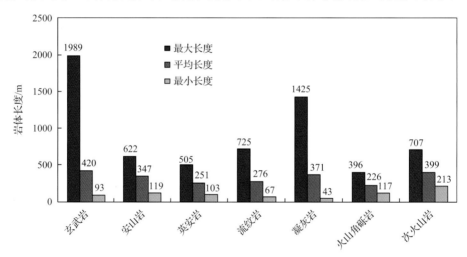

图 4.3　白碱沟石炭系巴山组野外露头岩性观测统计图

2. 岩心识别岩性

岩心观察是直观认识岩性的基础。钻井取心、井壁取心是直接观测、识别地下储层岩性的重要手段,钻井岩屑可以辅助识别地下钻遇储层岩性。钻井取心识别岩性的优点是岩样尺度较大、地层深度准确、便于进行岩石薄片和岩石铸体薄片制作、取样化学分析、观测岩石物理化学特征等。总之,岩心是分析鉴定岩性的关键。

岩心岩性的识别以岩心观测、镜下薄片鉴定和岩石化学元素分析为主。为了研究陆东地区石炭系火山岩岩性,进行了大量实际钻井岩心观测描述、岩石薄片鉴定和岩心照片的分析,实际观测和系统描述多口井钻井岩心,进行岩石薄片镜下鉴定。

通过野外实地岩石地层考察、观测、鉴别,岩石取样及室内薄片观察鉴定,可以从岩石学上清楚地识别岩性。火山岩岩石学定名常用的特征顺序为:蚀变特征→颜色→化学组分→成因特征→构造特征→特殊矿物→次要矿物→主要矿物→基本名称。如果能够准确识别岩石的矿物成分,可用矿物含量图解法进行岩石分类,否则,如果能够测定化学元素组分,可用全碱-二氧化硅含量交会图(TAS 图解)分类(邱家骧等,1981)。根据岩性鉴定结果,进行岩性分类和分井区统计,可得到各区岩石类型及岩性特征(图 4.4)。

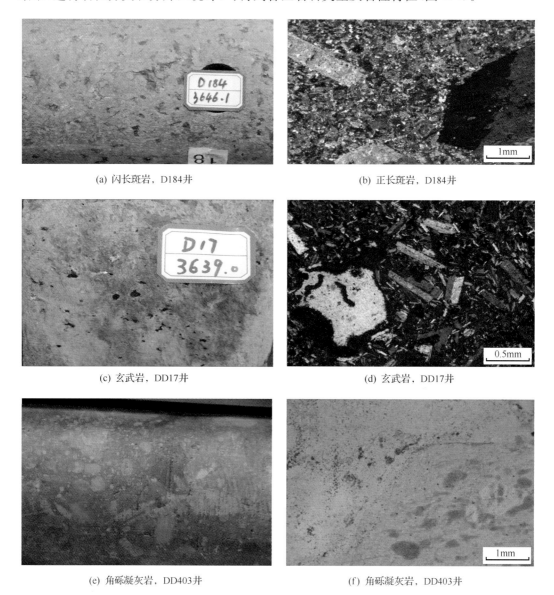

(a) 闪长斑岩, D184 井 　　　　　　　　 (b) 正长斑岩, D184 井

(c) 玄武岩, DD17 井 　　　　　　　　　 (d) 玄武岩, DD17 井

(e) 角砾凝灰岩, DD403 井 　　　　　　　 (f) 角砾凝灰岩, DD403 井

图 4.4　陆东地区石炭系钻井岩心与薄片岩性特征图

由于火山岩结晶程度较低,矿物含量分析较为困难,为了提高对岩石化学组分的认识,常利用岩石化学元素分析结果,通过 TAS 图解法对火山岩进行分类,火山岩化学元素含量岩性分类可以将岩石划分为超基性、基性、中性和酸性四大类。对陆东地区石炭系岩心进行元素化学分析,利用岩石化学分析结果,制作 TAS 特征图解(图 4.5)。

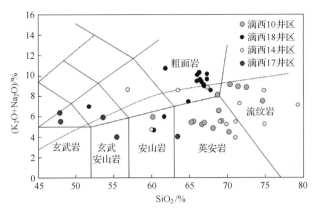

图 4.5　陆东地区石炭系岩石化学元素分析 TAS 图特征

陆东地区石炭系火山岩取心化学元素分析结果表明,岩性从基性到酸性均有分布,不同井区火山岩类型不尽相同。整体上看,岩性以酸性岩为主,中性岩及基性岩次之,超基性岩极少。

通过岩心观察、岩石薄片显微镜下鉴定和岩石化学元素分析等岩石学岩性识别研究和岩性分类,对取心井岩心进行系统分类和岩石定名,并进行岩性分类统计。统计结果表明,陆东地区石炭系火山岩岩石类型多、岩性复杂,不同井区岩性特征不同,其中以次火山岩类、火山碎屑岩类为主,其次为火山熔岩类、沉积火山碎屑岩类、火山碎屑沉积岩类,少量的火山碎屑熔岩类和熔结火山碎屑岩类(图 4.6)。

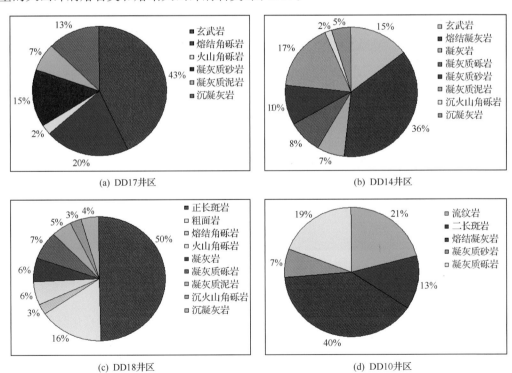

图 4.6　陆东地区石炭系岩心岩性分类统计饼状图

4.2.3　岩性测井识别

测井被誉为"数字岩心",能够反映岩石岩性特征。由于受取心条件、经济成本等的限制,大多数开发井难以进行系统取心,因此,不可能用岩石学方法进行所有井的岩性识别,必须开展测井岩性识别研究(范宜仁等,1999;黄布宙和潘保芝,2001;刘为付,2003;潘保芝等,2003;刘传平等,2006),满足测井岩性识别要求。

测井岩性识别是利用取心井岩石学岩性研究成果,通过岩心归位,对测井资料进行岩性标定,建立岩性与测井资料的相关关系,再通过综合优化,建立测井岩性识别模型,利用测井岩性识别模型,对所有井进行岩性识别,提供可靠的岩性测井剖面成果。前人提出了多种测井识别岩性的方法,如岩心分析法、人工神经网络法、模糊数学法、交会图法、主成分分析法、横波信息交会识别法等(张守谦,1997;冉启泉等,2005;周波等,2005;邵维志等,2006;张莹等,2007),这些方法只有在岩性较简单时识别效果较好;针对岩性稍微复杂的火山岩,张旭等人(2009)也提出了用测井曲线和维数定量描述火山岩岩性。每种方法都有其优势和一定的局限性,在进行测井岩性识别时,可综合应用各种方法、并结合特殊测井进行识别。

利用地质研究给出的岩性定名结果,通过岩心标定测井,结合取心、录井、全岩化学分析岩性资料,建立火山岩岩性识别模式:①利用常规测井资料的岩石响应特征,建立火山岩常规测井岩性识别模式;②利用 FMI、CMR(combinabe magnetic resonance,CMR)成像资料,建立火山岩岩石结构成像测井识别模式;③利用 ECS(elemental capture spectroscopy)测井资料,建立火山岩成分测井识别模型;④利用试气、试采及生产测井资料,建立火山岩测井储渗识别模型。综合利用以上建立的测井岩性识别模型结果,进行岩性识别与分类,在克拉美丽气田共识别 6 大类、18 个亚类、86 种火山岩岩石类型(图 4.7),对取心段测井综合岩性识别结果与岩石学岩性识别结果进行对比分析,测井识别岩性与岩心识别岩性符合率为 83.6%。

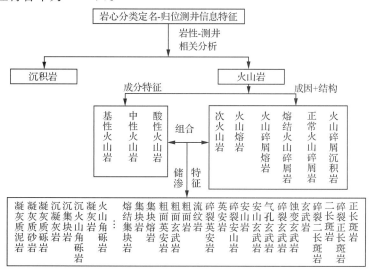

图 4.7　陆东地区石炭系测井岩性建模与识别研究流程图

1. 岩石成分测井岩性识别(ECS)

1) 岩石成分测井响应特征(ECS)

岩浆岩的造岩元素主要有 O、Si、Al、Fe、Mg、Ca、Na、K、Ti,其含量占岩石质量的 99.25%。另外还有次要元素(P、H、Mn、B)和微量元素(Li、V、Cr、Co、Ni、Cu、Zn、Rb、Sr、Y、Zr、Nb、Ba、Ta、Pb、Th、U)总含量不足 1%,微量元素含量更是小于 1‰(契特维里柯夫,1966;Nockolds,1954)。微量元素虽然含量很少,但具有指示岩浆成因与演化的特殊意义,因此,受到岩石学研究者的重视。岩石化学成分分析是认识岩石成分的重要手段。火山岩主要成分及其矿物有其固有特征(图 4.8)。

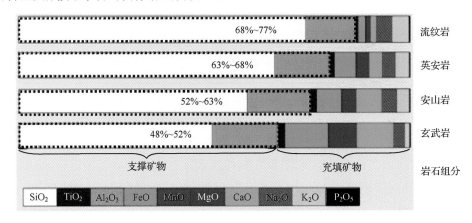

图 4.8 火山岩矿物组分特征图

随着元素测井的应用,测井元素分析岩石成分得到了应用。ECS 测井是利用快中子轰击地层岩石中的原子核,利用非弹性散射和热中子俘获原理,通过测量岩石元素非弹谱和俘获谱等特征谱,利用解谱技术获得元素谱数据,与实验室标准元素谱对比可获得元素(H、Cl、S 等为俘获谱,Si、C、Oe 等为非弹谱)特征产额,利用氧闭合模型处理技术获得地层元素(Si、Ca、Fe、Al、S 等)的相对干重量百分含量,利用建立的元素-矿物相对百分含量对应关系模型,可以处理得到地层的岩性剖面(庞巨玉等,1994;刘绪钢和孙建孟,2004;程华国和袁祖贵,2005)。通常情况下,由于火山岩岩性复杂,ECS 测井环境的局限等,不能得到 Na 和 K 的氧化物干重的百分含量,因此,直接利用 ECS 测井结果,不能给出 TAS 岩性分类。根据美国斯仑贝谢公司研究结果,ECS 测井元素重量百分含量可达到较高测量精度(表 4.4)。

表 4.4 ECS 测井元素重量百分含量误差表

项目	元素					
	Si	Ca	Fe	S	Ti	Gd
统计误差	2.16 wt%	2.19 wt%	0.36 wt%	1.04 wt%	0.10 wt%	3.48 ppm
骨架密度	负相关		正相关			只与光电截面正相关
相关性	好		好			较好

在 ECS 测井曲线上,从超基性、基性到中性、酸性火山熔岩表现为 Si 含量升高,Fe 含量降低,Ca 含量降低,Al 含量降低,Ti 含量降低。火山沉积岩因黏土(铝质矿物)混入表现为 Al 含量增加、Fe 含量增加、Si 含量减小、Gd 含量减少、Ti 含量减少。Gd 作为具有巨大俘获截面的重稀土元素,测井精度高,具有很好的指示稳定性。熔结凝灰岩中 Gd 含量高于熔岩,流纹质晶屑凝灰岩的 Gd 含量最高。

2)岩石成分岩性识别模式(ECS)

在火山岩测井响应特征分析的基础上,通过对岩心定名和准确归位,提取岩性测井参数,运用测井敏感性和岩性统计分析法建立岩性测井识别模型。ECS 测井岩性—双变量元素含量交会分析能够给出岩性成分分类指标(图 4.9)。

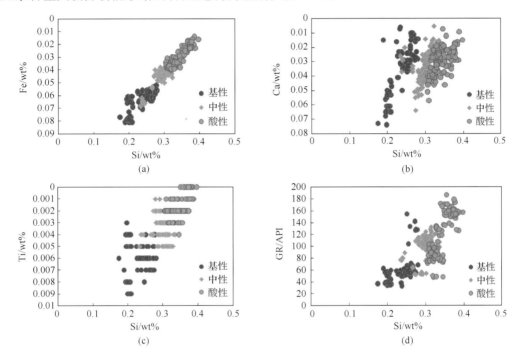

图 4.9 ECS 测井双因素交会岩性敏感性分析图

wt%为岩石元素测井质量百分比

依据陆东地区 13 口井的 ECS 测井资料和岩心分析岩性定名结果,分析给出了该区元素测井的岩性分类参数(表 4.5)。

表 4.5 ECS 测井元素重量含量-岩性识别特征表

元素类型	基性岩/小数	中性岩/小数	酸性岩/小数
Si	<0.28	0.266~0.323	>0.309
Fe	>0.052	0.038~0.052	<0.039
Al	>0.088	0.064~0.089	<0.066
Ti	>0.003	0.001~0.005	<0.00
Ca	>0.006	0.005~0.064	<0.057

2. 岩石成因结构测井岩性识别

火山岩元素含量能够反映岩石成分,难以直接反映岩石成因结构特征。相近或相同元素组分的岩石,因成岩环境差异,结构构造差异显著,甚至表现为不同的岩性特征。

成像测井能够反映岩石成因结构特征。在 FMI 成像图上,不同的岩石结构可能代表不同的岩石类型。正长斑岩 FMI 静动态图像上均表现为明亮的黄白色块状结构,黑色正弦条纹状裂缝成簇发育;致密流纹岩和英安岩表现为亮黄色块状结构,其中的气孔表现为黑色斑点、裂缝表现为黑色正弦线条或条带;火山角砾表现为棱角状白色或亮黄色斑块,与角砾相比,砾石的边缘呈现较好的磨圆;浆屑表现为不规则塑性条带,其气孔顺条带长轴方向定向排列,颜色与气孔发育程度有关;凝灰岩的 FMI 图像特征与粉砂岩相似,但颜色明显较浅,呈亮黄色-深红色;熔结凝灰岩具有假流纹结构,颜色较明亮。

陆东地区火山岩经历了强烈构造作用和热液蚀变作用,K、Na 等活动性元素随热液活动带入和带出岩石,导致其含量难以真实反映火山岩原始特征。实际研究表明,TAS 图解法火山岩分类有严格的使用条件,首先火山岩要没有经过蚀变或者仅有轻度蚀变,K、Na 元素测量结果代表岩石碱度特征,其次是 MgO 含量小于 8%,高含镁火山岩不适用 TAS 图解法分类。陆东地区石炭系火山岩存在不同程度的蚀变,ECS 测井没有给出 Na、K 元素含量,因此无法用 ECS 测井 TAS 图解分类方法开展岩性识别工作。通过 ECS 测井元素-岩性敏感性分析,选择 ECS 测井的 Si、Fe、Ti、Al、Ca 等元素含量,开展火山岩岩性组分识别。

不同岩性往往具有不同的岩石结构,例如,沉积岩的层状结构、火山熔岩的块状结构等。成像测井在岩石结构识别方面具有显著优势,通过取心段岩石结构识别,在 FMI 成像测井资料上标定出相应的岩石结构,作为岩石结构的成像识别模式(图 4.10)。

(a) 流纹结构,DD403井,3610~3613m   (b) 熔结角砾结构,DD403井,3674~3677m

图 4.10 岩石结构成像测井识别模式图

通过成像岩石结构识别模式,可以识别正长斑岩、火山角砾岩、集块岩、晶屑凝灰岩、角砾熔岩、熔结角砾岩、具流纹构造的流纹岩、具收缩节理缝的玄武岩等,但对致密块状流纹岩、英安岩和熔结凝灰岩则识别难度较大,需要其他辅助资料协助识别。但用 FMI 成像模式图识别岩性,易受井眼环境变差、诱导缝发育、成像质量变差等因素的影响。

3. 常规测井岩性识别

常规测井作为岩性识别的基础,其岩性特征主要反映在测井曲线形态、幅度及其上下组合关系之中。为进一步利用常规测井划分火山岩岩性,在火山岩成分、结构等要素细分火山岩岩性资料基础上,通过岩心岩性-常规测井数据关联分析,建立陆东地区火山岩主要岩性常规测井取心段岩性分类标准(表4.6)。

表4.6 常规测井岩性分类曲线值特征表

岩性	各岩性测井值范围				
	GR/API	DEN/(g/cm³)	CNL/%	AC/(μs/ft)	RT/(Ω·m)
玄武岩	23.8~51	2.7~2.85	15~20	55~65	37~62
蚀变玄武岩	45~1.9	2.4~2.7	1~32.1	55~79	18~49
安山岩	80~119	2.3~2.5	1~25	61.8~77.3	13.3~83.6
正长斑岩	44~110.7	2.35~2.55	5~17	57.3~75.6	21.6~697.1
粗面岩	44~75	2.45~2.55	8~19	61~78.1	18.9~104.4
英安岩	95~148	2.14~2.55	9~25.3	53~59	5~58.9
流纹岩	120~200	2.12~2.58	4~18.2	66.8~78.3	13.3~191.2
火山角砾岩	24.8~128.6	1.9~2.7	6~43.6	56.6~5.7	4~273
凝灰岩	39~145.6	2.2~2.55	7.8~34.2	58.8~81.7	5.6~516
沉火山岩	45.1~149.6	2.0~2.63	12.6~38	61~91.9	4.2~167.3
火山沉积岩	43.1~38.2	1.66~2.56	7.8~42.3	59~159.1	2.5~78.2
沉积岩	31.4~110.8	1.35~2.65	11.3~55.3	6~88	0.3~56.0

在常规测井曲线数值上,从基性到酸性火山熔岩,物性曲线具有变好的趋势,具体为密度(DEN)降低、中子值(CNL)增大、声波时差(AC)增大,放射性(GR)增大,电阻率变化较为复杂;形态上看,火山熔岩测井曲线幅度值变化很小,曲线平直,岩性变化时,有明显的台阶性变化;火山碎屑沉积岩的测井数值变化趋势类似火山熔岩,形态上变化幅度加大,有向沉积岩特征变化的趋势。

由此可以看出,各种岩性常规测井值互相重叠,即使选择双因素、多因素分析仍然不易区分岩性,特别是岩石成分相近,结构略有差异的岩性更加难以细分。由于常规测井火山岩分类标准所建立的取心岩样的局限,岩性划分标准仅代表陆东地区基本岩性测井特征,在实际测井岩性识别中,采用层次分解法分解的思想,通过逐级、逐次建立"常规测井岩性+岩石化学组分+岩石结构"综合识别模式,进行测井岩性综合识别(图4.11),可有效提高岩性识别结果的准确性。

建立火山岩性识别顺序的第一步工作就是建立各种测井信息之间的两两交会图,然后再基于前述的层次分解原则挑选交会图,对其逐级细分。第一个层次是将火山岩与沉积岩分开(图4.12);第二个层次是用将沉积岩细分为凝灰质砂岩和凝灰质泥岩(图4.13),将火山岩分为次火山岩、中性火山岩、酸性火山岩与基性火山岩(图4.14);第三个层次是将基性火山岩再进一步细分为玄武岩、杏仁状玄武岩、玄武质火山角砾岩

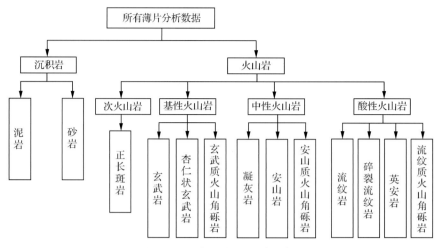

图 4.11　火山岩性识别层次

（图 4.15），将中性火山岩分为凝灰岩、安山岩、安山质火山角砾岩（图 4.16），将酸性火山角砾岩分为流纹岩、碎裂流纹岩、英安岩、流纹质火山角砾岩（图 4.17）。至此达到逐级、逐次对研究区复杂火山岩性在多维空间的表征，建立滴西地区火山岩性层次识别图版。

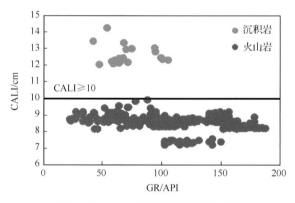

图 4.12　火山岩和沉积岩识别图版

CALI. 井径

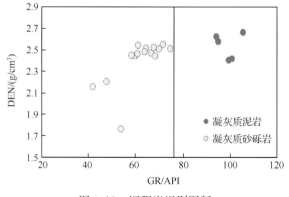

图 4.13　沉积岩识别图版

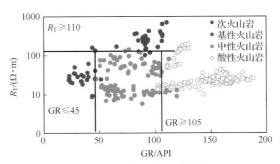

图 4.14　火山岩识别图版

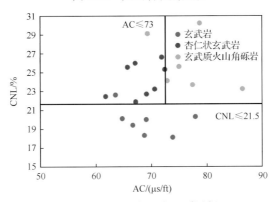

图 4.15　基性火山岩识别图版

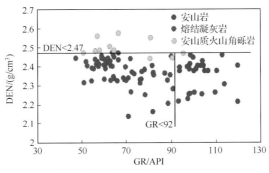

图 4.16　中性火山岩识别图版

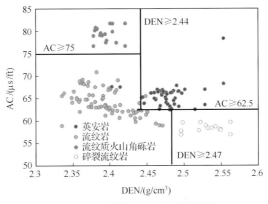

图 4.17　酸性火山岩识别图版

岩石与测井物性分析表明,火山岩的岩性决定岩石储渗能力:酸性和中性火山岩脆性好,裂缝发育,基性火山岩弹性好,相对裂缝发育少,熔岩结构稳定,碎屑岩易受后期构造溶蚀改造,陆东地区正长斑岩、二长斑岩、流纹岩、英安岩等有利于形成储层,致密安山岩、致密玄武岩、沉积岩等不利于形成储层。

4.2.4 岩性地震预测

利用地震反演技术推测地下地质体的空间变化规律和物性分布是一种行之有效的方法(郑荣中等,2003;郑亚斌等,2007)。火山岩地层成层性差,地震反射品质差,地震岩性识别、对比和预测困难。在陆东地区利用高精度三维地震资料,在岩石物理分析基础上,分析岩石弹性参数与储层物性参数间的关系。充分利用测井岩性剖面准确识别优势,利用井-震标定技术,吸收测井岩性敏感性评价成果,运用岩性敏感测井曲线对地震资料进行关联。利用井-震联合 BP 神经网络反演技术,对岩性进行了地震反演预测研究。以 DD14 井区为例,地震反演结果表明,高伽马主要分布在 DD14 井—DD403 井一带,为爆发相火山碎屑岩堆积,岩性以火山角砾岩为主,DD403 井上部发育流纹岩,为高伽马特征(图 4.18)。

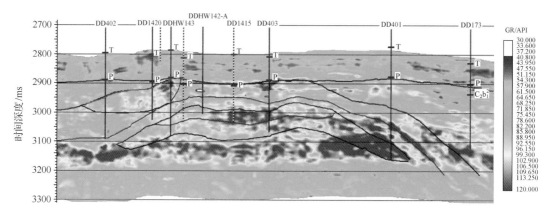

图 4.18 DD14 井区地震资料神经网络伽马反演剖面图

地震预测结果与测井岩性识别评价结果对比,二者在井点上是一致的,井间岩性地震预测可发挥地震资料的数据体空间可分辨优势,对规模岩性体具有可识别、可预测性,这对井位部署和水平井井位设计具有重要指导作用。

4.3 储集空间类型与孔隙结构

储层的储集空间和孔隙结构控制着储层的储集能力和渗流能力。但与常规储层储集空间相比,火山岩储层具有储集空间成因复杂、影响因素多、孔隙结构复杂等特点,并且受次生成岩作用的影响强烈,从微观到宏观都表现出极强的非均质性。充分认识储层的储集空间特征和孔喉特征,为储层的有效性评价打下基础。

前人对火山岩储集空间的分类方面研究相对较多(赵澄林,1996;赵澄林等,1997;任作伟和金春爽,1999;赵澄林等,1999;Ramamoorthy,2001;刘为付和朱筱敏,2005),而对孔隙结构的研究相对较少。在观测陆东地区铸体薄片的基础上,主要参照《油藏描述方法第四部分:特殊岩性油藏》(SY/T5579.4—2008)和《火山岩储集层描述方法》(SY/T5830—93)研究火山岩储集空间类型和孔隙结构。

4.3.1　火山岩储集空间类型

由于火山岩成岩作用的特殊性,原生孔隙具有分散性,缺乏良好的连通网络,难以形成有效储渗空间,只有在构造运动和风化、淋滤作用等外部因素的影响下,火山岩体才可以形成各种孔隙和裂缝,孔、缝、洞交织在一起,则可以构成油气的储集空间(朱筱敏,2000)。

1. 储集空间类型及特征

根据前人对储集空间的划分,并结合克拉美丽火山岩形成时间和成因,将火山岩储集空间划分为原生和次生两大类,根据形态进一步划分为原生孔隙、次生孔隙、原生裂缝、次生裂缝共四种储集空间类型,结合其成因、分布、大小等特征,具体划分出原生孔 6 种、原生缝 4 种;次生孔 7 种、次生缝 4 种。

1) 原生孔隙

原生孔隙是指熔浆在地下或喷出地表后,在冷却、结晶过程中产生的气孔和孔洞,与晶体形成过程、晶体间接触关系、气体逸出过程有关;气孔形态多样,多呈椭圆形、多边形及不规则状;孔径大小不等。火山岩原生孔隙受岩性、岩相及火山机构位置的制约,受压实作用影响小,在深埋藏条件下具有独特的优势,是油气有利的储集场所。根据形态、大小及结构,孔隙可以进一步细分为 6 种:(残余)气孔、杏仁体内残留孔、(残余)粒间孔、粒内孔、(残余)晶间孔、基质内微孔。

(1) 气孔。

气孔是熔浆喷出地表时,由于压力降低,其中的挥发组分逸散后残留的孔隙空间,气孔特征与熔浆成分、挥发分含量有关;气孔多呈椭圆形、花生形、云朵形及不规则形(图 4.19、图 4.20);孔径大小多为 0.1～5mm。

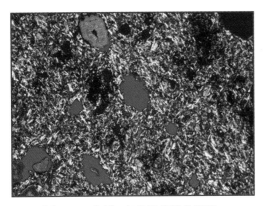

图 4.19　气孔,玄武质熔结角砾岩,
4×10(+),DD403 井,3674.38m

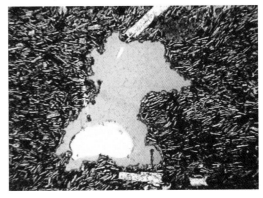

图 4.20　气孔,杏仁状玄武岩,2.5×10(一),
DD173 井,3667.41m

气孔是陆东地区火山熔岩(玄武岩、粗面岩、流纹岩)及碎屑熔岩的主要储集空间类型,多发育于溢流相的顶部和底部。岩心和薄片观察表明:熔岩中的气孔含量一般为0.5%~2%,个别井段可达4%~6%。气孔多彼此孤立,但在裂缝发育段,各种裂缝将孤立气孔连通,从而形成优质火山岩储层。

(2)杏仁体内残留孔。

杏仁体是矿物充填气孔形成的,将组成杏仁体矿物之间的孔隙和次生矿物充填气孔留下的空间统称为杏仁体内残留孔;气孔被次生低温矿物全部或部分充填称为杏仁构造,充填气孔的次生矿物通常为绿泥石、沸石、蛋白石、玉髓、石英、方解石等。该类孔隙形态多为长形、多边形及不规则形状(图4.21、图4.22),边缘呈棱角状,与次生矿物的充填状态有关;杏仁体内残留孔孔径略小,一般1~2mm。

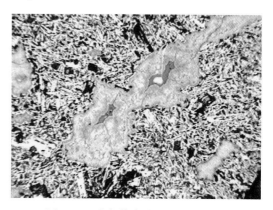

图4.21 杏仁体内残留孔,玄武岩,
2.5×10(一),DD172井,3501.21m

图4.22 杏仁体内残留孔,玄武岩,
2.5×10(一),DD173井,3655.82m

杏仁体内残留孔在该区火山熔岩、碎屑熔岩和熔结碎屑岩中常见,多发育于溢流相顶部和底部。该类孔隙常与原生成岩缝(图4.22)、次生风化缝和构造缝伴生,形成多种孔缝组合类型,构成了陆东地区火山岩中极为重要的储集空间。

(3)粒间孔。

粒间孔是指火山岩碎屑经成岩压实和重结晶作用成岩后,在火山碎屑颗粒之间由于相互支撑作用形成或残余的空间孔隙;由于以原地堆积为主,火山碎屑颗粒的分选度与磨圆度都很差,以棱角状为主;粒间孔形态不规则,大小不等(图4.23、图4.24),通常沿碎屑边缘分布,是火山碎屑岩、火山-沉积碎屑岩主要的储集空间类型,主要发育于爆发相、火山沉积相中。粒间孔连通性好,具有较好的孔喉配置关系。

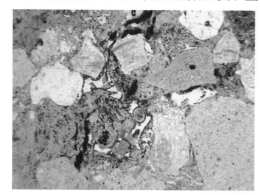

图4.23 粒间孔,凝灰质砂岩,4×10(一),
DD20井,3379.47m

(4)粒内孔。

粒内孔是指颗粒内部的孔隙,由颗粒内部的收缩作用形成。形态多呈棱角状、不规则状,大小不一(图 4.25);粒内孔是火山碎屑岩、沉火山碎屑岩、熔结碎屑岩、砂砾岩中常见的储集空间类型,多发育于爆发相、火山沉积相中。单个粒内孔呈孤立状态分布,但该类孔隙若与次生风化缝、构造缝等相连通,常形成较好的裂缝-孔隙型储层。

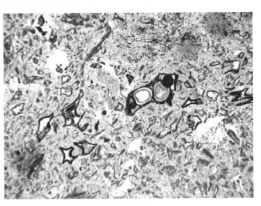

图 4.24　粒间孔,凝灰质砂岩,2.5×10(一),　　　图 4.25　玻屑粒内孔,玻屑凝灰岩,2.5×10(一),
　　　　　　DD24 井,3940.17m　　　　　　　　　　　　　　DD14 井,3602.59m

（5）晶间孔。

晶间孔是指结晶斑晶之间、基质微晶之间及斑晶与基质微晶之间形成的孔隙,是在矿物结晶过程中形成的。晶间孔形态不规则,以多边形(图 4.26)为主;一般情况下,孔径较小,多为 $10\sim15\mu m$,局部可达 $1\sim2mm$,是次火山岩类(正长斑岩、二长斑岩)、火山熔岩、碎屑熔岩的主要储集空间,多发育于次火山相、溢流相中。该类孔隙常形成孤立孔隙,孔隙结构较差,喉道表现为点状喉,需要经过溶蚀或裂缝沟通才能形成有效储层。

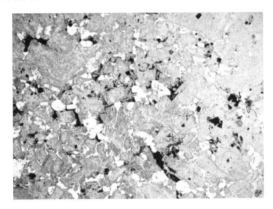

图 4.26　晶间孔,正长斑岩,2.5×10(一),DD1813 井,3675.59m

（6）基质微孔。

熔岩晶间微孔和火山碎屑岩基质微孔均属于微孔范畴。晶间微孔主要分布在流纹岩中,发育于微晶矿物之间;火山碎屑基质微孔主要分布在火山碎屑岩火山灰或火山尘之间(图 4.27、图 4.28)。微孔储集空间小,但分布广泛,独立微孔很难形成有效储层;经过溶蚀或裂缝沟通后,微孔发育的火山岩也能成为有效储层。

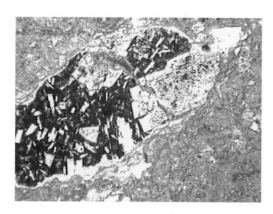

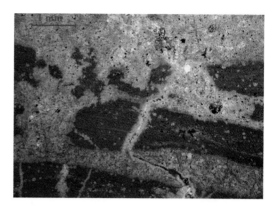

图 4.27　基质微孔、粒内孔，复屑凝灰岩，
　　　　　2.5×10(-)，DD101 井，3036m

图 4.28　基质微孔，粗面质晶屑凝灰岩，
　　　　　2.5×10(-)，DD10 井，3028.39m

2）次生孔隙

次生孔隙是指火山岩形成后，经后期热液蚀变、地下水溶蚀、风化、淋滤等作用形成的孔隙；后期溶蚀作用可能发生在原生孔隙上，也可对新组分进行溶蚀。次生孔隙形态极不规则，多呈多边形、港湾状、囊状等，孔径大小不等。次生孔隙大大改善了孔隙结构，是良好的储集空间，根据其成因、形态及结构特点，可进一步细分为 7 种类型。

（1）晶内溶孔。

晶内溶孔是指斑晶被溶蚀而产生的孔隙，常见的溶蚀对象包括长石、石英、橄榄石等；其形态不规则，多呈蠕虫状、港湾状（图 4.29），如果完全溶蚀矿物，只残存原晶体假象，则为铸模孔（图 4.30）。孔径大小为 0.1～5mm，陆东地区绝大部分孔径为 0.5～3mm。

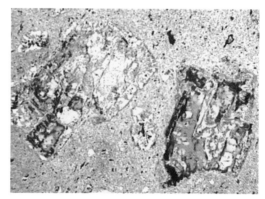

图 4.29　长石晶内溶孔（铸模孔），粗面玄武岩，
　　　　　4×10(-)，DD171 井，3655.91m

图 4.30　斑晶内溶孔，正长斑岩，2.5×10(-)，
　　　　　DD20 井，3377.69m

晶内溶孔是次火山岩（正长斑岩、二长斑岩）及火山熔岩、碎屑熔岩的主要储集空间之一，多发育于次火山相及溢流相。晶内溶孔具有良好的储集性能，同时能较好地改善孔隙结构；若火山岩内同时还发育炸裂缝、收缩缝、构造缝等裂缝类型，将形成优质裂缝-孔隙型储层。

（2）基质溶孔。

泛指熔岩基质部分、火山碎屑岩细粒碎屑部分的易溶组分被溶蚀后形成的孔隙。基质常由微晶长石和玻璃质组成，基质溶孔泛指基质内部的溶蚀孔，不论是对微晶长石内，还是对微晶间及玻璃质脱玻化的溶蚀（图 4.31、图 4.32）。基质溶孔形态极不规则，溶孔大小不等，分布极不均匀。

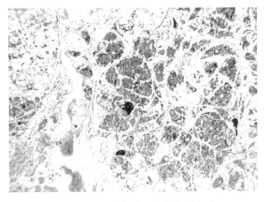

图 4.31　基质溶孔，强蚀变凝灰岩，
2.5×10（一），DD22 井，3639.25m

图 4.32　基质溶孔及斑晶溶孔，粗面玄武岩，
2.5×10（一），DD173 井，3653.2m

陆东地区基质溶孔普遍发育，是火山熔岩、碎屑熔岩、火山碎屑岩的主要储集空间类型之一，广泛发育于爆发相和溢流相。基质溶孔既是较好的储集空间，也可以充当喉道作用，起良好的连通作用。

（3）杏仁体内溶孔。

杏仁体内溶孔是指原生气孔被次生矿物充填形成杏仁体，而后期流体的渗入，使杏仁体发生部分溶解而形成的孔隙（图 4.33、图 4.34）。孔隙形态不规则，多呈孤立状，连通性差，局部可见与炸裂缝及收缩缝相连通的溶孔，溶孔及构造裂缝发育区能形成优质火山岩储层。

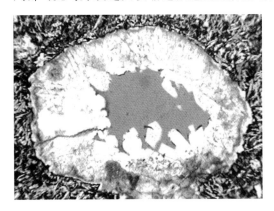

图 4.33　杏仁体溶孔，杏仁状玄武岩，
2.5×10（一），DD401 井，3857.53m

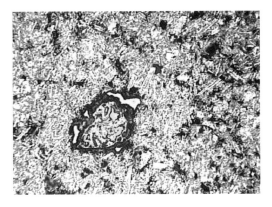

图 4.34　杏仁体溶孔，粗面玄武岩，
2.5×10（一），DD171 井，3654.73m

（4）粒内溶孔。

粒内溶孔是指碎屑颗粒内部易溶组分遭受溶蚀作用后形成的孔隙（图 4.35、

图4.36)。碎屑颗粒是指火山碎屑岩、碎屑熔岩、沉积-火山碎屑岩的颗粒,不包括火山熔岩及次火山岩斑晶。孔隙形态不规则,主要发育于熔结角砾岩、角砾熔岩、火山角砾岩中,凝灰岩、沉火山碎屑岩中也有发育。

图4.35 粒内溶孔及粒间孔,沉凝灰砂砾岩,2.5×10(-),DD24井,3940.73m

图4.36 粒内溶孔,晶屑岩屑凝灰岩,4×10(-),DD101井,3005.16m

根据溶蚀对象及溶蚀原理,粒内溶孔可进一步划分为三种:①长石晶屑溶孔,沿长石晶屑边缘、解理缝溶蚀形成,也见有长石中包含的早期结晶的偏基性长石被溶蚀形成的晶屑内溶孔(图4.35),由成岩阶段的溶解作用和成岩后的淋滤溶解作用形成,主要见于晶屑凝灰岩、复屑凝灰岩中,是陆东地区火山碎屑岩中最发育的一种次生孔隙;②黑云母晶屑溶孔,陆东地区内黑云母晶屑很少见,但其内发育有沿解理缝发生溶蚀的粒内溶孔;③岩屑粒内溶孔,指岩屑内易溶组分遭受溶蚀后留下的空间(图4.36),常见于火山角砾岩及沉积-火山碎屑岩的岩屑。

(5)铸模孔。

铸模孔指岩石中的某种组分被全部溶蚀掉,但尚保留原组分外形的孔隙。铸模孔属于晶内溶孔(图4.37)及粒内溶孔(图4.38)的一种特殊类型,晶内溶孔(粒内溶孔)到铸模孔代表溶蚀作用增强的过程。陆东地区识别出的主要是长石、辉石斑晶铸模孔及长石晶

图4.37 斑晶铸模孔,正长斑岩,2.5×10(-),DD18井,3452.07m

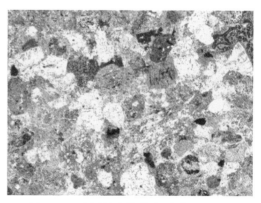

图4.38 岩屑粒内铸模孔,凝灰质砂岩,2.5×10(-),DD103井,3057.86m

屑、岩屑等碎屑颗粒的铸模孔。此类孔隙整体上不发育,仅见于少数井段的火山碎屑岩和火山熔岩中。

（6）粒间溶孔。

系指颗粒间易溶组分遭受溶蚀形成的孔隙。也是原生粒间孔经溶蚀后孔隙扩大而形成的孔隙。孔隙多呈港湾状(图 4.39、图 4.40),大小不等,较大型孔隙中常见漂浮状颗粒和铸模孔。镜下研究表明,此类孔隙主要发育于火山角砾岩的角砾之间,是陆东地区火山岩气藏重要的一类油气储集空间。

图 4.39　粒间溶孔,粗面质晶屑凝灰岩,
2.5×10(－),DD10 井,3028.39m

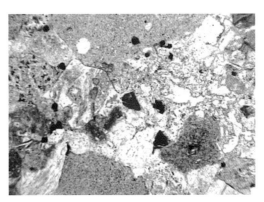

图 4.40　粒间溶孔,角砾沉凝灰岩,
4×10(－),DD20 井,3378.76m

（7）晶间溶孔。

晶间溶孔是指晶体遭受溶蚀作用后形成的孔隙,包括全晶质火山岩矿物间、斑晶及基质微晶间及后期充填孔、洞、缝的次生矿物间接溶蚀作用形成孔隙。孔隙不规则,以长柱状、多边形为主,大小不等(图 4.41、图 4.42),此类孔隙在陆东地区分布较少。

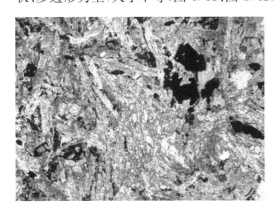

图 4.41　晶间溶孔,玄武岩,5×10(－),
DD26 井,4005.1m

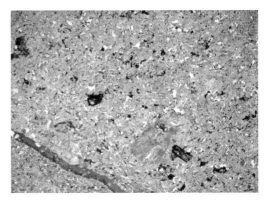

图 4.42　晶间溶孔,正长斑岩,2.5×10(－),
DD104 井,3190.12m

3）原生裂缝

指岩浆在成岩过程中,由于冷凝收缩、汽液爆炸、颗粒支撑等作用,在碎屑颗粒及晶体内部或之间形成的裂缝系统;陆东地区火山岩气藏原生裂缝常发育在斑晶及颗粒内部。

原生裂缝为岩体的溶蚀创造了基础条件,后期的风化溶蚀作用常将其改造成较大的宏观缝。根据成因、形态及结构特点,原生裂缝可以进一步细分为四种:收缩缝、炸裂缝、砾间缝和晶间缝。

(1) 收缩缝。

收缩缝指岩浆在流动和冷凝过程中,由于温度不均匀变化使岩石体积不规则收缩形成的裂缝。收缩缝形状极不规则,多呈网状、同心圆状、马尾状、扫帚状或龟裂状(图 4.43、图 4.44)。

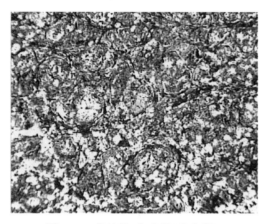

图 4.43 收缩缝,玄武岩(珍珠岩),
2.5×10(一),DD21 井,3278.65m

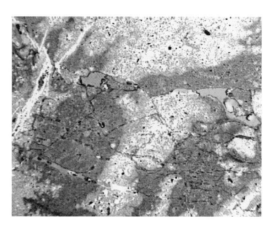

图 4.44 收缩缝,凝灰岩,2.5×10(一),
DD10 井,3029.1m

收缩缝无固定延伸方向,一般规模不大,裂缝宽度多小于 0.1mm,切割深度亦小,延伸距离短。常见于各种火山熔岩、角砾熔岩和凝灰岩,发育于溢流相及爆发相。收缩缝能连通各种孔隙,也是后期溶蚀作用的良好通道,是形成优质储层的重要条件之一。

(2) 炸裂缝。

炸裂缝指由于岩浆喷发时岩浆上拱力、岩浆爆发力引起的气液爆炸作用,使局部压力剧增,发生颗粒隐蔽爆炸而形成的裂缝(图 4.45、图 4.46)。炸裂缝形态不规则,多沿晶体

图 4.45 炸裂缝连通粒间孔,粗面质凝灰岩,
2.5×10(一),DD10 井,3027.89m

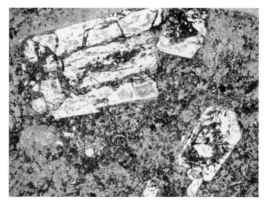

图 4.46 长石斑晶内部炸裂缝,粗面岩,
2.5×10(一),DD1414 井,3661.28m

的解理、双晶纹形成,发育规模小,切割深度短。常见于各种含斑晶的火山岩,亦发育于火山碎屑岩的石英晶屑、长石晶屑内,其中石英炸裂缝多不规则,有的部分分离较大;长石炸裂缝多沿解理缝、双晶缝形成。炸裂缝主要发育于次火山相、溢流相及爆发相中,可以作为连通孤立孔隙的桥梁,亦为后期溶蚀作用的良好通道。

（3）砾间缝。

砾间缝指发育于砾石颗粒之间或存在于砾石与基质之间的缝隙,由火山碎屑颗粒之间相互支撑作用形成,粒间孔属于同一种成因。砾间缝围绕着砾石的边缘分布,形态不规则,弯曲度大（图 4.47）,发育规模小,长度一般小于 10mm,多为 3～4mm,宽度小于0.1mm。砾间缝具有良好的储、渗意义,是陆东地区火山岩气藏最主要的成岩缝,占总成岩缝的 80% 以上,主要发育于火山角砾岩、集块岩及砾岩内,岩相以爆发相及火山沉积相为主。

（4）晶间缝。

晶间缝指发育于斑晶晶体间、基质微晶间、斑晶与基质微晶间的缝隙（图 4.48）,形成机理与晶间孔相同,裂缝较规则,呈细长条状,与炸裂缝的区别在于裂缝边缘较规则、宽度变化不大。晶间缝规模较小,绝大多数宽度均小于 0.05mm。主要发育于次火山岩及火山熔岩中。

图 4.47　砾（粒）间缝,凝灰质砂砾岩,　　　　　图 4.48　斑晶晶间缝,正长斑岩,
　　　　10×10（一）,DD8 井,3512.07m　　　　　　　2.5×10（一）,DD1813 井,3466.14m

4）次生裂缝

次生裂缝指在火山岩形成之后,后期热液蚀变、地下水溶蚀、风化作用及构造应力作用等形成的缝隙。次生缝形态多样,与成因有关。根据成因、形态及结构特点,次生缝可进一步划分为四种类型:构造缝、溶蚀缝、缝合缝和风化缝。

（1）构造缝。

构造缝指火山岩形成后,由后期构造作用或构造运动产生的裂缝,特征与构造应力方向及强度有关。构造缝较为平直,缝宽变化不大,常切穿颗粒及斑晶（图 4.49、图 4.50）;构造缝规模大小不等,既有切穿整个火山岩体的巨型裂缝,也有数毫米的微裂缝,常呈带状出现,缝间既可平行,亦可交织。

 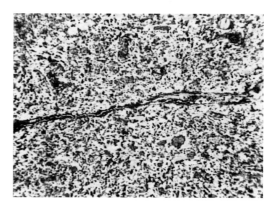

图 4.49　构造缝,粗面质构造蚀变角砾岩,　　　　图 4.50　构造缝,玄武岩,2.5×10(一),
　　　2.5×10(一),DD10 井,3093.29m　　　　　　　DD172 井,3501.78m

陆东地区火山岩气藏构造缝较发育,根据裂缝产状和性质分为张性缝、张剪性缝和剪性缝三类。张性缝缝面直立且凹凸不平,倾角大于 75°,裂缝密度平均 1.04 条/m;张剪性缝倾角 50°~80°,缝面平直,偶有亮面现象,裂缝密度平均 0.35 条/m;剪切缝发育两组共轭裂缝,缝面上有擦痕、阶步等现象,一组裂缝倾角较大(35°~60°),另一组倾角较小(25°~40°),裂缝密度平均 0.69 条/m。开度大、延伸远、倾角大的构造缝充填情况复杂,包括充填、半充填和未充填。而且,构造缝由不同构造级别和不同构造运动期次所产生裂缝相叠加而成,表现形式十分复杂。构造缝既起着连通孔隙的作用,亦是油气运移的主要通道。

(2)溶蚀缝。

溶蚀缝指沿原生缝、矿物解理缝或在原有次生缝发生溶蚀作用后进一步扩溶的缝隙,该类裂缝缝面弯曲且凹凸不平,存在分叉现象(图 4.51、图 4.52)。裂缝宽窄不一,缝宽为0.1~15mm,根据产状可进一步划分为柱状、层状和网状溶蚀缝三类。

 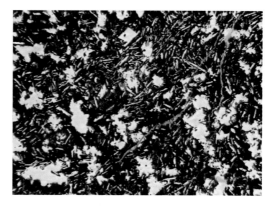

图 4.51　网状溶蚀缝,粗面质晶屑凝灰岩,　　　　图 4.52　溶蚀缝切割杏仁体,玄武岩,
　　　2.5×10(一),DD10 井,3028.11m　　　　　　　2.5×10(一),DD26 井,4090m

(3)缝合缝。

缝合缝指相邻两个岩层之间或同一岩层的两个相邻部分存在的锯齿状连接缝

（图 4.53）。根据它与岩层层理面的关系，可以划分为两种类型：一类缝合线与岩层的层理面平行或近于平行，缝合线的峰柱垂直于岩层面，故称垂直缝合线，又称成岩压溶缝合线，它的形成与成岩后生阶段的压溶作用有关；另一类是缝合线与岩层的层理面斜交垂直或近于垂直，缝合线峰柱平行或近于平行岩层层面，故称水平缝合线，又称构造压溶缝合线，它主要由水平挤压作用压溶而成。两类缝合线常被不溶解的泥质、有机质充填，或被压溶溶解的碳酸岩盐胶结，多数已失去储集意义，只有少数开启的缝合线具有良好的储集和渗滤作用。缝合线在陆东地区火山岩气藏的角砾熔岩、熔结角砾岩、集块岩和火山角砾岩中比较发育。

（4）风化缝。

风化缝指火山岩出露地表期在地表水及大气风化作用下形成的裂缝。常发育在火山岩体顶界面。其特点是形态极其不规则，有马尾状、雁行式、叶脉式等（图 4.54）。缝内通常被方解石或泥质充填或半充填，其储集意义不大。但是，风化裂缝为后期构造缝或深埋热液的溶蚀作用创造了有利条件。

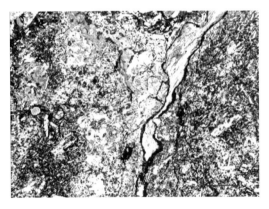

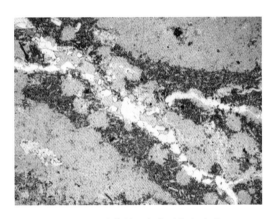

图 4.53 缝合线，泥质、有机质充填，
2.5×10（－），强蚀变玄武质熔结
角砾岩，DD403 井，3704m

图 4.54 风化缝，浊沸石化安山岩，
2.5×10（－），DD30 井，3839.48m

总之，陆东地区火山岩储层孔隙类型复杂，孔隙几何形态各异，孔、洞、缝交织，各种类型的孔、洞、缝分布受火山喷发类型、岩浆成分、古地貌等多种因素控制，具严重的非均质性。总体而言，火山岩储层大都分布于岩浆喷发的顶部，风化和溶蚀对储层的形成起主导作用，而后期的充填作用（充填矿物主要为绿泥石、沸石及方解石）往往对油气层储集空间有一定程度的破坏作用。

2. 不同岩性的主要储集空间类型

陆东地区火山岩岩性复杂，根据露头、岩心、薄片观测及测井识别的结果，岩石类型主要包括六大类：次火山岩、火山熔岩、碎屑熔岩、熔结碎屑岩、正常火山碎屑岩和火山-沉积碎屑岩。不同岩性储集空间类型及孔缝组合特征不同，以铸体薄片研究结果分析不同岩性的储集空间类型差异（表 4.7）。

表 4.7　不同岩石类型的主要储集空间类型统计表

孔隙类型			次火山岩/%	火山熔岩/%	碎屑熔岩/%	熔结碎屑岩/%	火山碎屑岩/%	火山-沉积碎屑岩/%
平均面孔率			4.74	5.3	1.2	2.29	2.64	1.41
原生类	孔隙	（残余）气孔	0	15.18	0	0	0.3	0
		杏仁体内残留孔	0	62.15	0	5.98	0.84	0
		（残余）粒间孔	0	0	43.75	1.36	0	4.22
		粒内孔	0	0	0	2.45	10.3	0.43
		（残余）晶间孔	11.38	1.1	0	0	0.79	0
	裂缝	收缩缝	0.46	0.51	18.1	0.09	1.71	11.9
		炸裂缝	0	0.28	0	0	0.6	0.3
		砾间缝（砾内缝）	0	0	2.5	0	0	0.28
		晶间缝（晶内缝）	2.26	0	0	0	0	0
次生类	孔隙	晶内溶孔	38.93	12.64	0.94	0	4.69	0
		基质溶孔	17.49	3.89	0.63	35.32	0.89	0.41
		杏仁体内孔	0	2.15	0	6.59	0	0
		粒内溶孔	0	0	0	41.45	5.96	16.77
		铸模孔	1	0.88	0	0	0	0.02
		粒间溶孔	0	0	0	0.33	0	5.61
		晶间溶孔	0.59	0.01	1.56	0	2.72	0
	裂缝	构造缝	10.25	0.49	7.5	1.66	3.77	4.65
		溶蚀缝	17.6	0.47	25	4.2	67.4	55.4
		缝合缝	0	0.19	0	0.1	0	0
		风化缝	0	0.08	0	0	0	0

1）次火山岩类

次火山岩是与喷出岩有同源且接近地表的小型侵入体,冷却速度缓慢,结晶程度好,具似斑状或斑状结构。因此,次火山岩的孔隙类型主要是发育于斑晶和基质当中。次火山岩主要发育晶内溶孔,约占 38.93%;裂缝总体较发育,占 30.6%,以溶蚀缝和构造缝为主。

2）火山熔岩类

火山熔岩是火山口宁静溢流出来经冷凝而形成的,因冷却较快,挥发组分大量逃逸,结晶程度差,多为半晶质甚至玻璃质结构,因此孔隙类型比较复杂。陆东地区火山岩气藏火山熔岩主要发育杏仁体内残留孔,约占总孔隙的 62.15%;裂缝总体占总孔缝的 2.03%,主要包括溶蚀缝、构造缝、收缩缝和炸裂缝。

3）火山碎屑熔岩类

火山碎屑熔岩类主要由熔浆胶结而成,是火山碎屑岩与熔岩之间的过渡岩性。克拉美丽气田火山碎屑熔岩主要发育（残余）粒间孔,约占总孔隙的 43.75%;裂缝总体较发育,约占总孔缝的 53.13%,裂缝类型以溶蚀缝和收缩缝为主。

4）熔结火山碎屑岩类

熔结火山碎屑岩指火山碎屑以熔结方式形成的火山碎屑岩,是正常火山碎屑岩向熔岩过渡的一种岩石,其孔隙类型比熔岩类及火山碎屑岩类更复杂。陆东地区火山岩气藏熔结火山碎屑岩主要发育粒内溶孔,约占总孔隙的 41.45%;裂缝约占总孔缝的 6.05%,裂缝类型以溶蚀缝、构造缝为主。

5）正常火山碎屑岩类

火山碎屑岩是由火山口强烈爆发出来的各种碎屑物质经压实作用形成的,岩石主要由碎屑和充填物组成,孔隙类型则以粒间孔为主。陆东地区火山岩气藏正常火山碎屑岩主要发育粒内孔,约占总孔隙的 10.34%;裂缝占总孔缝的 73.46%,裂缝类型以溶蚀缝及构造缝为主。

6）火山-沉积碎屑岩类

火山-沉积碎屑岩是火山喷发低潮期和间歇期产物,在火山作用和沉积作用交替变化期间形成,岩石包含撕裂状塑变玻屑、斜长石晶屑、火山角砾岩屑及大量火山灰,成分复杂多样,孔隙类型也比较复杂。陆东地区火山岩气藏中火山-沉积碎屑岩主要发育粒内溶孔,约占总孔隙的 16.77%;裂缝总体约占总孔缝的 72.54%,裂缝类型以溶蚀缝和收缩缝为主。

3. 储集类型及孔缝组合特征

按照构成要素,火成岩储集类型包括四种:孔隙型、裂缝-孔隙型、孔隙-裂缝型和裂缝型。根据储集空间类型差异,每种储集类型中还可细分多种孔缝组合类型,陆东地区火山岩气藏的火成岩孔缝组合类型可达 15 种。

1）孔缝组合类型

（1）孔隙型。

孔隙是主要的储集空间,喉道则是主要的渗流通道,裂缝发育程度很低或为无效缝。物性特征表现为低渗。根据孔隙类型和组合方式可进一步细分为:①气孔型。储集空间以气孔为主,由微细喉道连接,仅局部连通;储层物性表现为中高孔、低渗;主要发育溢流相顶部、上部、下部的气孔熔岩中。②微孔型。储集空间以微孔为主,渗流通道为微细喉道,连通性差;储层物性表现为低孔、特低渗;主要发育于爆发相空落亚相各种凝灰岩中。③粒间孔型。储集空间以粒间孔为主,渗流通道为喉道,连通性局部较好;储层物性表现为中孔、中渗;主要发育于各种火山角砾岩及各种凝灰质砂岩、砂砾岩中,岩相多为爆发相空落亚相及火山沉积相。④晶间孔型。储集空间以晶间孔为主,渗流通道为喉道,连通性差;储层物性表现为中低孔、特低渗;主要发育于正长斑岩、二长斑岩、细晶火山熔岩中,岩相以次火山岩相、溢流相下部亚相为主。⑤气孔＋微孔型。储集空间以气孔、微孔为主,渗流通道为喉道和部分微孔,连通性中等;储层物性表现为中高孔、中渗;发育于火山熔岩、碎屑熔岩、熔结凝灰岩中,岩相多为溢流相顶部亚相、上部亚相及爆发相溅落亚相、热碎屑流亚相。⑥气孔＋粒间孔型。储集空间以气孔、粒间孔为主,渗流通道为喉道,连通性中等；储层物性表现为中高孔、中高渗；主要发育于角砾熔岩、熔结角砾岩、熔结凝灰岩中，岩相多为爆发相溅落亚相、热碎屑流亚相。

（2）裂缝-孔隙型。

孔隙是主要的储集空间，孔隙之间靠裂缝与喉道共同沟通，裂缝同时起着重要的渗流通道的作用；物性表现为中高渗特征，是陆东地区火山岩气藏最主要的孔缝组合方式。根据孔隙、裂缝类型及组合关系可进一步细分为：①基质溶孔＋气孔＋裂缝型。储集空间以溶孔和气孔为主，渗流通道以裂缝为主，连通性较好；储层物性表现为中高孔、中高渗；主要发育于火山熔岩、角砾熔岩，岩相多为溢流相顶部亚相、上部亚相及爆发相溅落亚相，多见于储层中、上部。②粒间溶孔＋微孔＋裂缝型。储集空间以粒间溶孔和微孔为主，渗流通道为裂缝和喉道，孔隙连通较好；物性表现为中孔、中渗；主要发育于火山角砾岩、熔结凝灰岩、晶屑凝灰岩，岩相多为爆发相热碎屑流亚相、空落亚相，多位于风化带中、上部。③气孔＋裂缝型。储集空间以气孔为主，渗流通道以裂缝为主，储层物性表现为中高孔、中渗特征，为本区较为常见的储集类型；主要发育于火山熔岩、碎屑熔岩，岩相多为溢流相顶部亚相、上部亚相和爆发相溅落亚相。④粒间孔＋裂缝型。储集空间为粒间孔，渗流通道为裂缝；储层物性表现为中孔、中高渗特征，在本区亦比较常见；主要发育于火山角砾岩、角砾凝灰岩及沉火山岩中，岩相多为爆发相空落亚相及火山沉积相。⑤晶内溶孔＋基质溶孔＋裂缝型。储集空间为晶内溶孔和基质溶孔，渗流通道为裂缝；储层物性表现为中低孔、中渗特征，为该区较为常见的孔缝组合类型之一；主要发育于正长斑岩及火山熔岩中，岩相多为次火山岩相、溢流相中部亚相和下部亚相。

（3）孔隙-裂缝型。

孔隙是主要储集空间，裂缝既是储集空间，也是主要的渗流通道；物性特征表现为中低孔、中高渗。根据孔隙、裂缝类型及组合关系可进一步细分为：①裂缝＋基质微孔型。储集空间以微孔为主，裂缝既是主要的渗流通道，也具有一定的储集能力；储层物性表现为低孔、中渗；主要发育于各种凝灰岩中，岩相以爆发相空落亚相为主，位于风化带中、上部。②粒间孔＋收缩缝＋粒内缝＋构造裂缝型。储集空间以粒间孔、原生缝为主，渗流通道为发达的裂缝系统；储层物性表现为中孔、高渗；发育于构造角砾岩及火山碎屑岩中，岩相以火山通道相火山颈亚相和爆发相空落亚相为主。

（4）裂缝型。

裂缝既是主要的储集空间，也是主要的渗流通道；属于典型的低-特低孔、中高渗特征。根据裂缝类型可进一步划分为：①晶内缝＋炸裂缝＋构造缝＋溶蚀缝型。储集空间为原生缝，渗流通道为整个裂缝系统；储层物性表现为低-特低孔、中高渗；主要发育于致密正长斑岩和致密火山熔岩中，岩相以次火山岩相内带亚相、溢流相中部亚相为主。②收缩缝＋粒内缝＋构造缝＋溶蚀缝型。储集空间为原生缝，渗流通道为整个裂缝系统；储层物性表现为低-特低孔、中高渗；主要发育于致密火山熔岩、碎屑熔岩、熔结凝灰岩及火山碎屑岩中，岩相主要为火山通道相侵出亚相、溢流相中部亚相及爆发相溅落亚相、热碎屑流亚相和空落亚相。

2）陆东地区火山岩气藏储集类型特征

陆东地区储集类型总体上以裂缝-孔隙型为主,约占总孔隙的 54.81%;孔隙型次之,约占总孔缝的 27.12%;孔隙-裂缝型和裂缝型分别占 10.21%、7.86%(表 4.8)。

表 4.8　不同井区储集类型统计表

井区	孔隙型/%	裂缝-孔隙型/%	孔隙-裂缝型/%	裂缝型/%
DD17	67.23	30.3	1.36	1.11
DD14	44.79	46.23	5.08	3.9
DD18	12.09	60.49	15.51	11.91
DD10	22.68	65.01	6.92	5.39
全区	27.12	54.81	10.21	7.86

由于构造运动、岩性及成岩差异,不同井区的储集类型不同。从表中可以看出:DD17、DD18 井区都以裂缝-孔隙型储层是主要的储集类型,DD14 井区裂缝-孔隙型和孔隙型储层同等发育,DD17 井区以孔隙型储层为主,裂缝-孔隙型储层次之。

由此可以看出,在陆东地区火山岩气藏中火山岩储层的孔隙是主要储集空间,裂缝则起着重要的渗流通道的作用。

3）不同岩性的孔缝组合类型

不同岩性的孔缝组合类型差异大(表 4.9),从而形成了丰富的储集类型。

表 4.9　不同火山岩孔缝组合类型表

岩石类型	孔缝组合类型
次火山岩	晶间孔型、微孔型、晶内溶孔＋基质溶孔＋裂缝型、微孔＋裂缝型、晶内缝＋炸裂缝＋构造缝＋溶蚀缝型
火山熔岩	气孔型、微孔型、晶间孔型、气孔＋微孔型、基质溶孔＋气孔＋裂缝型、气孔＋裂缝型、晶内溶孔＋基质溶孔＋裂缝型、微孔＋裂缝型、晶内缝＋炸裂缝＋构造缝＋溶蚀缝型
碎屑熔岩	气孔型、微孔型、粒间孔型、气孔＋微孔型、气孔＋粒间孔型、基质溶孔＋气孔＋裂缝型、粒间溶孔＋微孔＋裂缝型、粒间孔＋裂缝型、微孔＋裂缝型、粒间孔＋收缩缝＋粒内缝＋构造缝型、收缩缝＋粒内缝＋构造缝＋溶蚀缝型
熔结火山碎屑岩	粒间孔型、微孔型、气孔＋粒间孔型、粒间溶孔＋微孔＋裂缝型、粒间孔＋裂缝型、微孔＋裂缝型、收缩缝＋粒内缝＋构造缝＋溶蚀缝型
正常火山碎屑岩	粒间孔型、微孔型、粒间孔＋裂缝型、粒间溶孔＋微孔＋裂缝型、收缩缝＋粒内缝＋构造缝＋溶蚀缝型
火山-沉积碎屑岩	粒间孔型、微孔型、粒间溶孔＋微孔＋裂缝型、粒间孔＋裂缝型、微孔＋裂缝型、粒内缝＋构造缝＋溶蚀缝型

4.3.2 火山岩孔隙结构

储层岩石的孔隙结构特征直接影响其储集和渗流能力,并最终决定油气藏产能的大小,尤其是喉道对储层渗流能力的控制作用。据孙军昌等(2010)对低渗致密火山岩微观孔喉特征发育的研究发现,主流喉道半径与储层渗透率具有较好的函数关系。

1. 喉道类型及其特征

压汞法测得毛管压力曲线来定量表征储层孔隙结构是一个非常重要的手段(庞彦明等,2007),但前人对火山岩储层的微观孔隙结构研究较少,目前,也没有统一的火山岩储层吼道分类标准。通过对陆东地区火山岩气藏 363 个火山岩压汞试验样品进行综合研究,在对其曲线形态及各特征参数进行统计分析的基础上,将火山岩孔喉分为四种类型(图 4.55,表 4.10、表 4.11):

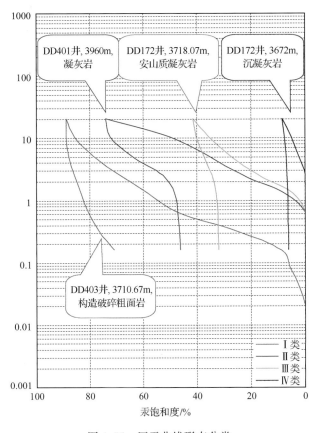

图 4.55 压汞曲线形态分类

表 4.10　喉道分类特征表

分类		渗透率 /mD	孔隙度 /%	喉道半径 均值/μm	分选系数	最大汞饱和 度/%	排驱压力 /MPa
I 型 （占 12.98%）	最大值	753.00	27.90	20.98	3.93	98.46	0.57
	最小值	0.05	5.90	0.36	1.84	49.02	0.01
	平均	21.54	14.80	4.04	2.72	78.80	0.11
II 型 （占 20.96%）	最大值	541.00	30.30	1.54	2.73	97.37	1.18
	最小值	0.01	1.90	0.19	1.30	42.88	0.11
	平均	1.08	13.84	0.51	1.88	73.98	0.46
III 型 （占 35.54%）	最大值	48.60	21.90	8.14	2.80	88.48	6.43
	最小值	0.01	0.90	0.04	0.57	20.48	0.13
	平均	0.13	8.46	0.26	1.33	44.72	1.80
IV 型 （占 30.52%）	最大值	31.80	18.70	1.01	2.23	79.80	9.40
	最小值	0.01	0.30	0.03	0.27	5.77	0.15
	平均	0.07	6.47	0.17	0.99	27.04	2.06

表 4.11　火山岩不同孔喉类型的典型压汞曲线及特征参数表

类别	毛管压力曲线	孔隙半径分布图	参数特征
I 型	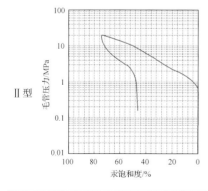	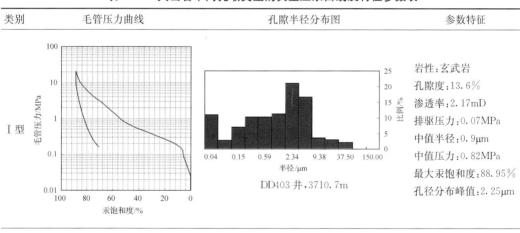 DD403 井，3710.7m	岩性：玄武岩 孔隙度：13.6% 渗透率：2.17mD 排驱压力：0.07MPa 中值半径：0.9μm 中值压力：0.82MPa 最大汞饱和度：88.95% 孔径分布峰值：2.25μm
II 型	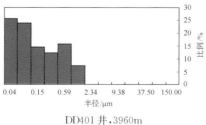	DD401 井，3960m	岩性：流纹岩 孔隙度：11.5% 渗透率：0.134mD 排驱压力：1.06MPa 中值半径：0.07μm 中值压力：10.16MPa 最大汞饱和度：74.28% 孔径分布峰值：0.44μm

续表

类别	毛管压力曲线	孔隙半径分布图	参数特征

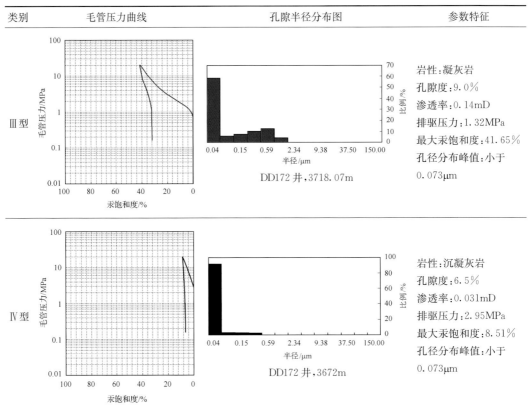

Ⅲ型　岩性:凝灰岩　孔隙度:9.0%　渗透率:0.14mD　排驱压力:1.32MPa　最大汞饱和度:41.65%　孔径分布峰值:小于0.073μm　DD172井,3718.07m

Ⅳ型　岩性:沉凝灰岩　孔隙度:6.5%　渗透率:0.031mD　排驱压力:2.95MPa　最大汞饱和度:8.51%　孔径分布峰值:小于0.073μm　DD172井,3672m

1)粗态型(Ⅰ型)

毛管压力曲线形态表现为向左下靠拢、凹向右上的特征,表明歪度较粗,分选较好。特征参数表现为排驱压力低、汞饱和度中值压力低、最大汞饱和度值高。孔喉分选表现出单峰型,各级别孔喉均较为发育,以半径为1.172～2.344μm的孔喉为主要峰值范围。

粗态型储层物性好,其孔隙度平均为14.80%,渗透率平均为21.54mD。发育岩性以玄武岩、角砾熔岩、熔结凝灰岩、正长斑岩和凝灰质砂岩为主,岩相以溢流相、爆发相、次火山岩相为主;平面上以火山通道、近火山口附近区域较发育。

2)偏粗态型(Ⅱ型)

毛管压力曲线形态表现为"S"形,向右上靠拢,凹向左下,发育平台段,表明歪度细,分选好。特征参数表现为排驱压力中等、汞饱和度中值压力中等,最大汞饱和度值中等。孔喉分选表现为双峰型,孔径分布范围为0.146～1.172μm。

偏粗态型储层物性中等,统计该类的样品孔隙度平均为13.84%,渗透率平均为1.08mD。发育岩性以次火山岩、角砾熔岩、熔结凝灰岩、玄武岩等为主;发育岩相以次火山岩相、火山通道相、溢流相、爆发相为主;平面上主要分布于火山通道、近火山口附近区域。

3)偏细态型(Ⅲ型)

毛细压力曲线形态表现为近45°直线,不发育平台段,表明歪度细、分选差。特征参数表现为排驱压力较高,汞饱和度中值压力较高,最大汞饱和度值较低。孔喉分布表现为双峰型,小孔喉峰更发育,其峰值孔喉小于 0.073μm。

该类样品的孔隙度平均为 8.46%,渗透率平均为 0.131mD,物性较差。发育岩性以熔结凝灰岩、晶屑凝灰岩和熔结角砾岩为主;发育岩相以溢流相、爆发相为主;平面上以近火山口、远火山口区域较发育。

4)细态型(Ⅳ型)

毛管压力曲线形态表现为向右上靠拢,凹向左下,无平台段发育,表明歪度极细,分选差。特征参数表现为排驱压力高,汞饱和度中值压力高,最大汞饱和度值低。孔喉分布表现为单峰型,以小孔喉峰为主,孔喉半径都小于 0.073μm,且以小于 0.025μm 的孔喉为主。

细态型样品孔隙度平均为 6.47%,渗透率平均为 0.074mD,该类火山岩的储集能力和渗流能力均差,以非储层为主。发育岩性以熔结凝灰岩、熔结火山角砾岩、沉凝灰岩、沉火山角砾岩及凝灰岩为主;发育岩相以溢流相、爆发相、火山沉积相为主;平面上在近火山口、远火山口及沉积相区最为发育。

2. 孔隙结构分类

依据对反映孔隙结构特征的各项参数的统计分析,结合铸体薄片和毛管压力曲线形态特征,对滴西火山岩储层孔隙结构进行了综合分类。

1)Ⅰ类孔隙结构

Ⅰ类孔隙结构以气孔、基质溶孔、粒内溶孔为主要储集空间,孔隙、裂缝发育,孔缝组合类型多,以粗短型、粗长型喉道为主。孔隙度为 5.9%～27.9%,平均为 14.80%;渗透率为 0.05～753mD,平均为 21.54mD;半径均值为 0.36～20.98μm,平均为 4.043μm;排驱压力为 0.01～0.57MPa,平均为 0.114MPa。因此,Ⅰ类孔隙结构整体表现为孔、缝发育,储渗能力强,是好的孔隙结构类型。该类孔隙结构主要发育于玄武岩、角砾熔岩、熔结凝灰岩、正长斑岩和凝灰质砂岩中。

如图 4.56 所示,在Ⅰ类孔隙结构的 J 函数分析图上,非湿相饱和度绝大部分大于 70%,K/ϕ(渗透率/孔隙度)为 0.16～26.989mD,平均为 7.781mD,$J(S_w)$ 为 6.59×10^{-5}～3.511,平均为 0.251。图中数据点比较分散,说明储层内部渗透性存在较大差别。

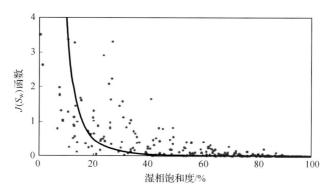

图 4.56　Ⅰ类孔隙结构 $J(S_w)$ 函数

2）Ⅱ类孔隙结构

Ⅱ类孔隙结构以晶内溶孔、基质溶孔、晶间孔、晶间溶孔为主要储集空间,孔隙、裂缝较发育,孔缝组合类型较多,喉道以细短型为主。孔隙度为 1.9％～30.3％,平均为 13.84％;渗透率为 0.013～541mD,平均为 1.08mD;喉道半径均值为 0.19～1.54μm,平均为 0.509μm;排驱压力为 0.11～1.18MPa,平均为 0.456MPa。因此,Ⅱ类孔隙结构储渗能力中等,是较好的孔隙结构类型。该类孔隙结构主要发育于正长斑岩、熔结凝灰岩、角砾熔岩、玄武岩等岩石类型中。

如图 4.57 所示,在Ⅱ类孔隙结构的 J 函数图上,非湿相饱和度多为 60％～80％, k/φ 为0.0011～5.51mD,平均为 0.632mD;$J(S_w)$ 为 5.56×10^{-6}～1.587,平均为 0.056。图中数据点较为集中,表明储层内部渗透率差别相对较小。

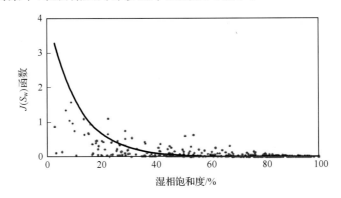

图 4.57　Ⅱ类孔隙结构 $J(S_w)$ 函数

3）Ⅲ类孔隙结构

Ⅲ类孔隙结构以基质溶孔、粒内孔、粒内溶孔、粒间溶孔为主要储集空间,孔、缝组合较单一,以细长型喉道为主。孔隙度为 0.9％～21.9％,平均为 8.46％;渗透率为 0.013～48.6mD,平均为 0.131mD;半径均值为 0.04～8.139μm,平均为 0.257μm;排驱压力为 0.13～6.43MPa,平均为 1.804MPa。因此,Ⅲ类孔隙结构孔隙较发育,但裂缝发育程度低,以小于 0.037μm 的微细喉道为主,具有较强的储集能力,但渗流能力差,是较差的孔隙结构类型。该类孔隙结构主要发育于熔结凝灰岩、晶屑凝灰岩、熔结角砾岩中。

如图 4.58 所示,在Ⅲ类孔隙结构的 J 函数图上,非湿相饱和度多为 40％～60％;k/φ 为 0.001～0.133mD,平均为 0.022mD;$J(S_w)$ 为 5.28×10^{-6}～0.246,平均为 0.0122,整体较小。图中数据点较为集中,表明储层内部渗透率差别相对较小。

4）Ⅳ类孔隙结构

Ⅳ类孔隙结构以微孔、基质溶孔、粒内溶孔、粒内孔、粒间溶孔为主要储集空间,孔、缝组合单一,以微细型喉道为主。孔隙度为 0.3％～18.7％,平均为 6.47％;渗透率为 0.01～31.8mD,平均为 0.074mD;半径均值为 0.03～1.01μm,平均为 0.174μm;排驱压力为 0.15～9.4MPa,平均为 2.057MPa。因此,Ⅳ类孔隙结构整体表现为孔、缝不发育,储、渗能力很差,是差的孔隙结构类型。该类孔隙结构主要发育于熔结凝灰岩、熔结角砾岩、沉凝灰岩、沉火山角砾岩等岩石中。

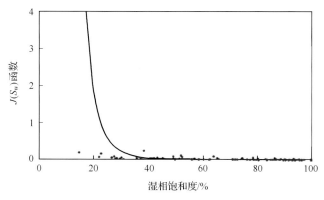

图 4.58 Ⅲ类孔隙结构 $J(S_w)$ 函数

如图 4.59 所示,在Ⅳ类孔隙结构的 J 函数图上,非湿相饱和度绝大部分小于 40%; k/φ 为 $0.00076 \sim 4.197$ mD,平均为 0.172 mD; $J(S_w)$ 为 $4.559 \times 10^{-6} \sim 1.385$,平均为 0.0223。图中数据点比较分散,表明储层内部渗透性差别较大。

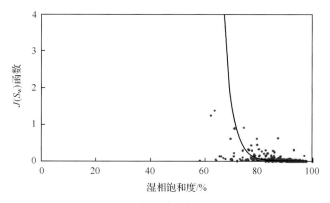

图 4.59 Ⅳ类孔隙结构 $J(S_w)$ 函数

3. 孔隙结构特征

1) 不同储层类型的孔隙结构特征

统计分析陆东地区火山岩气藏不同类型储层的孔隙结构特征(表 4.12、图 4.60): Ⅰ类储层的孔隙结构以Ⅰ型和Ⅱ型为主;Ⅱ类储层的孔隙结构以Ⅱ型为主,Ⅲ类储层的孔隙结构以Ⅲ型(35.07%)和Ⅳ型(34.43%)为主,干层的孔隙结构以Ⅳ型(54.92%)为主。

表 4.12 不同储层类型的孔隙结构特征

孔隙结构类型	井数	总样品数	Ⅰ类储层		Ⅱ类储层		Ⅲ类储层		干层	
			样品数	百分比/%	样品数	百分比/%	样品数	百分比/%	样品数	百分比/%
Ⅰ类	6	63	27	42.86	19	30.16	15	23.81	2	3.17
Ⅱ类	6	87	35	40.23	33	37.93	16	18.39	3	3.45
Ⅲ类	24	134	9	6.72	33	24.63	47	35.07	45	33.58
Ⅳ类	23	122	1	0.82	12	9.84	42	34.43	67	54.92

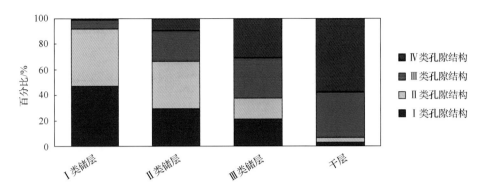

图 4.60　陆东地区火山岩气藏不同储层类型的孔隙结构比例

由此说明,储层类型越好,储层孔隙结构越好。

2) 不同岩性的孔隙结构特征

按六大类岩性研究陆东地区火山岩孔隙结构特征(图 4.61):次火山岩以Ⅲ型孔隙结构为主,火山熔岩以Ⅲ型为主,碎屑熔岩以Ⅱ型和Ⅳ型为主,熔结碎屑岩以Ⅳ型为主,火山碎屑岩以Ⅱ型为主,火山-沉积碎屑岩以Ⅳ型为主。

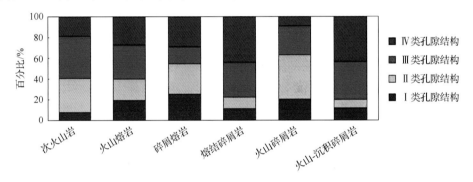

图 4.61　陆东地区火山岩气藏主要岩石类型的孔隙结构比例

4.4　储层裂缝描述

裂缝是火山岩储层的渗流通道,搞清裂缝类型、产状、大小、发育程度、充填状况、孔渗组合关系及方向等,可以为优化井网部署提供依据。

4.4.1　裂缝分类

1. 分类依据

以《油藏描述方法第 4 部分:特殊岩性油藏》(行标 SY/T 5579.4—2008)为主要依据,同时参照《气藏描述方法》(行标 SY/T 6110—2008),从成因、产状、宽度三个方面,对火山岩裂缝进行分类(表 4.13)。

表 4.13　裂缝分类依据表

分类依据	裂缝类型		主要特征
成因	成岩缝	冷凝收缩缝	多数呈网状、同心圆状、马尾状、扫帚状或龟裂状分布
		炸裂缝	裂缝多呈不规则网状，相邻边界吻合，缝宽不均一
		砾间缝（砾内缝）	沿砾石边缘或砾石内部发育的不规则缝，弯曲，规模较小
		晶间（晶内）缝	裂缝多不规则，长石晶内缝多沿解理缝、双晶缝形成
		缝合缝	呈锯齿状，缝面凸凹不平
		层间缝	发育在岩性差别大的两种岩层之间
	构造缝		延伸较长，缝宽度变化较大，缝面平直、规则，具有组系性
	风化缝		极不规则，常呈马尾状、雁行式、叶脉状，延伸较短
	溶蚀缝		溶蚀缝宽窄不一，边缘不规则其规模变化较大
产状	水平缝		与层理面交角为 0°～10°
	低角度缝		与层理面交角为 10°～30°
	斜交缝		与层理面交角为 30°～60°
	高角度缝		与层理面交角为 60°～80°
	直立缝		与层理面交角大于 80°
宽度	巨缝		缝宽大于 100mm
	大缝		缝宽为 100～10mm
	中缝		缝宽为 10～1mm
	小缝		缝宽为 1～0.1mm
	微缝		缝宽小于 0.1mm

2. 火山岩裂缝类型

通过野外露头观察、岩心描述、薄片鉴定及测井识别，从成因、产状和宽度三个方面对克拉美丽气田石炭系火山岩裂缝进行分类。

1）成因分类

主要分为四大类：成岩缝、构造缝、风化缝和溶蚀缝，成岩缝进一步可分为五类：砾间缝、冷凝收缩缝、层间缝、缝合缝和晶间缝。

在成岩缝中，冷凝收缩缝是典型的原生缝，发育规模小，形态极不规则，主要见于流纹岩、角砾熔岩和凝灰岩中；炸裂缝是由岩浆喷发时岩浆上拱力、岩浆爆发力引起的气液爆炸而形成的裂缝，既可以是宏观的砾内网状裂缝，也可以是微观的晶内缝；砾间与角砾间的压实程度及砾石抗压强度有关，发育规模小，密度大，常呈网状，主要发育于原地自碎角砾化熔岩、火山角砾岩及熔结角砾岩中；晶间、晶内缝主要发育于晶屑颗粒之间或存在晶屑颗粒内部，规模较小，主要发育于正长斑岩、二长斑岩中；缝合缝与压溶作用和构造活动有关，呈锯齿状，多被充填，陆东地区火山岩气藏内缝合缝主要见于熔结角砾岩、熔结凝灰岩中；层间缝与岩性差异或层理有关，单条缝发育规模较大，但密度小，主要发育于火山角砾岩与凝灰岩之间、火山岩与沉积岩之间及成层性好的流纹岩内部。

　　构造缝是由于构造作用或构造运动产生的典型次生缝,开度大、延伸远,表现形式十分复杂,是各类火山岩主要的裂缝类型。

　　溶蚀缝属于次生裂缝,具有裂缝宽度大、受原始裂缝控制的特点,发育于各种火山岩中。根据被溶蚀前的成因,可分为构造溶蚀缝、成岩溶蚀缝和风化溶蚀缝三种,陆东地区火山岩气藏主要以前两种为主。

　　风化缝是指火山岩在地表水及大气风化作用下发生机械破裂而形成的裂缝,形态极不规则,常被泥质或方解石充填。风化缝主要发育在火山岩体顶面,其存在有利于后期构造裂缝及溶蚀作用发生。

　　岩心及薄片观察结果表明,陆东地区石炭系火山岩以构造缝为主,成岩缝次之,溶蚀缝局部发育。

　　2)产状分类

　　火山岩裂缝按产状分为五种(图 4.62):直立缝,倾角大于 80°[图 4.62(a)];高角度缝,倾角为 60°~80°[图 4.62(b)];斜交缝,倾角为 30°~60°[图 4.62(c)];低角度缝,倾角为10°~30°[图 4.62(d)];水平缝,倾角小于 10°[图 4.62(e)];而几种裂缝给合成网状缝[图 6.42(f)]。

(a) 直立缝, DD1414井,
3693.7~3694.4m

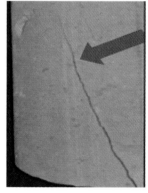
(b) 高角度缝, DD1414井,
693.7~3694.4m

(c) 斜交缝, DD1414井,
3624.8~3625.2m

(d) 低角度缝, DD1414井,
3693.7~3694.4m

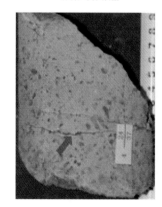
(e) 水平缝, DD182井,
3637.8~3643.1m

(f) 网状缝, DD14井,
3962.1~3965.4m

图 4.62　滴西火成岩裂缝产状分类

岩心观察结果表明,火山岩裂缝以斜交缝为主,高角度缝次之。

3) 宽度分类

火山岩裂缝按宽度分为五类:巨缝,缝宽大于 100mm;大缝,缝宽为 100～10mm;中缝,缝宽为 10～1mm[图 4.63(a)];小缝,缝宽为 1～0.1mm[图 4.63(b)];微缝,缝宽小于 0.1mm[图 4.63(c)]。

岩心及薄片观察表明,火山岩以小缝为主,微缝次之,大缝、巨缝不发育。

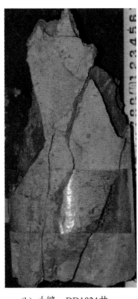

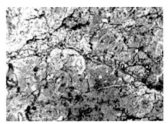

收缩缝,粗面质蚀变构造角砾岩
DD10井,3092.37m

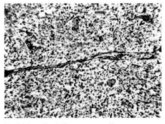

构造缝,玄武岩,DD172井,3501.78m

(a) 中缝,DD17井,
3644～3644.9m,流纹岩

(b) 小缝,DD1824井,
3706.1～3706.6m,正长斑岩

(c) 微缝

图 4.63　陆东地区火成岩裂缝按宽度分类

4.4.2　裂缝测井识别与评价

裂缝的测井识别方法较多,常用的方法有:①岩心裂缝识别(欧阳建,1997),方法有效性好,但是耗时长、费用高,用在某些关键井取心段;②常规测井识别,主要通过裂缝在双侧向、声波时差等测井曲线上的不同响应来定性和定量识别裂缝,该方法适用性强;③成像测井,在识别真假裂缝及裂缝的产状方面效果显著,并且结合 DSI 各向异性与 FMI 成像图可评价裂缝的有效性;④可以通过古地磁开展岩心构造裂缝定向研究(舒萍等,2008)。本小节主要以裂缝的测井响应机理为基础,通过岩心刻度和测井响应特征分析,从而利用常规测井和成像测井资料综合识别裂缝,并评价裂缝参数。

1. 裂缝测井识别

裂缝在 FMI 成像测井图上表现为典型的正弦曲线特征(图 4.64),通过正弦曲线理论拟合,利用 FMI 成像测井可识别高导缝、微裂缝、高阻缝和诱导缝。其中,高导缝为开启构造缝或充填导电物质的充填缝[图 4.64(a)];微裂缝是指各种延伸局限、分布不规则、难以进行理论拟合的裂缝,包括冷凝收缩缝、炸裂缝、砾间缝等成岩缝及局部充填或闭合的构造缝[图 4.64(b)]；高阻缝则是指充填高阻物质的裂缝，在 FMI 图像上表现为浅色(白色)正弦曲线[图 4.64(c)]；钻井诱导缝是钻井过程中产生的非天然裂缝，表现为沿井壁对称(180°)出现的羽状或雁列状深色曲线[图 4.64(d)]。

(a) 高导缝，DD182井，3734~4736m，含角砾熔结凝灰岩

(b) 微裂缝，DD17井，3637~3639m，正长斑岩

(c) 高阻缝，DD14井，3963~3965m，安山岩

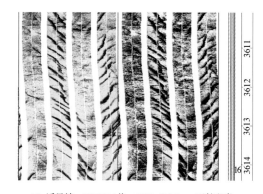

(d) 诱导缝，DD1814井，3611~3614m，正长斑岩

图 4.64　FMI 成像图识别裂缝

在常规测井曲线上(图 4.65)，裂缝的测井响应特征包括：电阻率值降低、深浅侧向电阻率正差异增大；声波时差增大甚至跳波；补偿密度减小；补偿中子发生"挖掘效应"；流体活动增强导致铀异常富集；双井径曲线出现不对称增大现象等。此外，在 CMR 测井 T_2 谱图上，存在 T_2 时间远大于主峰的右部拖尾。因此，采用以下几种方法半定量识别裂缝。

(1) 次生孔隙度 FPR2＝$\phi_{ND}-\phi_S$，FPR2 随裂缝发育程度增加而增大，该方法易受孔隙结构变化的影响。式中，ϕ_{ND} 为中子-密度交会孔隙度，代表总孔隙，％；ϕ_S 为声波孔隙度，代表基质孔隙，％。

(2) 视孔隙结构指数 $m^*＝(\log R_w-\log R_T)/\log\phi$，$m^*$ 随裂缝发育而减小，该方法易受流体性质变化的影响。式中，ϕ 为孔隙度，％；R_w、R_T 分别代表地层水电阻率、原状地层电阻率，$\Omega\cdot m$。

(3) 深浅侧向幅度差 FLPL＝$(R_{LLD}-R_{LLS})/R_{LLD}$，FLPL 主要反映高角度缝发育程度，高角度缝越发育，FLPL 越大，该方法易受"双轨"状诱导缝和压裂缝的影响。式中，R_{LLD}、R_{LLS} 分别为深侧向电阻率、浅侧向电阻率，$\Omega\cdot m$。

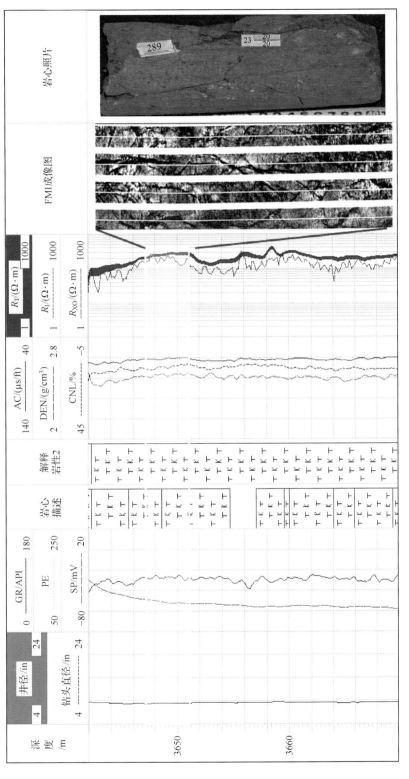

图 4.65　裂缝的测井响应特征（DD1824 井）

陆东地区火山岩气藏火山岩物性差,岩性变化快,诱导缝发育程度高且常常掩盖其他裂缝的测井响应。相对而言,以次生孔隙度和视孔隙结构指数两种方法效果较好。在此基础上,提出两种识别裂缝的综合方法:

(4)裂缝概率函数

$$FIDX = (W_1 \cdot XFPU + W_2 \cdot XFPR2 + W_3 \cdot Xm + W_4 \cdot XFLPL)/W \qquad (4.1)$$

式中,XFPU、XFPR2、Xm、XFLPL 分别为 FPU、FPR2、m*、FLPL 经归一化处理后的曲线,其中,FPU 代表通过伽马能谱测井计算的铀异常指标,陆东地区石炭系火山岩气藏大部分井未测伽马能谱,因此该值为 0;$W = W_1 + W_2 + W_3 + W_4$,根据相关曲线对裂缝的敏感程度,$W_1 \sim W_4$ 分别取 0、1、1、0.5。FIDX 随裂缝发育程度增加而增大,该方法易受归一化过程中参数取值的影响,适合在单井上进行定性判别。

(5)裂缝发育指数函数

$$FID2 = AFD2 \cdot FPR2/m* \qquad (4.2)$$

式中,AFD2 为调节参数,取 100。FID2 随裂缝发育程度增加而增大,该方法受人工调节参数影响小,但适应岩性、孔隙结构和流体变化的能力较差。

在上述方法中,次生孔隙度和视孔隙结构指数解释结果与成像测井解释的裂缝宽度相关性较好,两种综合方法与 FMI 解释的裂缝密度、宽度、面孔率具有较好的相关性(图 4.66)。由此可以说明,常规测井解释的裂缝参数可以定性地解释火山岩的裂缝发育特征。

2. 裂缝参数评价

在定性识别的基础上,根据裂缝的导电机理,建立火山岩裂缝的定量评价模型,主要裂缝参数如下。

1)裂缝密度(条/m)

指线密度,定义为单位长度内的裂缝条数。在 FMI 成像测井裂缝识别的基础上,通过统计单位长度内的裂缝条数获得。

2)裂缝长度(m/m²)

通过计算 FMI 成像图上单位面积内的裂缝总长度获得。

3)裂缝宽度(μm)

两种计算方法如下。

(1)利用 FMI 成像测井资料计算(司马立强和疏壮志,2009)。

$$\varepsilon = aAR_{xo}^b R_m^{1-b} \qquad (4.3)$$

式中,a、b 分别为与仪器有关的常数,其中 b 接近零;A 为由裂缝造成的电导率异常的面积,mm²;R_{xo}、R_m 分别为侵入带电阻率及钻井液电阻率,Ω·m。

根据单条裂缝宽度统计单位井段(1m)中裂缝轨迹宽度的平均值,得到平均裂缝宽度。

(2)利用双侧向测井曲线估算。

首先判断裂缝产状,然后分别计算(Sibit and Faivre,1985)

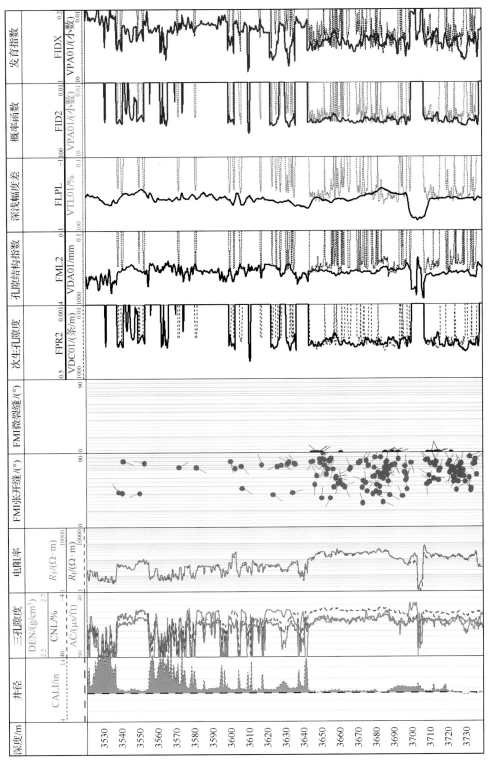

图 4.66　常规测井识别裂缝（DD1824 井）

$$\begin{cases} \text{高角度缝：} \varepsilon = 2.50 \times 10^3 (C_s - C_d)/C_m \\ \text{低角度缝：} \varepsilon = 8.33 \times 10^2 (C_d - C_b)/C_m \\ \text{网状缝：} \varepsilon = \text{高角度缝张开度} + \text{低角度缝张开度} \end{cases} \quad (4.4)$$

式中，C_d、C_s、C_m、C_b 分别为深侧向、浅侧向、泥浆和基岩块的电导率，mS/m。

4）裂缝孔隙度

用常规双侧向测井和电阻率成像测井计算裂缝孔隙度。

（1）根据岩心及 FMI 成像资料评价裂缝面孔率。

裂缝面孔率（%）定义为 1m 井壁上的裂缝视开口面积除以 1m 井段中的岩心表面积或 FMI 图像的覆盖面积，计算公式如下：

$$\phi_f = \frac{\text{裂缝密度（条/m）} \times \text{裂缝长度（cm）} \times \text{裂缝宽度（mm）}}{3.1416 \times 1000 \times \text{岩心或井眼直井（cm）}} \quad (4.5)$$

（2）根据双侧向测井估算裂缝孔隙度。

双侧向测井地水槽模型试验表明，裂缝倾角、裂缝张开度及裂缝的延伸长度对双侧向电阻率值、深浅侧向电阻率差异及曲线形态等都有一定的影响，根据试验结果得到的裂缝孔隙度估算模型为（司马立强和疏壮志，2009）

$$\begin{cases} \text{水层：} \phi_f = \sqrt[m_f]{(C_s/K_r - C_d)/(C_m - C_w)} \\ \text{气层：} \phi_f = \sqrt[m_f]{(C_s/K_r - C_d)/C_m} \end{cases} \quad (4.6)$$

式中，C_w 为地层水的电导率，mS/m；m_f 为裂缝的孔隙结构指数，一般取 $1 \sim 1.3$；K_r 为裂缝对浅侧向电阻率的影响系数，一般取值为 $1.1 \sim 1.3$。

5）裂缝渗透率

裂缝渗透率（mD）指裂缝性储层的渗透率，即把含裂缝的岩石作为一个整体，允许流体在其中流动的能力，根据裂缝产状及其组合特点，按三种类型计算：

$$\begin{cases} \text{单组系裂缝：} K_f = 8.5 \times 10^{-4} R d^2 \phi_f / m_f \\ \text{多组系垂直缝：} K_f = 4.24 \times 10^{-4} R d^2 \phi_f / m_f \\ \text{网状裂缝：} K_f = 5.66 \times 10^{-4} R d^2 \phi_f / m_f \end{cases} \quad (4.7)$$

式中，d 为裂缝宽度，μm；ϕ_f 为裂缝孔隙度（小数形式）；m_f 为裂缝的孔隙结构指数；R 为裂缝的径向延伸系数，当延伸大（大于 2m），$R=1$；当延伸中等（为 $0.5 \sim 2$m），$R=0.8$；当延伸浅（为 $0.3 \sim 0.5$m），$R=0.4$；当延伸极浅（小于 0.3m），$R=0$。

4.4.3 裂缝特征

在火山岩裂缝分类、识别和参数评价的基础上，进一步开展火山岩储层裂缝特征研究，得到如下一些基本认识。

1. 裂缝方向

在 FMI 裂缝识别的基础上，通过统计分析得到天然裂缝及诱导缝走向。由于多期构造运动的影响，陆东地区石炭系火山岩气藏的火山岩天然裂缝（高导缝）总体表现为多方向性，不同井区主体方向存在差异（图 4.67）。滴水泉西断裂以西地区以近东西向为主，

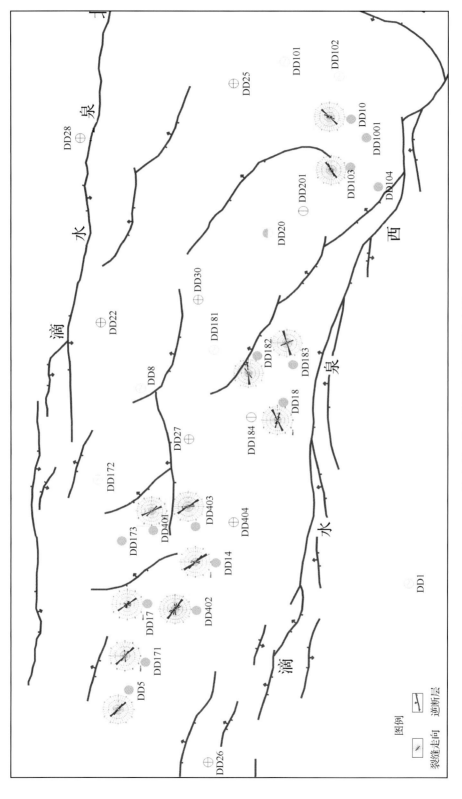

图 4.67 陆东地区石炭系裂缝系裂缝走向图

近北西向次之,滴水泉西断裂以西地区以近南北向和北东向为主。

整体而言,研究区裂缝方向从东往西存在一定的角度旋转,裂缝发育方向以东部区域的近东西向逆时针方向旋转,逐渐旋转为西部区域的北西走向(图4.67)。

2. 裂缝类型

岩心观察表明[图4.68(a)],火山岩以构造缝为主,占总裂缝的92.28%;冷凝收缩缝次之,占3.44%。FMI成像测井解释结果表明[图4.68(b)],火山岩以微裂缝为主,占总裂缝的53.73%;高导缝次之,占总裂缝的39.68%。其中,高导缝、高阻缝为构造缝,微裂缝包括局部充填的构造缝和部分成岩缝。因此,从成因上,克拉美丽气田石炭系火山岩以构造缝最发育,成岩缝次之。

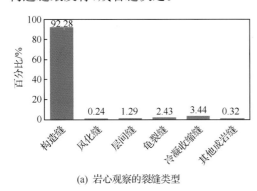
(a) 岩心观察的裂缝类型

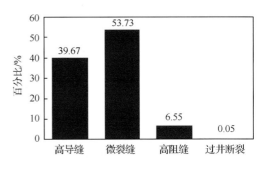
(b) 测井解释的裂缝类型

图4.68 裂缝成因类型统计图

根据倾角类型,岩心上裂缝以斜交缝为主[图4.69(a)],占总裂缝的34.36%;高角度缝次之,占23.47%。FMI解释结果也表明[图4.69(b)],火山岩构造缝以斜交裂缝为主,占总裂缝的53.45%;低角度缝、高角度缝次之,分别占总裂缝的22.07%、20.23%。因此,该区火山岩构造缝以斜交缝最发育,高角度缝次之,低角度缝也较发育。

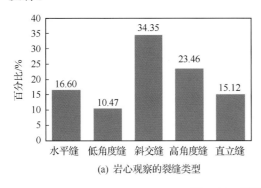
(a) 岩心观察的裂缝类型

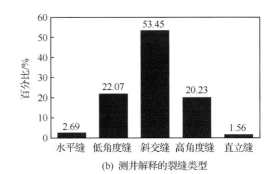
(b) 测井解释的裂缝类型

图4.69 裂缝倾角类型统计图

根据宽度,岩心上裂缝以小缝为主[图4.70(a)],占78.5%;微缝次之,占13.14%。测井解释结果则表明[图4.70(b)],地下裂缝以微裂缝为主,占99.35%;小缝次之,占

0.65％。因此,火山岩裂缝在地面以小缝为主,在地下则以微缝最发育。

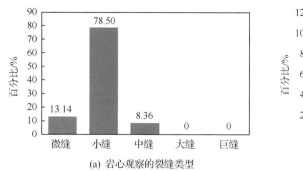

(a) 岩心观察的裂缝类型

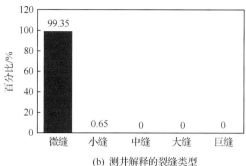

(b) 测井解释的裂缝类型

图 4.70　裂缝宽度类型统计图

3. 裂缝参数

通过对 FMI 测井解释的裂缝参数进行分类统计,得到陆东地区石炭系火山岩裂缝发育的基本参数特征,如图 4.71 所示。

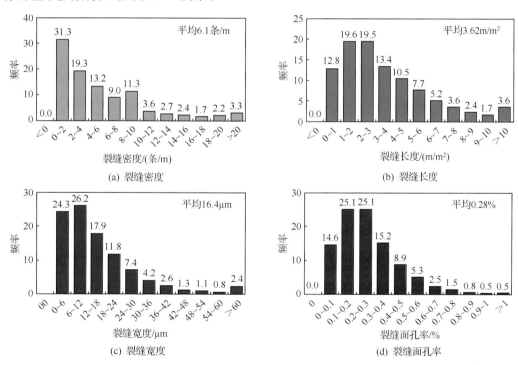

(a) 裂缝密度

(b) 裂缝长度

(c) 裂缝宽度

(d) 裂缝面孔率

图 4.71　火山岩裂缝参数分布特征图

4. 裂缝发育程度

在裂缝识别和参数解释的基础上,通过储层敏感性分析,利用裂缝发育段厚度百分比(HELF)、成像测井解释的裂缝密度(FVDC)和常规测井解释的裂缝发育指数(FID2),建立火山岩裂缝发育程度评价标准(表 4.13),将火山岩储层裂缝发育情况划分为"发育、较发育、一般和不发育"四个级别。

利用上述标准对陆东地区火山岩气藏的 29 口井开展了裂缝发育程度评价研究。从图 4.72 中可以看出,该区火山岩裂缝发育程度以"发育"为主,占总孔缝的 46.45%;"较发育"次之,占 25.17%;"一般"和"不发育"分别占 17.51% 和 10.87%;说明该区石炭系火山岩裂缝发育程度高。

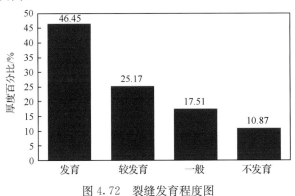

图 4.72　裂缝发育程度图

5. 裂缝有效性

评价裂缝的有效性主要考虑裂缝的开启程度、裂缝宽度及裂缝的渗流能力等,陆东地区火山岩裂缝具有以下特点。

(1) 火山岩裂缝的开启程度高:岩心观察表明,火山岩开启缝占总裂缝的 70.35%,半充填缝占 17.67%,充填缝只占 11.98%;FMI 测井解释的开启缝(高导缝+微裂缝)约占总裂缝的 93.45%,充填缝(高阻缝)只占 6.55%。

(2) 裂缝发育程度高,"发育"+"较发育"段厚度占总厚度的 71.62%。

(3) 裂缝具有较好的渗流能力:成岩缝起着喉道的作用(图 4.73),构造缝起着渗流通道的作用(图 4.74)。按四级标准(图 4.75),裂缝"发育"的火山岩储层,其总渗透率与基质渗透率的比值平均为 18.12,"较发育"段为 4.42,"一般发育"段为 2.24,不发育段只有 1.12;说明裂缝越发育,裂缝对火山岩储层渗透性的改善作用越强,裂缝大大提高了火山岩储层的渗流能力。

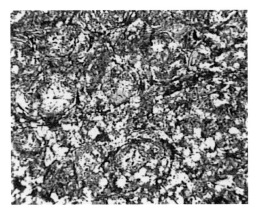

图 4.73　成岩缝起着孔隙喉道的作用

DD21 井,杏仁玄武岩,3278.65m

图 4.74　构造缝起着渗流通道的作用

DD101 井,复屑凝灰岩

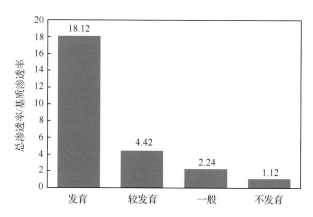

图 4.75　裂缝对储层渗透率的改善作用图

综合分析认为陆东地区火山岩储层的裂缝是有效的。

6. 不同岩性的裂缝特征

从裂缝发育程度、类型和裂缝参数方面进行对比分析,结果表明:①根据裂缝段厚度百分比、裂缝密度和裂缝发育指数综合判断,以正长斑岩、二长斑岩、玄武岩、英安岩和安山质凝灰岩裂缝最发育,安山岩、流纹质凝灰岩、英安质角砾熔岩和凝灰质角砾岩次之;②裂缝类型方面,高导缝以中、酸性角砾熔岩,熔结角砾熔岩和火山角砾岩最发育,玄武岩、流纹岩、安山质凝灰岩等次之;③根据裂缝宽度、面孔率确定裂缝有效性,陆东地区以英安质凝灰岩、玄武质角砾熔岩、凝灰质角砾岩裂缝有效性最好,安山质凝灰岩、流纹质凝灰岩等次之。

7. 不同岩相的裂缝特征

裂缝在不同岩相中的发育特征:①裂缝以溢流相中部亚相、火山岩相中带亚相、爆发相热碎屑流亚相最发育,次火山岩相内带亚相、外带亚相及溢流相顶部亚相、上部亚相次之;②高导缝以爆发相溅落亚相、空落亚相及溢流相上部亚相最发育,都超过 50%,溢流相中部亚相、顶部亚相及爆发相热碎屑流亚相、次火山岩相内带亚相次之,都超过 45%;③有效性以爆发相热基浪亚相、热碎屑流亚相最好,溢流相顶部亚相、上部亚相次之。

8. 不同储层类型的裂缝特征

如表 4.14 和图 4.76 所示,Ⅰ类储层以高导缝为主(占 59.22%),裂缝较发育,裂缝宽度大,面孔率较高;Ⅱ类储层高导缝、微裂缝同等发育,裂缝发育程度较高,裂缝宽度、面孔率较大;Ⅲ类储层以微裂缝为主,裂缝较发育,裂缝宽度、面孔率较小。因此,陆东地区火山岩裂缝较发育,储层类型越好、裂缝的有效性越好,裂缝对储层的发育具有重要意义。

9. 不同井区的裂缝特征

在不同井区中,裂缝厚度、裂缝发育程度、裂缝类型及各种裂缝参数大小不同(表 4.15、图 4.77)。

表 4.14 不同储层类型的裂缝参数表

储层类型	裂缝段厚度比例/%	裂缝发育指数	裂缝类型比例/%			裂缝参数			
			高导缝	微裂缝	高阻缝	裂缝宽度/μm	裂缝长度/(m/m²)	裂缝密度/(条/m)	裂缝面孔率/%
Ⅰ类	41.28	1.12	59.22	40.78	0.00	21.84	3.16	4.63	0.256
Ⅱ类	51.35	0.93	44.09	49.14	6.77	17.13	3.04	4.78	0.236
Ⅲ类	55.07	0.98	34.51	61.13	4.36	12.51	3.77	6.82	0.257

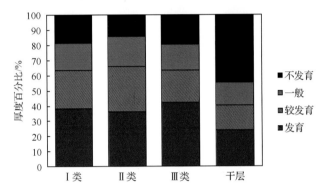

图 4.76 不同储层类型的裂缝发育程度图

表 4.15 不同井区的裂缝参数表

井区	裂缝段厚度比例/%	裂缝发育指数	裂缝类型比例/%			裂缝参数			
			高导缝	微裂缝	高阻缝	裂缝宽度/μm	裂缝长度/(m/m²)	裂缝密度/(条/m)	裂缝面孔率/%
DD17	18.14	0.50	56.68	25.41	17.92	14.33	4.51	6.09	0.314
DD14	41.36	0.70	50.92	37.82	11.26	15.41	3.46	5.06	0.247
DD18	53.77	0.91	31.58	65.91	2.52	13.38	3.83	7.19	0.260
DD10	43.76	0.70	46.46	43.43	10.10	10.66	2.93	4.38	0.261

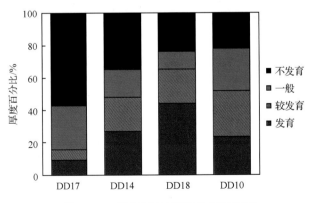

图 4.77 不同井区的裂缝发育程度图

4.4.4　裂缝地震预测及平面特征

裂缝有助于改善储层的渗流能力,气层内部裂缝发育区是高产气井有利分布区,但气、水层之间的裂缝则容易引导边、底水上窜。因此,预测意义重大。

1. 火山岩裂缝预测

裂缝发育带往往会引起地震波反射同相轴的振幅、频率、相位等特征出现异常变化,因此,选用敏感的数学方法,通过检测地震波振幅、频率、相位等属性的异常区域,可达到预测裂缝发育带的目的。利用叠后地震属性预测裂缝的方法包括相干体、曲率体、倾角、方位角、SVI 像素成像等技术(蒲静和秦启荣,2008;徐正顺等,2010)。

地下地层由于断裂、尖灭、裂缝等异常产生横向不均匀现象时,相邻地震道之间的反射特征将发生不同程度的变化。相干分析通过计算地震数据体中相邻道与道之间的非相似性,形成反映地震道相似与否的新数据体。裂缝或裂缝发育带在相干体切片上表现为连续性极差的条带状差相干带(图 4.78),据此可有效检测断裂及裂缝。

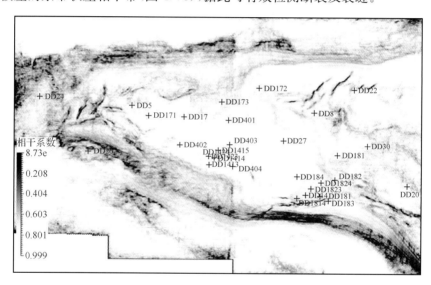

图 4.78　相干体 2460ms 时间切片

裂缝的方向性是利用倾角和方位角属性检测裂缝带的主要依据。当断裂倾向与地层倾向相反时,断裂在倾角图上显现明显;当断裂方位角与地层方位角相反时,断裂在方位角图上显现明显,因此,利用倾角-方位角组合图能较全面地检测断裂。图 4.79 是克拉美丽气田 2460ms 倾角方位角时间切片,图中色标的颜色代表地层倾向,颜色深度代表了倾角大小。当断层与地层相交时,倾向和倾角均发生突变;断裂在图中以深色条带清晰显示,裂缝则以杂乱反射为主,呈片或沿断裂呈条带状展布。

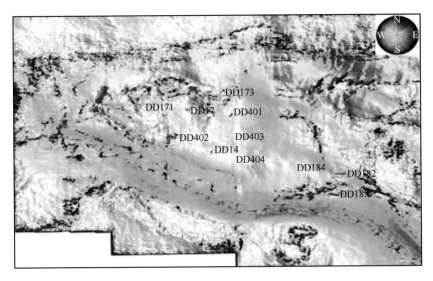

图 4.79　倾角方位角 2460ms 时间切片

曲率分析克服了相干属性易受反射强度影响的局限性,在地震层位数据质量好、阻抗差较为明显的条件下,可直接利用曲率体预测裂缝的空间分布。图 4.80 是某井区曲率体切片,从图中可以看到:裂缝发育区近东西向,呈条带状展布,与滴水泉西断裂带斜交;预测结果与测井解释、产能评价结果基本一致。需要注意的是,曲率体的提取与分析对地震资料品质(信噪比)有较高要求。

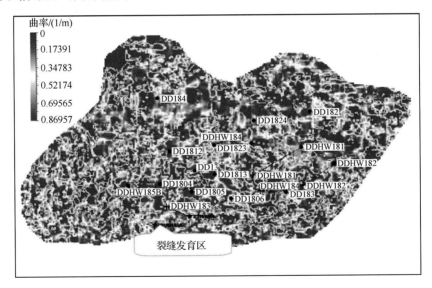

图 4.80　曲率体属性切片

SVI 像素成像技术是一种基于图像处理的地震属性处理技术,该技术提供了三种断层属性的算法:SOS 属性(structurally oriented semblance attribute)基于构造的相似性,适用于拾取各级断裂;Tensor 属性(tensor attribute)基于局部的构造张量(曲率),利用信号强度确定断层方向,适合于拾取区域大断层;SOF 属性(structurally oriented filter attribute)基于统计、分析各单元倾角和倾向的横向连续性及变化量。从该区 SVI 像素属性体切片(图 4.81)可以看出:曲率体分辨率高,应用效果较好。

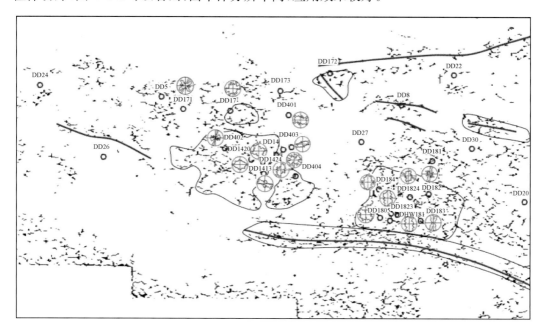

图 4.81　SVI 属性体沿层切片

对深层火山岩储层而言,由于地震资料信噪比低,每一种裂缝检测方法都必然受到断裂、岩性边界及其他地质现象的影响,解释具有多解性。因此,在实际应用过程中,要综合各种资料,在地质理论的指导下完成裂缝的识别和预测,如相干体与 SVI 断层属性叠合处理,就提高了预测精度。

2. 裂缝的平面展布特征

裂缝有助于改善储层的渗流能力,气层内部裂缝发育区是高产气井有利分布区,但气、水层之间的裂缝则容易引导边、底水上窜。因此,平面分布预测的意义重大。

通过构造正、反演预测裂缝分布方法是一种地质成因法。它通过对地层的构造发育历史进行反演和正演来计算每期构造运动对地层产生的应变量。与此同时,也能对解释方案进行检验。然后用应变量作为主控参数,同时考虑地层厚度、岩性。

陆东地区火山岩气藏是由一系列北西-南东向的逆断层所夹持并切割的火山岩广泛分布的复杂断块,受多期火山构造活动影响,其构造十分复杂,石炭系内幕断层十分发育。断块内部裂缝发育,具有以构造裂缝为主的良好储集空间。从裂缝预测分布图上分析,裂缝发育主要受断裂(断裂附近裂缝发育)和受构造形态控制,构造高部位,地层倾角变化大的部位裂缝发育(图 4.82、图 4.83)。

图 4.82　陆东地区石炭系地层应变属性

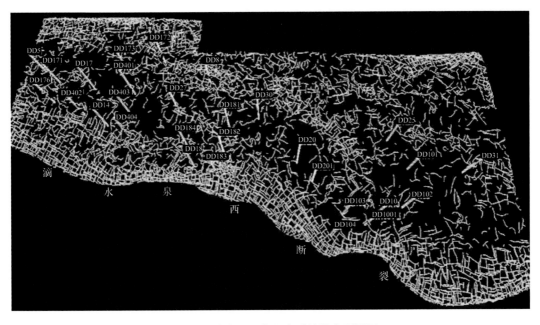

图 4.83　陆东地区火山岩裂缝综合预测图

　　陆东地区主要发育北西向、北东向、近南北向三组裂缝,裂缝成对出现,具有共轭的性质。靠近滴水泉西断裂裂缝最为发育,不同区块裂缝发育程度有所不同。把成像测井计算后得到的裂缝与构造正反演裂缝预测的结果进行对比,裂缝的产状(倾角、方位角)基本一致(图 4.84)。

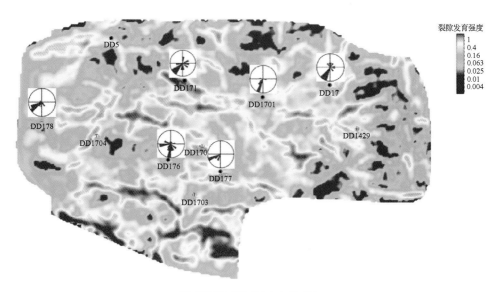

(a) DD17井区裂缝发育强度及方向平面图

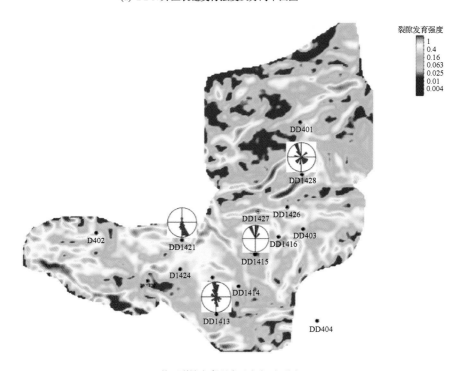

(b) DD14井区裂缝发育强度及方向平面图

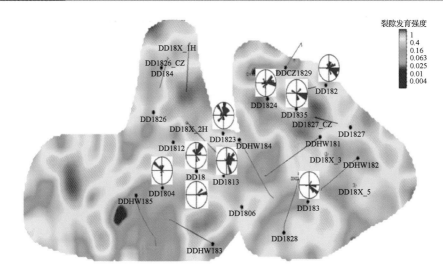

(c) DD18井区裂缝发育强度及方向平面图

图4.84　不同井区裂缝发育程度预测图

4.5　储层分类评价与预测

4.5.1　储层的分类评价

目前,还没有火山岩气藏储层分类评价行业标准。因此,参照火山岩油藏的储层分类标准(徐振永,2009;汤小燕,2011),综合利用岩心实验、生产测试、测井解释和地质描述的成果,将火山岩储层分为三类。

1.分类储层定性识别

DD1415井3794～3827m段为爆发相空落亚相的凝灰质角砾岩储层(图4.85),在3796～3810m段试气,获自然产能$8.38\times10^4\,m^3/d$,试气无阻流量$20.6\times10^4\,m^3/d$,试采无阻流量$13.26\times10^4\,m^3/d$,为自然高产工业气层。该段常规测井曲线具有高声波(平均$84.7\mu s/ft$)、低密度(平均$2.21g/cm^3$)、中等电阻率(平均$17\Omega\cdot m$)、增阻侵入的特点;FMI成像图上可见粒间孔及溶蚀孔,裂缝发育程度一般。该段整体表现为典型Ⅰ类储层。

DD18井3445～3540m段为次火山岩相中带亚相的正长斑岩储层(图4.86)。在3510～3530m段试气,压裂后日产气$25.006\times10^4\,m^3/d$,试气无阻流量$51\times10^4\,m^3/d$,试采无阻流量$7\times10^4\,m^3/d$,为压后中、高产工业气层。该段上部取心段的有效孔隙度平均为8.5%、渗透率平均为0.32mD,物性中等;常规测井具有声波中等(平均$62.7\mu s/ft$)、密度中等(平均$2.44g/cm^3$)、电阻率高($711\Omega\cdot m$)、增阻侵入的特点;FMI图像上具有一定的溶蚀晶间孔特征、裂缝发育。该段为典型Ⅱ类储层。

DD1824井3645～3700m段为次火山岩相中带亚相的正长斑岩储层(图4.87),整段测井曲线特征基本一致。在3642～3658m段试气,压裂后产气$8.55\times10^4\,m^3/d$,为典型

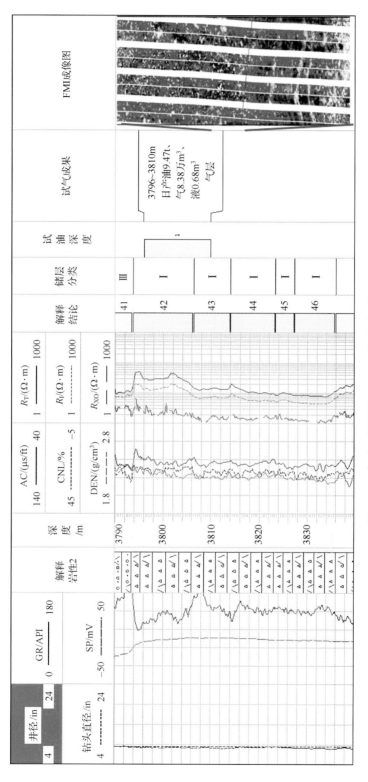

图 4.85　典型 I 类储层（DD1415 井·凝灰质角砾岩）

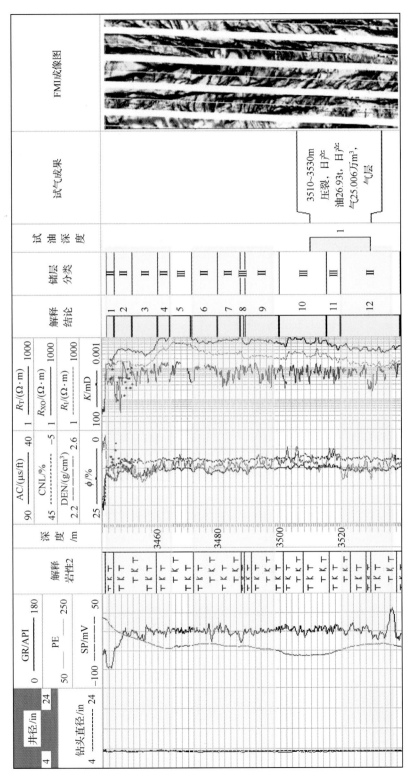

图 4.86 典型Ⅱ类储层（DD18井·正长斑岩）

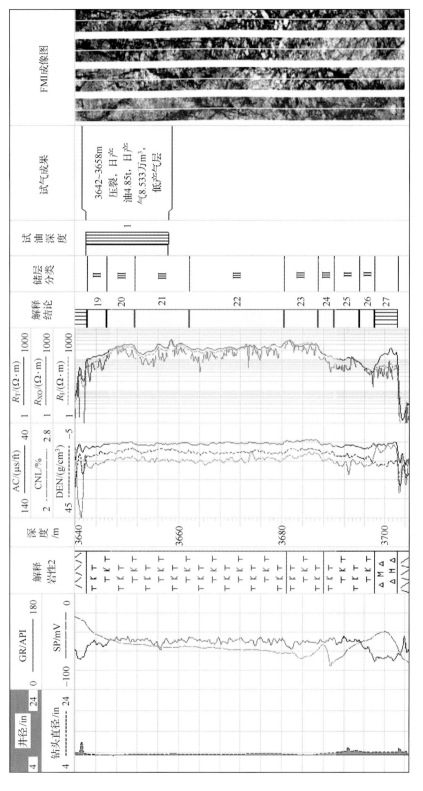

图 4.87　典型Ⅲ类储层（DD1824 井·正长斑岩）

压后中、低产。该段常规测井具有中低声波（61.8μs/ft）、中高密度（2.49g/cm³）、中高电阻率（238Ω·m）、双侧向正差异小的特点；FMI图像表现为块状，裂缝较发育。该段为典型Ⅲ类储层。

不同类型储层在CMR测井 T_2 分布图上都表现为双峰特征，从Ⅰ～Ⅲ类，自由峰幅度相对减小。

2. 火山岩储层分类评价

在分类储层定性识别的基础上，采用双变量交会图方法，建立陆东地区火山岩气藏分类的物性、电性、岩性岩相、孔隙结构和产能的综合评价标准（图4.88）。

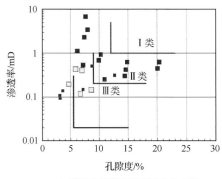

(a) 渗透率-孔隙度交会图（次火山岩）

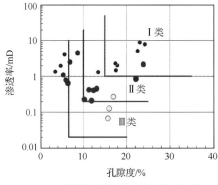

(b) 渗透率-孔隙度交会图（酸性喷出岩）

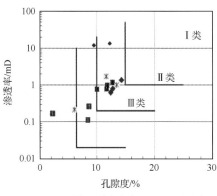

(c) 渗透率-孔隙度交会图（中基性喷出岩）

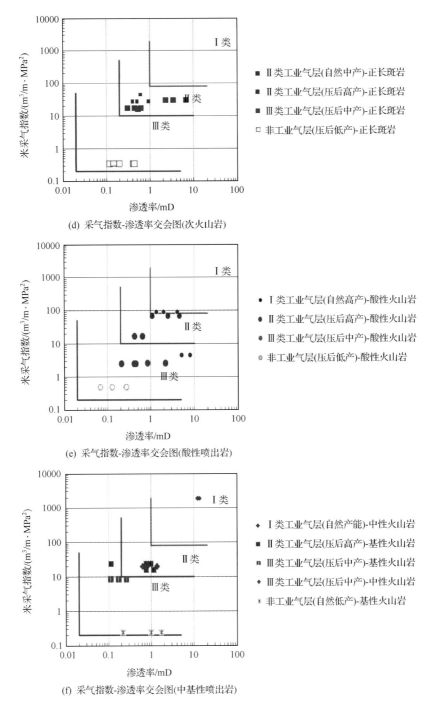

(d)　采气指数-渗透率交会图(次火山岩)

(e)　采气指数-渗透率交会图(酸性喷出岩)

(f)　采气指数-渗透率交会图(中基性喷出岩)

图 4.88　火山岩储层分类双变量交会图版

　　根据陆东地区气田储层特征,对火山岩储层进行了综合评价,建立火山岩储层分类的综合评价标准(表 4.16)。

表 4.16 陆东地区火山岩气藏储层分类评价表

岩性	储层分类	地质指标			测井标准		
		孔隙度 /%	渗透率 /mD	平均孔喉 半径/μm	声波时差 /(μs/ft)	岩石密度 /(g/cm³)	电阻率 /(Ω·m)
次火山岩	Ⅰ类	≥12	≥1	≥1	≥71	<2.41	≥167.4
	Ⅱ类	9～12	0.2～1	0.25～1	65～71	2.41～2.46	≥167.4
	Ⅲ类	5.5～9	0.02～0.2	0.15～0.25	57～65	2.46～2.52	≥167.4
酸性火山岩	Ⅰ类	≥15	≥1	≥1	≥72	<2.35	≥18.0
	Ⅱ类	10～15	0.2～1	0.25～1	64～72	2.35～2.44	≥18.0
	Ⅲ类	6.5～10	0.02～0.2	0.15～0.25	59～64	2.44～2.50	≥18.0
中性火山岩	Ⅰ类	≥15	≥1	≥1	≥75	<2.37	≥34.1
	Ⅱ类	10～15	0.2～1	0.25～1	66～75	2.37～2.49	≥34.1
	Ⅲ类	6.5～10	0.02～0.2	0.15～0.25	60～66	2.49～2.57	≥34.1
基性火山岩	Ⅰ类	≥15	≥1	≥1	≥76	<2.45	≥26.5
	Ⅱ类	10～15	0.2～1	0.25～1	69～76	2.45～2.57	≥26.5
	Ⅲ类	6.5～10	0.02～0.2	0.15～0.25	64～69	2.57～2.65	≥26.5
火山沉积岩	Ⅰ类	≥18	≥1	≥1	≥90	<2.33	≥38
	Ⅱ类	13～18	0.2～1	0.25～1	80～90	2.33～2.43	≥38
	Ⅲ类	8～13	0.04～0.2	0.15～0.25	70～80	2.43～2.53	≥38

1）Ⅰ类储层

岩性主要为正长斑岩、气孔流纹岩、气孔玄武岩、气孔粗面岩、角砾熔岩、凝灰质角砾岩及火山角砾岩,岩相主要为火山岩相外带亚相。溢流相顶部亚相和上部亚相、爆发相溅落亚相和空落亚相。次火山岩的孔隙度大于12％、渗透率大于1.0mD,喷出火山岩的孔隙度大于15％、渗透率大于1mD,火山沉积岩的孔隙度大于18％、渗透率大于1mD;孔隙类型以晶间溶孔、气孔、粒间孔及其他溶孔为主,构造缝和微裂缝发育,储渗组合类型多,物性好;以Ⅰ、Ⅱ类孔隙结构为主;测井上,次火山岩密度小于2.41g/cm³、声波时差大于71μs/ft,酸性火山岩密度小于2.35g/cm³、声波时差大于72μs/ft,中性火山岩密度小于2.37g/cm³、声波时差大于75μs/ft,基性喷出岩密度小于2.45g/cm³、声波时差大于76μs/ft;含气饱和度大于50％。测试产能为自然高产,采气指数大于80m³/(m·MPa²·d),有效渗透率大于2mD。

2）Ⅱ类储层

发育岩性主要为正长斑岩、气孔较发育的火山熔岩、凝灰质角砾岩、熔结凝灰岩、熔结角砾岩及火山角砾岩,发育岩相主要为火山岩相中带亚相、溢流相上部亚相和下部亚相、爆发相空落亚相和热碎屑流亚相。次火山岩的孔隙度为9％～12％,渗透率为0.2～1.0mD;喷出火山岩孔隙度为10％～15％,渗透率为0.2～1mD;火山沉积岩的孔隙度为13％～18％,渗透率为0.2～1mD。孔隙类型以晶间溶孔、气孔、粒间孔及微孔为主,孔隙和裂缝较发育,孔缝组合类型较多,物性较好;以Ⅱ类孔隙结构为主,Ⅰ类和Ⅲ类次之。

在测井上,次火山岩密度为 $2.41\sim2.46g/cm^3$,声波时差为 $65\sim71\mu s/ft$;酸性火山岩密度为 $2.35\sim2.44g/cm^3$,声波时差为 $64\sim72\mu s/ft$,中性火山岩密度为 $2.37\sim2.49g/cm^3$,声波时差为 $66\sim75\mu s/ft$,基性火山岩密度为 $2.45\sim2.57g/cm^3$,声波时差为 $69\sim76\mu s/ft$;火山沉积岩密度为 $2.33\sim2.43g/cm^3$,声波时差为 $80\sim90\mu s/ft$。测试产能为压后高产,采气指数为 $10\sim80m^3/(m\cdot MPa^2\cdot d)$,有效渗透率为 $0.2\sim2mD$。

3) Ⅲ类储层

发育岩性主要为正长斑岩、二长斑岩、火山熔岩、熔结凝灰岩、晶屑凝灰岩及沉火山岩,岩相以次火山岩相中带亚相、溢流相下部亚相和中部亚相、爆发相热基浪亚相和火山沉积相再搬运亚相为主。次火山岩的孔隙度为 $5.5\%\sim9\%$,渗透率为 $0.02\sim0.2mD$;喷出岩的孔隙度为 $6.5\%\sim10\%$,渗透率为 $0.02\sim0.2mD$;火山沉积岩的孔隙度为 $8\%\sim13\%$,渗透率为 $0.04\sim0.2mD$,孔隙类型以晶间溶孔、零星气孔、粒间孔及微孔为主;裂缝发育程度一般,孔、缝组合类型少,物性差;以Ⅲ类孔隙结构为主,Ⅱ类和Ⅳ类次之;在测井上,次火山岩密度为 $2.46\sim2.52g/cm^3$,声波时差为 $57\sim65\mu s/ft$;酸性火山岩密度为 $2.44\sim2.52g/cm^3$,声波时差为 $59\sim64\mu s/ft$;中性火山岩密度为 $2.49\sim2.57g/cm^3$,声波时差为 $60\sim66\mu s/ft$;基性火山岩密度为 $2.57\sim2.65g/cm^3$,声波时差为 $64\sim69\mu s/ft$;火山沉积岩密度为 $2.43\sim2.53g/cm^3$,声波时差为 $70\sim80\mu s/ft$。测试产能为压后中、低产,采气指数为 $0.2\sim10m^3/(m\cdot MPa^2\cdot d)$,有效渗透率为 $0.02\sim0.2mD$。Ⅲ类储层广泛分布于各个区块中。

用上述分类标准对陆东地区火山岩储层进行了分类评价。该区石炭系火山岩以Ⅱ类和Ⅲ类储层为主,分别占总有效厚度的 42.43% 和 48.07%,Ⅰ类储层约占 9.5%(表 4.17)。

表 4.17　火山岩储层分类统计表

储层类型	有效厚度/m	百分比/%	有效孔隙度/%	裂缝孔隙度/%	总渗透率/mD	基岩渗透率/mD	裂缝渗透率/mD	基岩含气饱和度/%	裂缝宽度/μm
Ⅰ	380	9.50	16.83	0.298	4.039	2.281	1.759	66.89	21.26
Ⅱ	1697.3	42.43	11.88	0.258	1.541	0.249	1.292	52.24	19.9
Ⅲ	1923.2	48.07	8.43	0.254	0.912	0.067	0.845	44.28	15.78
总计	4000.5	100.00	10.69	0.26	1.476	0.354	1.122	49.81	18.05

4.5.2　分类储层预测

利用孔隙度、密度及波阻抗体分析火山岩储层平面物性特征,根据分类标准提取分类储层有效厚度。火山岩储集层分类预测主要分五步进行(赵国连和张岳桥,2002;宋新民等,2010):①取地震子波,进行储集层精细标定;②以单井储集层分类标准为基础,通过测井及井旁道地震资料相关性分析,建立Ⅰ、Ⅱ、Ⅲ类储集层的地震标准;③以火山岩体为空间约束条件,建立能真实反映火山岩体内部结构的初始模型;④以初始模型为基础,以单井储集层参数及地震信息为属性约束条件,开展多参数储集层反演,得到波阻抗、密度和孔隙度数据体;⑤根据储集层分类的地震标准,通过反演数据体提取各类储集层的有效厚度。

据此对陆东地区火山岩进行储层分类预测,得到不同井区的储层有效厚度分布情况。

1) DD17 井区

DD17 井区有效储层整体呈东南部厚,西北部薄的特征;总有效厚度为 0～150m,主要为 20～80m;全区有效厚度极大值均位于 DD1705 井附近,如 DD17 玄武岩体I类储层厚度为 0～20m,最厚的区域在 DD17 井附近达到 13m;Ⅱ类储层厚度为 0～15m,最厚的区域在 DD171 井附近达到 14m;Ⅲ类储层厚度为 0～15m,最厚的区域在 DD171 井附近达到 15m(图 4.89)。

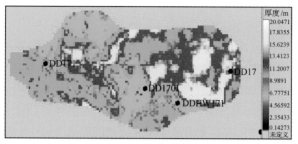

(a) Ⅰ类储层厚度平面分布图

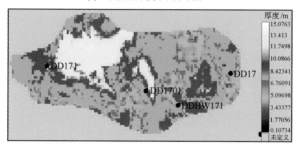

(b) Ⅱ类储层厚度平面分布图

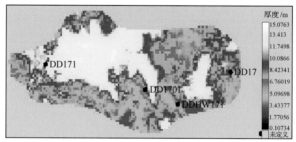

(c) Ⅲ类储层厚度平面分布图

图 4.89 DD17 玄武岩体基质有效厚度分布图

2) DD14 井区

DD14 井区有效储层总体表现为东南部厚,西北部薄的特征;如 DD14 复合岩体总有效厚度 0～120m,以 DD14 井附近区域最厚,DD14 井—DD403 井北东向条带厚度大;Ⅰ类储层厚度为 0～70m,主要分布于 DD14 井、DD1415 井附近区域;Ⅱ类储层厚度为 0～60m,以 DD14 井附近最厚;Ⅲ类储层厚度为 0～50m,DD1416 井附近最厚(图 4.90)。

3) DD18 井区

总体表现为中部厚,周缘薄;如 DD18 岩体Ⅰ类储层厚度为 0～12m,最厚的区域在 DD184 井附近达到 7m;Ⅱ类储层厚度为 0～10m,最厚的区域在 DD184 井附近达到 9m;

Ⅲ类储层厚度为 0～250m，最厚的区域在 DD18 井附近达到 247m(图 4.91)。

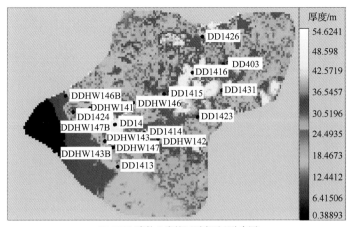

(a) DD14岩体Ⅰ类储层厚度平面分布图

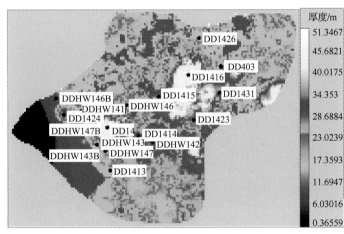

(b) DD14岩体Ⅱ类储层厚度平面分布图

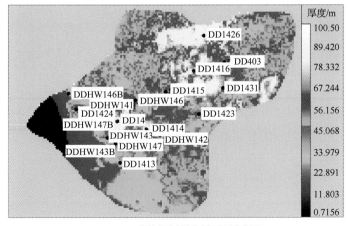

(c) DD14岩体Ⅲ类储层厚度平面分布图

图 4.90　DD14 复合火山岩体基质有效厚度分布图

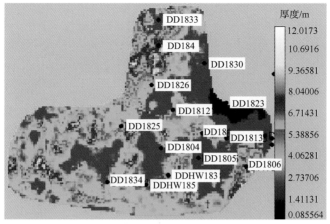

(a) DD18岩体Ⅰ类储层厚度平面分布图

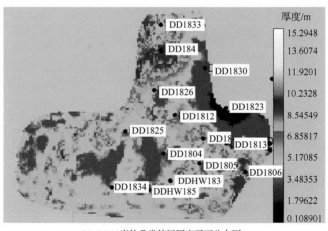

(b) DD18岩体Ⅱ类储层厚度平面分布图

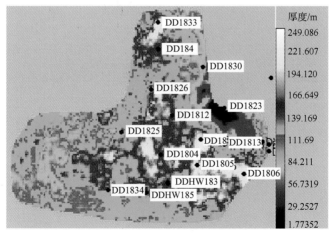

(c) DD18岩体Ⅲ类储层厚度平面分布图

图4.91 DD18侵入岩体基质有效厚度分布图

4.6　储层综合评价

4.6.1　储层物性特征

1. 总体特征

岩心物性孔隙度为 0.30%～30.30%，平均为 9.12%，主要为 4.00%～14.00%；大于储层下限的样品占 66.61%，平均孔隙度为 11.48%。岩心分析渗透率为 0.001～844mD，平均为 0.150mD，主要为 0.01～0.50mD；大于储层下限的样品占 69.32%，平均为 0.459mD。不同岩性的储层物性分布如图 4.92、图 4.93 和表 4.18 所示。

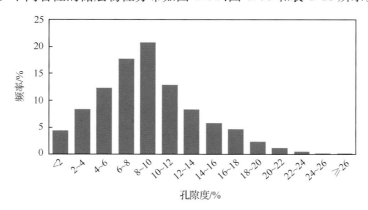

图 4.92　岩心孔隙度频率分布图

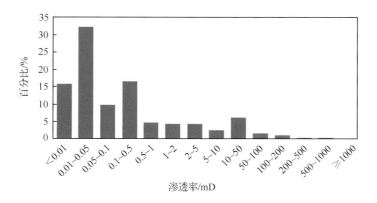

图 4.93　岩心渗透率频率分布图

表 4.18　岩心试验分析物性参数统计表

岩性	对象	孔隙度/%			渗透率/mD			
		样品数	范围	平均值	样品数	范围	算术平均	几何平均
次火山岩	总	322	1.9～19.2	8.65	304	0.005～211	2.14	0.069
	储层	291	5.5～19.3	9.11	221	0.02～211	2.94	0.225

岩性	对象	孔隙度/%			渗透率/mD			
		样品数	范围	平均值	样品数	范围	算术平均	几何平均
喷出岩	总	767	0.3～30.3	10.47	708	0.05～753	11.78	0.196
	储层	557	6.5～30.3	12.93	528	0.02～753	15.79	0.581
沉火山岩	总	615	0.4～27	7.82	582	0.001～844	9.59	0.164
	储层	287	8～27	11.06	356	0.04～844	15.67	0.709
合 计	总	1704	0.3～30.3	9.12	1594	0.001～844	9.14	0.15
	储层	1135	5.5～30.3	11.48	1105	0.02～844	13.18	0.459

测井解释表明(图4.94、图4.95),该区火山岩储层有效孔隙度最大为30.83%,平均为10.69%,主要(占总孔隙的90.38%)分布于6%～15%;渗透率最大为21.200mD,平均为1.476mD,主要为0.1～5mD。由此可知,陆东地区火山岩气藏属于中低孔、低渗储层。

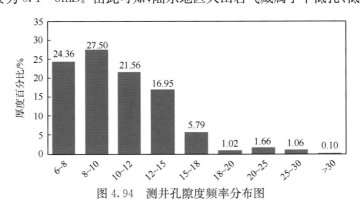

图4.94 测井孔隙度频率分布图

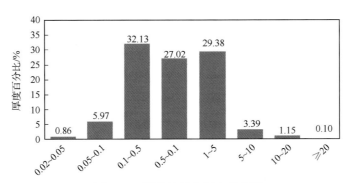

图4.95 测井渗透率频率分布图

2. 不同岩性的物性差异

岩心分析表明(表4.18):在三大类岩性中,以喷出岩物性最好(平均孔隙度为12.93%、渗透率为0.581mD),储层发育比例较高(72.62%);沉火山岩次之(孔隙度为11.06%、渗透率为0.709mD),但储层发育比例最低(46.67%);次火山岩物性相对最差(孔隙度为9.11%、渗透率为0.225mD),但储层发育比例最高(90.37%)。

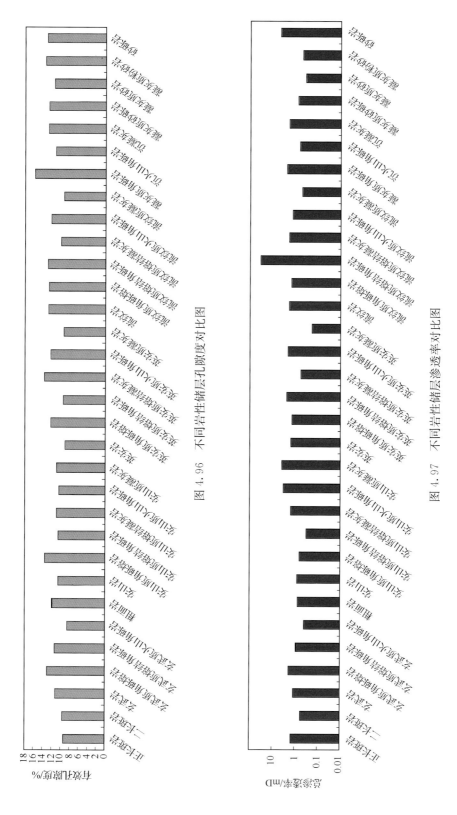

图 4.96 不同岩性储层孔隙度对比图

图 4.97 不同岩性储层渗透率对比图

测井解释表明(图 4.96、图 4.97):储层综合物性以凝灰质角砾岩最好,英安质火山角砾岩、玄武质角砾熔岩、安山质角砾熔岩次之,英安质凝灰岩、流纹质凝灰岩、玄武质火山角砾岩最差。

试气资料分析表明,火山岩以正常火山碎屑岩产能最好,试气产量为 $6.9×10^4\sim30.16×10^4 m^3/d$,平均采气指数为 $0.064×10^4 m^3/(d·MPa)$;熔结碎屑岩次之,试气产量为 $9.32×10^4\sim31.22×10^4 m^3/d$,平均采气指数为 $0.059×10^4 m^3/(d·MPa)$。

综合分析表明,陆东地区石炭系火山岩物性以凝灰质角砾岩最好,英安质火山角砾岩、玄武质角砾熔岩、安山质角砾熔岩次之。储层主要发育于正长斑岩、二长斑岩、凝灰质角砾岩、玄武岩、流纹岩、玄武质角砾熔岩、流纹质角砾熔岩、安山质熔结凝灰岩中,其中,DD18 井区以正长斑岩为主,DD14 井区以凝灰质角砾岩为主,DD17 井区以玄武岩、玄武质角砾熔岩为主,DD10 井区以二长斑岩、安山质熔结凝灰岩为主。

3. 不同岩相的物性差异

以单井岩相划分结果和储层参数测井解释结果为基础,统计分析不同岩相和亚相的孔、渗差异。

在不同岩相中(图 4.98、图 4.99),孔隙度以爆发相最大(平均为 12.16%),次火山岩相最小(平均为 9.14%);渗透率以爆发相最大(平均为 1.881mD),沉积相最小(平均为 0.094mD);储层综合物性以爆发相最好,溢流相、次火山岩相次之。试气资料分析表明,火山岩以爆发相产能最好,试气产量为 $1.08×10^4\sim30.2×10^4 m^3/d$,平均采气指数为 $0.11×10^4 m^3/(d·MPa)$;溢流相次之,试气产量为 $3.49×10^4\sim31.2×10^4 m^3/d$,平均采气指数为 $0.02×10^4 m^3/(d·MPa)$。

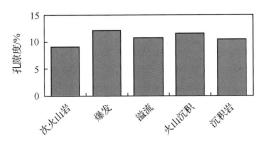

图 4.98　不同岩相储层孔隙度对比图

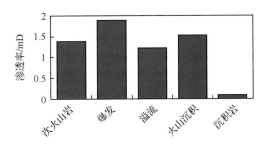

图 4.99　不同岩相储层渗透率对比图

在不同亚相中(图 4.100、图 4.101),孔隙度以爆发相空落亚相最大(平均 12.80%),次火山岩相内带亚相最小(7.54%);渗透率以爆发相空落亚相最大(平均 2.371mD),火山沉积相滨海亚相最小(0.096mD)。

陆东地区储层物性以爆发相空落亚相最好,溢流相顶部亚相和上部亚相次之。按厚度,储层主要发育于次火山岩相、爆发相、溢流相和火山沉积相中,不同井区特征不同。其中,DD14 井区储层主要发育于爆发相空落亚相(23.76%)、火山沉积相含外碎屑亚相(18.58%)、溢流相中部亚相(16.30%)中,DD18 井区主要发育于次火山岩相中带亚相(33.05%)、外带亚相(13%)和火山沉积相再搬运亚相(18.98%)中,DD10 井区主要发育于火山沉积相再搬运亚相(21.02%)、含外碎屑亚相(16.83%)及爆发相热碎屑流亚相

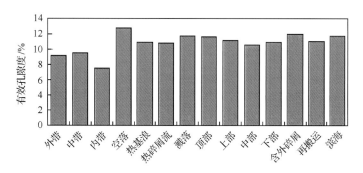

图 4.100 不同亚相储层孔隙度对比图

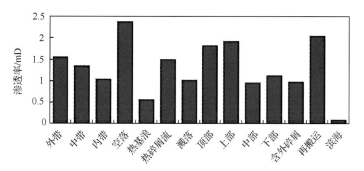

图 4.101 不同亚相储层渗透率对比图

（13.66%）、次火山岩相中带亚相（12.16%）中，DD17 井区主要发育于火山沉积相再搬运亚相（43.79%）、溢流相中部亚相（21.84%）中。

4. 不同井区的物性差异

在四个井区中，储层孔隙度以 DD14 井区最大，DD17 井区次之，DD18 井区最小。储层渗透率以 DD14 井区最大，DD10 井区次之，DD17 井区最小。因此，储层综合物性以 DD14 井区最好，DD10 井区次之，DD18 井区相对最差（图 4.102、图 4.103）。

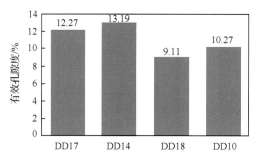

图 4.102 不同井区储层孔隙度对比图

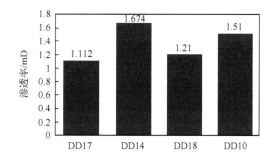

图 4.103 不同井区储层渗透率对比图

4.6.2 储层隔夹层及非均质性

储层内隔、夹层是影响储层非均质性的重要因素之一。隔、夹层的厚度、物性及裂缝特征是气层动用程度、水体活跃程度、气层产水大小的重要影响因素,搞清火山岩储层的隔、夹层分布特征,可为气藏动态分析提供依据。

1. 气层内部隔夹层特征及对产能影响

1) 总体特征

气层内部隔层总体上具有"厚度大、密度大、频率较高、物性差、裂缝发育程度低、裂缝宽度小"的特点(表4.19)。隔层岩性以正长斑岩、凝灰质砂砾岩为主,约分别占20.1%、18.7%;玄武岩、凝灰质粉砂岩、沉凝灰岩次之,约分别占13.8%、11.9%、11.3%。岩相以火山沉积相再搬运亚相为主,约占42.6%;次火山岩相中带亚相、火山沉积相含外碎屑亚相、溢流相中部亚相次之,分别占18.8%、18.0%、15.2%。裂缝类型以高导缝为主,约占46.49%;微裂缝次之,约占40.78%。裂缝发育程度较低,整体上以"不发育"为主,约占37.45%;发育程度"一般"的次之,约占25.48%。因此,气层内隔层具有较好的封隔性能,对气层动用有较大的不利影响。

表4.19 气层内隔、夹层特征表

隔夹层 类型	隔夹层发育程度			物性		裂缝	
	平均单层 厚度/m	密度 /(m/100m)	频率 /(条/100m)	孔隙度 /%	渗透率 /mD	裂缝段厚度 百分比/%	裂缝宽度 /μm
隔层	38.22	16.65	0.44	2.91	0.181	33.73	6.05
夹层	5.89	2.09	0.36	4.39	0.248	48.07	8.10

与隔层相比,气层内部夹层特征为"厚度薄、密度小、频率较低、物性较好、裂缝较发育、裂缝宽度较大"的特点(表4.19)。夹层岩性以正长斑岩(25.04%)、沉火山角砾岩(16.94%)为主,沉凝灰岩(11.4%)、安山质火山角砾岩(8.7%)、流纹质火山角砾岩(7.6%)次之。岩相以次火山岩相中带亚相(25.0%)、火山沉积相含外碎屑亚相(21.3%)为主,火山沉积相再搬运亚相(15.3%)、爆发相热基浪亚相(13.5%)、空落亚相(10.6%)次之。裂缝发育程度一般,整体上以"一般"为主,约占46.1%;"发育"、"不发育"、"较发育"分别占19.1%、18.4%、16.4%。因此,气层内部夹层封隔性能差,对气层动用影响相对较小。

2) 井区差异

DD17井区气层内部隔层密度最大、单层厚度较大、物性差、裂缝不发育,封隔效果好;DD10井区隔层密度最小、单层厚度最小、物性差、裂缝发育程度一般,封隔效果差;DD14井区隔层密度大、单层厚度较大、物性较好、裂缝较发育,封隔效果较好;DD18井区隔层密度较小、单层厚度最大、但物性较好、裂缝较发育,因此封隔效果相对较差(表4.20,图4.104)。

在四个井区中(表4.20,图4.105),DD10井区气层内部夹层密度、夹层频率最大,单层厚度中等、物性较好、裂缝发育程度一般,封隔效果较好;DD14井区夹层密度、频率中等、单层厚度较大、物性较好、裂缝发育程度一般,封隔效果较差;DD18井区夹层密度、频率中等、单层厚度较大、物性较好、裂缝发育,封隔效果差;DD17井区夹层密度、频率、单层厚度都最小,因此封隔效果最差。

表 4.20 不同井区气层内隔、夹层特征表

区块名	隔夹层类型	隔夹层发育程度			物性特征		裂缝特征		
		单层厚度/m	密度/(m/100m)	频率/(层/100m)	孔隙度/%	渗透率/mD	裂缝段厚度百分比/%	裂缝孔隙度/%	裂缝宽度/μm
DD17	隔层	30.11	29.74	0.99	2.51	0.081	7.66	0.024	3.80
DD14		39.62	27.36	0.89	3.21	0.265	43.21	0.160	7.70
DD18		55.19	14.30	0.56	3.02	0.191	38.27	0.143	6.66
DD10		22.26	7.66	0.48	2.49	0.113	29.71	0.078	3.76
DD17	夹层	4.10	0.58	0.14	0.46	0.545	70.63	0.219	17.07
DD14		6.98	1.11	0.16	4.32	0.399	37.56	0.177	14.71
DD18		6.50	1.36	0.21	3.81	0.375	84.70	0.306	11.98
DD10		5.39	8.73	1.62	4.92	0.105	30.28	0.080	2.97

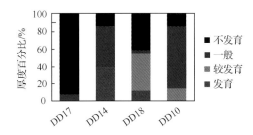
图 4.104 气层内隔层裂缝发育程度图

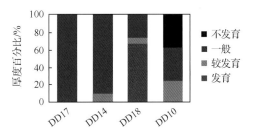
图 4.105 气层内夹层裂缝发育程度图

3）隔夹层对气层动用的影响

气层内部隔夹层发育程度、物性和裂缝发育程度是影响气层动用程度的重要因素。隔、夹层基质物性差,变化小,因此,应用气层内部隔夹层密度、频率和裂缝发育程度,将隔、夹层进行分类。其中,隔层发育程度的分类标准是：①高,隔层密度大于 30m/100m,隔层厚度大于 60m；②中等,隔层密度为 20～30m/100m,隔层厚度大于 50m；③低,隔层密度小于 20m/100m,隔层厚度小于 100m。夹层发育程度的评价标准是：①高,夹层密度大于 10m/100m,夹层频率大于 1.2 层/100m；②中等,夹层密度为 3～10m/100m,夹层频率大于 0.7 层/100m；③低,夹层密度小于 4m/100m,夹层频率小于 1 层/100m。隔夹层发育程度越高,裂缝发育程度越低,隔夹层对气层动用的不利影响越大。

利用上述标准开展隔夹层发育程度评价：在四个井区中,隔层发育程度以 DD17 井区最高,DD14 井区次之,DD18 井区最低（图 4.106）；夹层发育程度以 DD10 井区最高,DD14 井区次之,DD17 井区最低（图 4.107）。结合隔、夹层裂缝发育程度,进一步评价了气层内部隔夹层对气层动用的不利影响（图 4.108）：

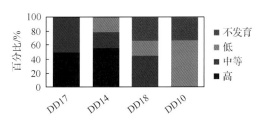
图 4.106 不同井区气层内隔层发育程度图

不利影响以 DD17 井区最大,DD14 井区次之,DD18 井区最小。

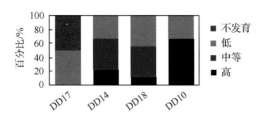

图 4.107 不同井区气层内夹层发育程度图

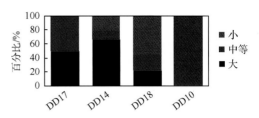

图 4.108 不同井区气层内隔夹层对气层
动用的影响图

2. 气、水间隔、夹层特征及对气层产水的影响

陆东地区火山岩气藏气、水层接触关系复杂,在 4 个含气井区 24 口井中,无纯气层的井 1 口,占 4.2%;未钻遇水层的井 11 口,占 45.8%;气、水层直接接触的井 4 口,占 16.7%;气、水层间隔层分隔的井 5 口,占 20.8%;气、水层间夹层分隔的井 3 口,占 12.5%。

陆东地区火山岩气藏气水层间隔、夹层发育程度低。其中,隔层岩性以凝灰质砂砾岩为主(占 68%),岩相以火山沉积相再搬运亚相为主(88.8%),物性差,裂缝类型中高导缝(36.4%)、微裂缝(30.3%)、高阻缝(33.3%)同等发育,裂缝发育程度以"不发育"为主(79.9%)。夹层岩性以正长斑岩为主(占 55.4%),岩相以次火山岩相中带亚相为主(55.4%),物性较好,裂缝类型以微裂缝为主(62.5%),裂缝发育程度以"发育"为主(55.4%)。因此,总体上,气水层间隔、夹层对气层产水影响较小。

不同井区气水层间隔夹层特征不同,DD17 井区 2 口井的气、水层都以隔层分隔,厚度大、裂缝发育程度低,因此封隔效果好,底水对气层产水影响小。DD14 井区共 9 口井,只有 1 口井气、水层间以夹层分隔,夹层厚度薄、裂缝发育程度一般,封隔效果差,底水对气层产水影响较大。DD18 井区共 9 口井,有 2 口井的气、水层以隔层分隔,其中,DD182 岩体隔层厚度大、裂缝不发育、封隔效果好,DD184 岩体隔层厚度中等、裂缝较发育,封隔效果中等;DD10 井区共 4 口井,其中,滴 103 井气、水层间以隔层分隔,隔层厚度中等、裂缝发育程度一般,封隔性能中等;DD1001 井层气、水层间以夹层分隔,夹层厚度小、裂缝不发育,封隔效果较差。

3. 水层内部隔、夹层特征及对水体活跃程度的影响

水层内部隔层"厚度大、密度大、频率较高、物性中等、裂缝发育程度一般",岩性以正长斑岩、玄武岩、沉凝灰岩、凝灰质砂岩为主,分别占 27.1%、17.7%、15.2%、14.9%;岩相以火山沉积相再搬运亚相、含外碎屑亚相、次火山岩相中带亚相、溢流相中部亚相为主,分别占 26.4%、24.3%、25.4%、20.5%;高导缝和微裂缝同等发育,分别占 47.4%、41.8%;裂缝发育程度"一般"(33.47%);因此封隔效果较好。相对隔层,水层内部夹层表现为"厚度薄、密度小、频率较低、物性较好、裂缝发育程度一般"(表 4.19);夹层岩性以沉

火山角砾岩（20.3%）、正长斑岩（19.0%）为主；岩相以火山沉积相含外碎屑亚相（24.9%）、再搬运亚相（17.9%）、次火山岩相中带亚相（18.5%）为主；裂缝类型以高导缝为主（55.1%）；裂缝发育程度"一般"（50.13%）。

不同井区水层内部隔层特征不同（表 4.21，图 4.109、图 4.111）：DD17 井区水层内部隔层密度最大、单层厚度较大、物性差、裂缝不发育、封隔效果好；DD10 井区隔层密度较大、但单层厚度小、物性差、裂缝发育程度一般，封隔效果较好；DD14 井区、DD18 井区则隔层密度小、但单层厚度大、物性较好、裂缝较发育，封隔效果较差。同样，不同井区水层内部夹层特征也不相同（表 4.21，图 4.110、图 4.112）：DD10 井区夹层密度最大、频率最高，物性较好、裂缝发育程度一般，封隔效果好；DD17 井区和 DD14 井区夹层密度小、频率低，物性差—中等、裂缝发育程度一般，有一定的封隔效果；DD18 井区则夹层密度小、频率低，物性中等、裂缝较发育，封隔效果最差。

表 4.21　不同井区水层内隔、夹层特征表

井区	隔夹层类型	隔夹层发育程度			物性特征		裂缝特征		
		单层厚度/m	密度/(m/100m)	频率/(层/100m)	孔隙度/%	渗透率/mD	裂缝段厚度百分比/%	裂缝孔隙度/%	裂缝宽度/μm
DD17	隔层	31.12	21.95	0.705	2.92	0.0862	5.09	0.0168	3.91
DD14		39.62	11.373	0.287	3.21	0.2654	43.21	0.1595	7.70
DD18		37.34	9.756	0.261	4.06	0.2992	63.75	0.2373	9.89
DD10		21.03	18.03	0.857	2.58	0.1098	27.45	0.0581	3.63
DD17	隔层	4.10	0.578	0.141	0.46	0.545	70.63	0.219	17.07
DD14		6.83	0.871	0.128	4.21	0.356	34.61	0.1638	13.56
DD18		5.07	0.927	0.183	3.41	0.244	79.42	0.2616	9.96
DD10		5.37	8.182	1.524	5.05	0.111	32.29	0.0849	3.17

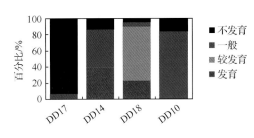

图 4.109　水层内部隔层裂缝发育程度图

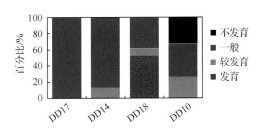

图 4.110　水层内部夹层裂缝发育程度图

水层内部隔、夹层的发育程度、物性、裂缝发育程度及配置关系是影响水层活跃程度的重要因素。应用隔夹层发育程度评价标准开展水层内部隔、夹层发育程度评价。在四个井区中，隔层发育程度以 DD14 井区最高，DD17 井区、DD10 井区次之，DD18 井区最低（图 4.111）；夹层发育程度以 DD10 井区最高，DD18 井区次之，DD17 井区、DD14 井区最低（图 4.112）。结合隔、夹层裂缝发育程度，进一步评价水层内部隔夹层

对水体活跃程度的不利影响:不利影响以 DD14 井区最大,DD17 井区、DD10 井区次之,DD18 井区最小(图 4.113)。

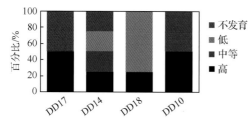

图 4.111　不同井区水层内隔层发育程度图

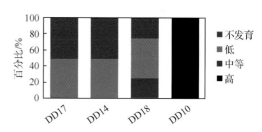

图 4.112　不同井区水层内夹层发育程度图

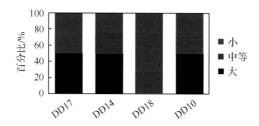

图 4.113　不同井区水层内隔夹层对水体活跃程度的影响图

4. 储层非均质性特征

主要用级差、突进系数和变异系数三个参数来反映火山岩储层的非均质性。火山岩储层渗透率级差为 1.02~7562,平均为 34.7;突进系数为 1.02~105.9,平均为 2.67;变异系数为 0.01~9.66,平均为 0.61;说明火山岩储层变化大,非均质性强。

平面上,不同井区火山岩储层非均质性差异大(表 4.22)。在四个井区中,DD18 井区、DD10 井区非均质性严重,其级差平均值分别为 35.2、24.2,突进系数分别为 2.84、2.63,变异系数分别为 0.63、0.62;DD17 井区、DD14 井区非均质一般,其级差分别为 20.6、43.3,突进系数分别为 2.31、2.58,变异系数分别为 0.55、0.58。

表 4.22　平面井区间非均质性统计表

井区	级差		突进系数		变异系数		非均质性
	变化范围	平均	变化范围	平均	变化范围	平均	
DD17	1.11~497	20.6	1.05~6.94	2.31	0.06~2.02	0.55	一般
DD14	1.04~7562	43.3	1.02~106	2.58	0.02~9.66	0.58	一般
DD18	1.02~2081	35.2	1.02~20.44	2.84	0.01~3.7	0.63	严重
DD10	1.23~931	24.2	1.1~25	2.63	0.07~3.7	0.62	严重

4.6.3　储层连通性评价

火山岩气藏的连通性分析是气田、气藏储量评价、优化布井、编制开发方案和气田管理方案的重要参考依据。储层连通性分析包括静态连通性分析和动态连通性分析两个方面。火山岩气藏的静态连通性评价主要是根据火山岩体的叠置关系、气水分布及流体性质差异来进行评价。实际上，气藏连通性的研究对象是储层中的流体，井间储层中流体的连通则属于动态范畴，因此动态连通性分析则主要是通过气藏的气井生产动态、气藏压力系统分析方法、干扰试井、不稳定试井等方法来进行评价，其评价结果对气藏开发井位部署更有指导意义。

1. 根据火山岩体的叠置关系确定储层连通性

陆东地区火山岩喷发方式多样，包括裂隙式、中心式和侵入式等，由火山岩喷发、裂缝及成岩作用等地质因素共同决定着火山岩储层的分布，火山岩气藏的叠置关系十分复杂，由一个或多个火山岩体相互叠置而成。如果是一个火山岩体，则火山岩气藏可能是连通的；如果由两个或多个火山岩体相互独立或叠置，则互不连通。DD14 井区各火山岩体之间、DD18 井区三个次火山岩体（DD18 侵入岩体、DD183 侵入岩体、DD18 碎屑岩体）相互叠置，互不连通（图 4.114）。

2. 根据火山岩气藏的气、水分布规律判定气藏的连通性

由于火山岩气藏主要集中在构造高部位，但受火山岩体叠置关系、物性影响，低部位也可发育气层，火山岩气藏气水分布极其复杂，存在一个或多个界面。如果只有一个气水界面，则火山岩气藏可能是连通的；如果存在多个气水界面，则互不连通。

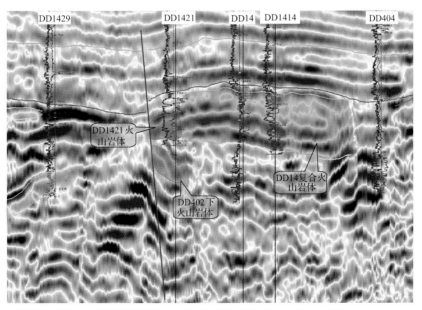

(a) DD14井区火山岩体叠置关系

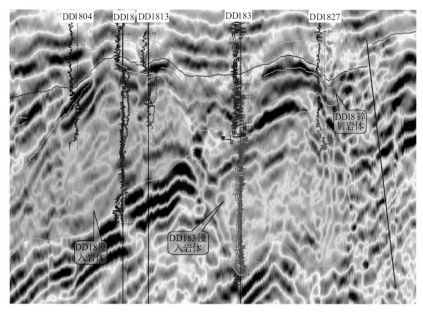

(b) DD18井区火山岩体叠置关系

图4.114　火山岩体的叠置关系确定连通性

3. 根据气藏压力系统评价气藏的连通性

火山岩气藏各井层的原始地层压力与海拔深度呈良好的线性关系,且其直线斜率(压力梯度)与流体的地下密度相对应。根据压力梯度是否一致,可以判断其连通性。如果气层压力梯度基本一致,属于同一个压力系统,则可能是连通的;如果气层压力梯度不一致,属于多个压力系统,则可能不连通(图4.115)。

4. 根据压力恢复试井资料分析评价气藏的连通性

利用压力恢复试井资料,通过试井解释可以获得大量近井信息和地层信息,如井筒储集效应、措施污染情况、地层渗透率、地层压力、供气半径等。对于封闭或有界气藏,还可以获得边界信息,如断层信息、边界类型、边界距离等。基于压力恢复试井解释结果,借助数值试井手段可以判断气藏的井间连通性。DD182井和DX1824井试井解释渗透率均很低,只有0.07~0.48mD,从数值试井分析来看,两口井在生产一段时间后,互相影响(图4.116)。

5. 根据井间干扰试井法评价气藏的连通性

干扰试井一般以一口井作为激动井,另一口井作为观测井。激动井作为生产井关井后不久,观察井的压力偏离背景压力呈上升趋势;激动井的关井,应该造成地层压力的回升,这与观测井的压力偏离趋势一致,说明两井是连通的,反之,则两井不连通。应用该方法对DD10井区的干扰试井进行评价可知,观测井DD10在测试期间内,没收到激动井 DD1001 的激动信号,表明该井与激动井之间连通性较差或基本不连通(图 4.117)。

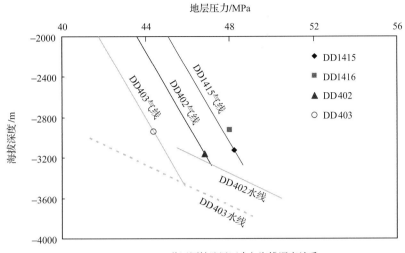

(a) DD14 井区原始地层压力与海拔深度关系

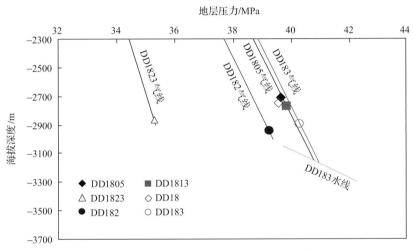

(b) DD18 井区原始地层压力与海拔深度关系

图 4.115 根据压力系统评价气藏的连通性

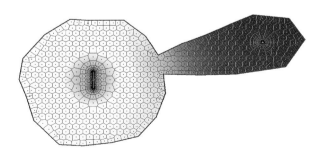

图 4.116 根据压力恢复试井资料判断连通性(DD182 井和 DD1824 井压力场)

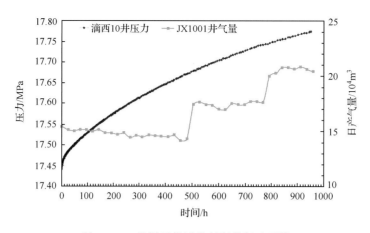

图 4.117 根据干扰试井判断井间连通性

6. 根据气井生产动态分析确定连通性

处于同一个水动力系统中各井产量、压力变化总体趋势相似,根据这种相似特性可以判断其连通性,如果两口井产量、压力变化特征相同,说明井间可能是连通的。如果两口井的产量、压力变化特征差异大,说明井间可能是不连通的。DD14 井区的 DD1415 井、DD1416 井表现为压力、产量阶段性同步上升;DD18 井区的 DD182 井、DD1824 井生产特征表现为压力初期同步下降,后期同步上升,反映井间的连通井较好(图 4.118)。

4.6.4 储层基质有效性评价

陆东地区石炭系火山岩储层空间具有裂缝和孔隙双重特征,其中孔隙是主要的储集空间,而裂缝主要起喉道和渗流通道的作用。通过岩心观察、微观孔隙结构、CT 扫描、物性和核磁共振等多信息来综合评价储层基质的有效性。

1. 岩心观察、薄片、CT 扫描定性分析基质的有效性

陆东地区火山岩气藏储层岩性主要包括正长斑岩、二长斑岩、流纹岩、安山岩、玄武岩等。通过岩心、薄片、X-CT 扫描等可定性评价火山岩储层基质的有效性。

在岩心上(图 4.119),正长斑岩、二长斑岩可观察到晶间溶孔及各种裂缝,火山熔岩可观察到气孔、杏仁孔及各种裂缝,碎屑熔岩可观察到砾间孔、砾内气孔、基质溶孔及各种裂缝,火山角砾岩可观察到粒间孔、粒间溶孔及各种裂缝,凝灰岩可观察到基质溶孔及各种裂缝。

在铸体薄片上(图 4.120),除了典型的气孔、砾间孔外,还可观察到各种成因、形态、大小的基质溶孔、微孔及成岩缝等。

在 X-CT 扫描图像上(图 4.121),灰度代表岩石孔隙发育程度,陆东地区的火山岩岩石 CT 图像灰度主要为 $100 \sim 200$,少数能达到 250,说明储层孔隙、裂缝较发育。因此,岩心、薄片、CT 资料定性分析表明,克拉美丽气田石炭系火山岩储层基质是有效的。

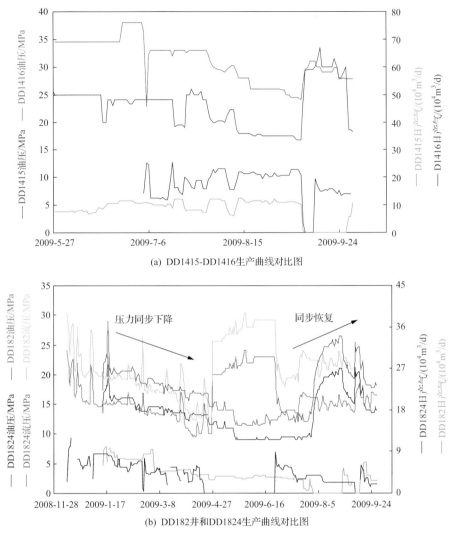

(a) DD1415-DD1416生产曲线对比图

(b) DD182井和DD1824生产曲线对比图

图 4.118　根据生产动态特征判断井间连通性

(a) 晶间溶孔、构造缝(正长斑岩，DD18井)

(b) 气孔、杏仁孔、构造缝(玄武岩，DD401井)

图 4.119　岩心观察孔隙裂缝发育

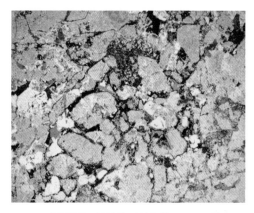

(a) 晶间溶孔、溶蚀缝(正长斑岩，DD1813井)　　(b) 气孔、基质溶孔及构造缝(玄武岩，DD173井)

图 4.120　薄片观察孔隙、裂缝发育情况

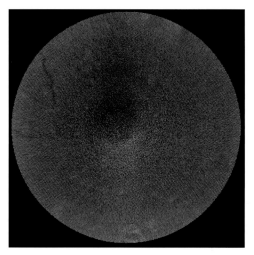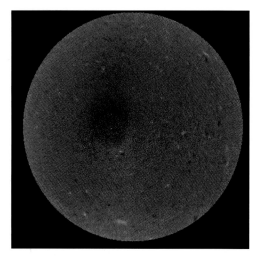

(a) 正长斑岩(DD1824井72号岩心，　　　(b) 安山玄武岩(DD1414井16号岩心，
　　ϕ=9.3%、K=0.0012mD)　　　　　　　　ϕ=16.4%、K=0.015mD)

图 4.121　火山岩 X-CT 扫描照片

2. 岩心物性分析、压汞实验定量分析孔渗有效性

　　火山岩岩心孔隙度主要为 4%～14%，渗透率主要为 0.01～0.5mD。以有效储层物性下限(次火山岩：ϕ≥5.5%、K≥0.02mD；喷出岩：ϕ≥6.5%、K≥0.02mD；火山沉积岩：ϕ≥8%、K≥0.04mD)为评价标准，在 1704 个孔隙度样品中，大于下限的有 1135 个，占 66.61%，平均孔隙度为 11.48%；在 1594 个渗透率样品中，大于下限的 1105 个，占 69.32%，平均为 0.459mD；说明大部分火山岩基质物性较好，都能形成有效储层。此外，该区火山岩物性分析样品的孔渗相关性差，说明孔隙结构复杂；但细分岩性后，大部分火山岩(约 69.9%次火山岩)孔渗数据具有一定的正相关性(图 4.122，相关系数约为 0.69)，说明火山岩储层基质既具有一定的储集性，又有一定的渗透能力。因此，陆东地区

石炭系火山岩储层基质是有效的。

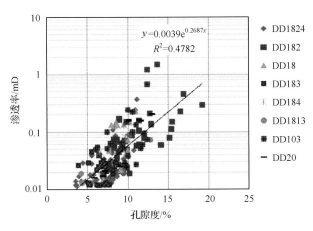

图 4.122　次火山岩岩心孔-渗交会图

通过压汞资料分析,可获得储层基质的微观孔隙结构参数,包括曲线形态及反映储层基质喉道大小、分选和渗流能力三方面的参数。陆东地区石炭系共有 245 个钻井取心的岩心进行了压汞法毛管压力测量,分析结果表明:①火山岩平均毛管半径最小小于 0.01μm,最大为 20.98μm,平均为 0.66μm,主要(53.06%)分布于 0.1~0.5μm,大于有效储层下限(约 0.15μm)的有 181 个样品,占 73.9%(图 4.123);②不同岩性的微观孔喉特征不同:平均毛管半径以基性熔岩最大,酸性角砾岩次之,中性熔岩最小;最大进汞饱和度以次火山岩最大,基性熔岩、酸性角砾岩次之,凝灰岩最小;退出效率以酸性熔岩最大,基性熔岩、酸性角砾岩次之,次火山岩最小;排驱压力以凝灰岩、基性角砾岩最小,基性熔岩、酸性角砾岩次之,中性角砾岩、次火山岩最大(表 4.23)。综合分析认为,所有岩性的平均毛管半径平均值都大于下限,说明火山岩微观孔隙结构特征较好,其中,以基性熔岩最好,酸性角砾岩次之,凝灰岩、沉火山岩最差。

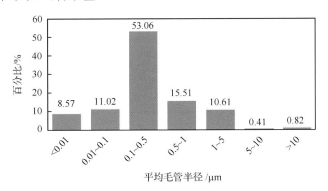

图 4.123　压汞分析的平均毛管半径分布图

表 4.23　不同岩石类型的毛管压力曲线特征参数统计表

岩性		井数	样品数	渗透率/mD	孔隙度/%	平均毛管半径/μm	最大汞饱和度/%	退出效率/%	排驱压力/MPa
次火山岩		5	44	0.077	8.39	0.52	64.93	17	1.21
喷出岩	酸性熔岩	4	6	0.433	11.18	0.39	60.14	33.79	0.68
	酸性角砾岩	6	37	3.076	12.4	0.86	61.35	30.93	0.67
	中性熔岩	5	16	0.278	11.05	0.31	54.57	23.37	1.1
	中性角砾岩	4	9	0.255	6.37	0.53	43.32	26.06	1.25
	基性熔岩	7	60	1.662	12.43	1.23	63.81	31.8	0.67
	基性角砾岩	3	7	0.616	12.7	0.54	60.8	26.92	0.56
	凝灰岩	3	5	0.95	4.42	0.46	34.6	23.59	0.55
	总计/平均	13	140	1.03	11.84	0.92	61.3	29.85	0.78
火山沉积岩	沉火山岩	6	18	0.305	8.41	0.45	36.88	25.96	1.33
	火山沉积岩	15	91	0.236	8.58	0.79	44.03	26.43	1.1

岩心物性分析、压汞资料分析结果都表明:火山岩储层基质是有效的。

3. 核磁共振定量分析火山岩储层基质的有效性

核磁共振实验测量岩石内饱和盐水存在状态对 T_2 弛豫时间的贡献:若水分子受到孔隙固体表面的作用力较强,即处于束缚或不可流动状态,这部分水就表现为较小的 T_2 弛豫时间;反之,当水分子受到孔隙固体表面的作用力较弱,处于自由或可流动状态时,这部分水就表现为较大的 T_2 弛豫时间。因此,在实验的基础上,通过确定可动流体的 T_2 截止值($T_{2cutoff}$),就可以区分束缚水和可动水,进而计算可动水饱和度(表 4.24)。本次可动水 T_2 弛豫时间下限为 3.87~71.97ms,平均为 19.65ms。

表 4.24　典型正长斑岩 T_2 弛豫谱图特征分析表

DD1813 井 2-2/12 号岩心 T_2 弛豫谱图	可动流体饱和度/%	束缚水饱和度/%	特征描述
	68.02	31.98	样品中孔隙尺寸较大,以大孔隙为主

　　陆东地区共有 6 口井 48 个岩心进行了核磁共振测试，测试结果表明（表 4.25）：①火山岩可动流体饱和度为 1.04％～71.29％，平均为 24.52％，变化范围大，平均值偏低，可能与 $T_{2cutoff}$ 确定有关；②不同岩性可动流体饱和度特征不同，角砾凝灰岩物性好、可动流体饱和度高，正长斑岩物性差，但可动流体饱和度相对较高，火山沉积岩则物性变化大，可动流体饱和度相对较低；可动流体饱和度以角砾凝灰岩最大，正长斑岩次之，沉凝灰岩最小；③可动流体饱和度与储层物性总体正相关，其与渗透率的相关性更好（图 4.124）。该区火山岩储层可动流体饱和度偏低，有效储层主要发育于凝灰质角砾岩、正长斑岩、角砾熔岩等岩性中，这些储层的基质是有效的。

表 4.25　陆东地区石炭系火山岩岩心核磁共振测试结果

岩性	井数	样品数	孔隙度/%		渗透率/%		可动流体饱和度/%	
			范围	平均值	范围	平均值	范围	平均值
正长斑岩	4	27	4.11～19.63	8.92	0.001～1.308	0.031	6.84～71.29	29.78
角砾熔岩	1	4	13.88～16.4	15.01	0.011～0.989	0.055	16.1～27.39	21.83
熔结凝灰岩	1	10	3.94～16.43	11.42	0.001～0.057	0.01	1.04～40.83	11.1
角砾凝灰岩	1	3	10.94～22.31	18.33	0.179～1.224	0.589	44.19～49.8	46.64
沉凝灰岩	1	2	6.23～8.73	7.48	0.001～0.016	0.008	2.98～4.14	3.56
凝灰质砂岩	1	2	14.85～17.71	16.28	0.012～0.03	0.019	21.25～28.07	24.66

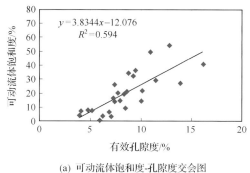
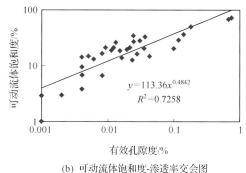

(a) 可动流体饱和度-孔隙度交会图　　　　(b) 可动流体饱和度-渗透率交会图

图 4.124　火山岩可动流体饱和度与物性关系

参 考 文 献

程华国，袁祖贵. 2005. 用地层元素测井(ECS)资料评价复杂地层岩性变化[J]. 核电子学与探测技术，25(3):233-238

范宜仁，黄隆基，代诗华. 1999. 交会图技术在火山岩岩性与裂缝识别中的应用[J]. 测井技术，23(1):53-56

高福红，徐学纯，邹海峰，等. 2006. 松辽盆地升平地区 J_3-K_1 火山岩储集空间特征及影响因素[J]. 世界地质，25(3): 291-295

高山林，李学万，宋柏荣. 2001. 辽河盆地欧利坨子地区火山岩储集空间特种[J]. 石油与天然气地质，22(2):173-177

侯英姿. 2001. 松辽盆地杏山-莺山地区火山岩储集空间类型特征及其控制因素[J]. 特种油气藏，10(1):99-105

胡治华，姜大巍，马艳荣，等. 2008. 徐家围子汪深 1 区块火山岩岩相特征及识别标志研究[J]. 西安石油大学学报：自然科学版，23(5):32-36

黄布宙，潘保芝. 2001. 松辽盆地北部深层火成岩测井响应特征及岩性划分[J]. 石油物探，40(3):42-47

敬荣中,鲍光淑,陈绍裘.2003.地球物理联合反演研究综述[J].地球物理学进展,188(3):535-540

林承焰,丁圣,李坚,等.2010.贝尔凹陷火山岩相类型及石油地质意义[J].西南石油大学学报:自然科学版,32(3):180-185

刘传平,郑建东,杨景强,等.2006.徐深气田深层火山岩测井岩性识别方法[J].石油学报,27(增刊):62-65

刘为付.2003.火山岩储集层常规岩石物理学研究方法[J].新疆石油地质,24(5):389-391

刘为付,朱筱敏.2005.松辽盆地徐家围子断陷营城组火山岩储集空间演化[J].石油实验地质,27(1):44-49

刘绪钢,孙建孟.2004.新一代元素俘获能谱测井仪(ECS)及其应用[J].国外测井技术,19(1):26-30

欧阳健.1997.测井地质分析与油气层定量评价[M].北京:石油工业出版社

潘保芝,闫桂京,吴海波.2003.对应分析确定松辽盆地北部深层深成火成岩岩性[J].大庆石油地质与开发,22(1):7-9

庞巨玉,迟云鹏,钟振伟.1994.现代核测井技术与仪器[M].北京:石油工业出版社

庞彦明,章凤奇,邱红枫,等.2007.酸性火山岩储集层微观孔隙机构及物性参数特征[J].石油学报,28(6):72-76

蒲静,秦启荣.2008.油气储层预测方法综述.特种油气藏[J],15(3):9-13

契特维里柯夫.1966.岩石化学换算指南.刘智星,等,译.北京:地质出版社,5-15

邱家骧,陶奎元,赵俊磊,等.1981.火山岩[M].北京:地质出版社

冉启泉,胡永乐,任宝生.2005.火成岩岩性识别方法及其应用研究:以大港枣园油田枣35块火成岩油藏为例[J].中国海上油气,17(1):25-29

冉启全,王拥军,孙圆辉,等.2011.火山岩气藏储层表征技术[M].北京:科学出版社:120-134

任作伟,金春爽.1999.辽河拗陷洼609井区火山岩储集层的储集空间特征[J].石油勘探与开发,26(4):54-66

邵维志,梁巧峰,李俊国,等.2006.黄骅凹陷火成岩储层测井响应特征研究[J].测井技术,30(2):149-153

舒萍,纪学雁,丁日新,等.2008.徐深气田火山岩储层裂缝特征研究[J].大庆石油地质与开发,27(1):13-17

司马立强,疏壮志.2009.碳酸盐岩储层测井评价方法及应用[M].北京:石油工业出版社

宋新民,冉启全,孙圆辉.2010.火山岩气藏精细描述及地质建模[J].石油勘探与开发,37(4):458-465

孙军昌,郭和坤,刘卫等.2010.低渗致密火山岩气藏微观孔喉特征[J].断块油气田,17(5):548-552

汤小燕.2011.克拉玛依九区火山岩储层主控因素与物性下限[J].西南石油大学学报:自然科学版,33(6):7-42

徐振永,陈福友,黄继新,等.2009.克拉玛依油田二区克92井区火山岩储层地质模型[J].西安石油大学学报:自然科学版,24(3):21-24

徐正顺,庞彦明,王渝明.2010.火山岩气藏开发技术[M].北京:石油工业出版社

晏军,杨正明,韩有信,等.2011.徐深火山岩气藏中天然气的扩散能力及其影响因素试验研究[J].西安石油大学学报:自然科学版,26(7):56-59

余淳梅,郑建平,等.2004.准噶尔盆地五彩湾凹陷基底火山岩储集性能及影响因素[J].地球科学:中国地质大学学报,29(3):303-308

张守谦.1997.成像测井技术及应用[M].北京:石油工业出版社

张旭,翟应虎,李祖光,等.2009.测井曲线盒维数在松辽盆地火山岩岩性识别中的应用[J].分析科学学报,25(5):533-535

张莹,潘保芝,印长海,等.2007.成像测井图像在火山岩岩性识别中的应用[J].石油物探,46(3):288-293

赵澄林.1996.火山岩储集空间形成机理及含油气性[J].地质评论,42(增刊):37,43

赵澄林,刘孟慧,胡爱梅,等.1997.特殊油气储层[M].北京:石油工业出版社

赵澄林,孟卫工,金春爽,等.1999.辽河盆地火山岩与油气[M].北京:石油工业出版社

赵国连,张岳桥.2002.大庆火山岩地震反射特征与综合预测技术[J].石油勘探与开发,29(5):44-46

郑亚斌,王延斌,刘德馨.2007.地震反演技术在火山岩储集层预测中的应用[J].新疆石油地质,27(6):746-748

周波,李舟波,潘保芝.2005.火山岩岩性识别方法研究[J].吉林大学学报,35(3):395-397

朱筱敏.2000.层序地层学[M].东营:石油大学出版社

Nockolds S R. Average chemical compositions of some igneous rocks[J]. Geological Society of America Bulletin,1954,65(10):1007-1032

Ramamoorthy R. 2001. A look at spectroscopy[J]. Formation Evaluation Review,2(6):1-3

Sibit A M, Faivre O. 1985. The dual laterolog response in fractured rocks[C] // SPWLA 26th Annual Symposium Transaction. Society of Petrophysicists and Well-log Analysts

气水层识别及气藏类型 第5章

准噶尔盆地石炭系火山岩岩性复杂,储集空间类型及孔缝组合方式多,气水分布复杂。三种改造作用改变了火山岩储层的孔隙结构、渗流特征和气水分布,使改造型火山岩气藏的含气性特征和导电机理更加复杂,气水层识别难度更大。

针对研究的难点,搞清异地搬运、蚀变充填和风化、淋滤作用对火山岩气水分布、导电机理的影响,综合利用钻井、录井、测井、试气、试井等静、动态资料识别气水层,创新发展改造型火山岩气水层识别技术,提高识别符合率;在此基础上,结合火山岩内幕结构和储层展布特征,搞清火山岩气藏气水分布,建立气水分布模式,为气藏储量评价和地质建模提供支持。

5.1 火山岩气藏气水层识别

含气性是火山岩气藏的基本特征,储层含气的丰富程度是决定火山岩气层是否具有工业性产气能力的物质基础与前提条件(裴亦楠和薛淑浩,1997)。气、水层识别与气、水关系研究不仅为储层含气性评价、储量计算及测井解释图版的制定打下基础,也为采收率估算、新区钻探及井网部署提供重要依据。研究区气水关系复杂,气、水层的测井响应易受岩性、孔隙结构变化的影响,气、水层识别与评价难度大。本书从气藏的基本特征入手,以岩性和储层分类为基础,深入研究气水层的直接识别方法和各种测井识别方法,划分了气水界面,确定了气层的有效厚度,从而形成了一套深层火山岩气藏气水层识别与评价的关键技术,识别与评价结果广泛应用于气藏特征分析及方案编制(王拥军,2006)。

常规火山岩气藏气水层识别技术采用录井显示、地层测试和测井解释的方法,在后期改造作用不强烈的火山岩气藏取得了较好的效果。准噶尔盆地火山岩经历了成岩后期强烈的改造作用,其孔隙结构、气水分布和导电路径更加复杂,常规火山岩气水层识别技术适应性差,识别符合率低。

5.1.1 改造作用对火山岩含气性和导电性的影响

不同改造方式对火山岩气水分布和导电性影响不同。

(1) 风化淋滤以弱碱性水溶蚀作用为主,主要起着改善储层储渗能力、缩短导电路径的作用,改善程度取决于风化淋滤作用的强弱、火山岩中易溶组分的含量和分布。部分区域发生沉积物充填和次生矿物交代作用,起着堵塞孔、喉,使储渗能力和含气性变差的作用;其导电性变化与充填或交代矿物类型有关,若为方解石、辉石、斜长石、石英,导电性会变差;若为高岭土、绿泥石、蒙脱石、硅化物或沉积碎屑,则火山岩导电性变好。

（2）异地搬运以水流作用方式,通过冲刷火山灰、溶蚀易溶组分、充填沉积物等方式改造火山岩储集空间,改善储层储渗能力、缩短导电路径。沉积物或次生矿物的充填、交代作用则使火山岩储渗能力变差、导电路径增加。

（3）蚀变充填主要以次生矿物交代原有矿物、充填储集空间的方式改造火山岩储集空间,使火山岩储渗能力变差和含气性变差,导电路径增加。

准噶尔盆地陆东地区石炭系火山岩改造作用的充填物和交代矿物以高岭土、绿泥石、蒙脱石、硅化物或沉积碎屑为主,通常使火山岩储层储渗能力、含气性变差,导电性则变好。因此,在测井曲线上表现为电阻率降低、中子孔隙度增大、岩石密度减小的特点,其中,电阻率变化率可达73.3%。

以改造作用对火山岩含气性和导电性的影响机理为依据,采用钻进显示、地质录井、地层测试、测井解释等多手段综合使用的方法,形成了改造型火山岩气藏气、水层识别技术,主要包括:地质录井和地层测试结合、测井信息结合改造方式的气水层识别技术。

5.1.2　地质录井和地层测试结合的气水层识别

以地质录井和地层测试原理为基础,以气、水层的录井显示,流体样品和压力数据为依据,综合利用地质录井和地层测试资料,通过含气性分析识别气、水层,并刻度测井资料（图5.1、图5.2）,有较好的应用效果。

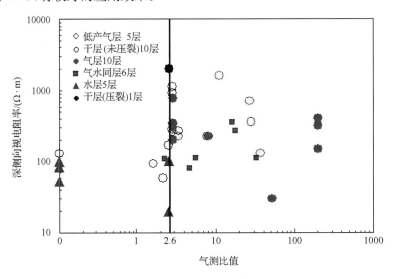

图5.1　气测比法识别气层

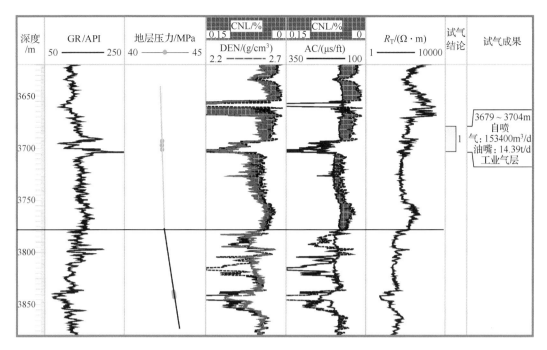

图 5.2　压力梯度分析法识别气水层

5.1.3　测井信息识别气层

1. 常规测井图版法

试气资料、生产资料能够直接反映储层的生产能力。将试气结果或储层生产情况与测井资料建立交会识别图版(图 5.3),可以快速了解气层、水层的测井响应特征,为测井现场的快速识别气层提供依据。从识别图版中可以看出,气层识别效果较好,而气水同层与水层界限不太明显。

为提高气水识别准确度,按岩石类型将试气结果或储层生产情况与测井资料建立交会识别图版(图 5.4),为常规测井识别气、水层提供依据,从识别图版中可以看出,气层识别效果更好。

2. 孔隙度测井曲线法

孔隙度测井曲线主要指地层密度、补偿声波、补偿中子这三种测井曲线。在含天然气的储层中,三孔隙度测井曲线的响应特征为:密度测井值偏低,声波时差变大,补偿中子偏小。人们依照这种响应特点设计了很多种气层识别方法。这些方法的基本原理都是设计参数使天然气的测井响应特征放大,以便于识别。例如,三孔隙度法就是利用这三种曲线分别计算孔隙度。由于中子孔隙度偏低,密度孔隙度和声波孔隙度偏高,所以,可以将密度孔隙度和声波孔隙度相加,然后除以或减去二倍中子孔隙度,从而达到放大天然气层的测井响应特征的目的。还有一部分方法就是不解释孔隙度,直接用声波和密度反演中子

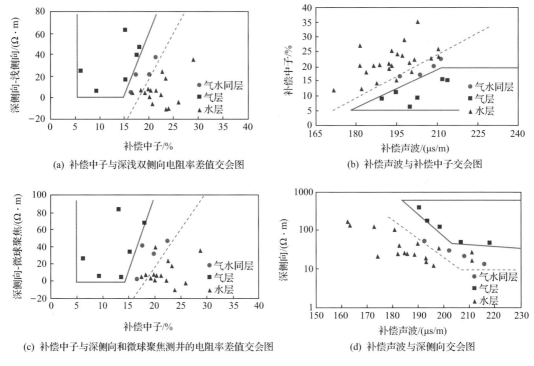

图 5.3　火成岩气层常规测井识别图版

测井值,然后按照前述三种孔隙度识别气层的方法,构建识别参数来进行识别。还有的利用声波、密度与中子测井交会图上的斜率进行气层识别。

鉴于这些方法众多,其基本原理一致,识别效果也相差不大,本书采用密度与声波直接反演中子测井值,然后分别利用它们的差值和比值来进行气层识别。具体步骤如下。

（1）选取本井或邻井岩性相同的水层的密度、声波、中子测井曲线,利用多元回归建立密度与中子、声波与中子之间的关系式[式(5.1)、式(5.2)]。

$$\phi_{\mathrm{NAC}} = f_1(\Delta t) \tag{5.1}$$

$$\phi_{\mathrm{NDEN}} = f_2(\rho_{\mathrm{b}}) \tag{5.2}$$

式中,Δt 为地层的声波时差,$\mu s/m$;ρ_{b} 为地层的密度,g/cm^3;ϕ_{NAC} 为用地层的声波时差反演的中子孔隙度,%;ϕ_{NDEN} 为用地层的声波密度反演的中子孔隙度,%。

（2）分别计算他们的差值和比值[式(5.3)、式(5.4)]。

$$差值：CI = \phi_{\mathrm{NAC}} + \phi_{\mathrm{NDEN}} - 2\phi_{\mathrm{N}} \tag{5.3}$$

$$比值：BI = \frac{\phi_{\mathrm{NAC}} + \phi_{\mathrm{NDEN}}}{2\phi_{\mathrm{N}}} \tag{5.4}$$

式中,ϕ_{N} 为地层的中子孔隙度测井值,%;CI 为构造的差值,%;BI 为构造的比值,无因次。

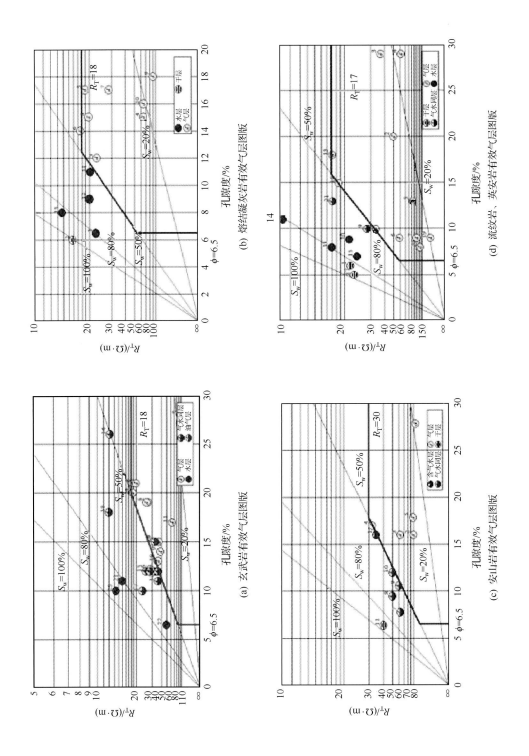

(a) 玄武岩有效气层图版

(b) 熔结凝灰岩有效气层图版

(c) 安山岩有效气层图版

(d) 流纹岩、英安岩有效气层图版

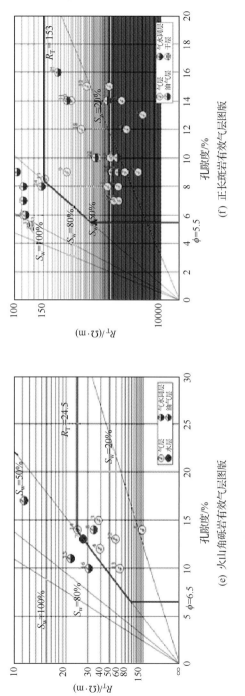

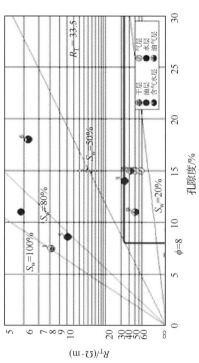

图 5.4 不同火成岩储层气层常规测井识别图版

由于在气层处,声波时差变大,密度变小,而声波测井值与中子测井值呈正相关关系、密度测井值与中子测井值成负相关关系,所以 ϕ_{NAC} 与 ϕ_{NDEN} 偏大,但中子测井值由于"挖掘效应",其测井值偏小。故气层处 $\mathrm{CI} > 0$,$\mathrm{BI} > 1$;而在水层处,$\mathrm{CI} = 0$,$\mathrm{BI} = 1$。在实际应用中往往会存在一些误差,因此需要利用试气资料对气层识别界限进行刻度(图 5.5)。

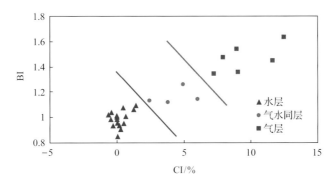

图 5.5　孔隙度测井曲线法识别图版

3. 构造电阻率差值法

构造电阻率差值法是根据放大水层与气层之间的识别界限的思想,构建一个对含气敏感的电阻率差值,然后利用该差值进行油气识别的一种方法。而本书所述电阻率差值法就是利用水层与气层的电阻率差异、气层处中子测井产生"挖掘效应",设计一个对含气敏感的差值,然后利用该差值进行气层识别的方法。

1) 电阻率的裂缝影响校正

火成岩中广泛分布裂缝,而裂缝使电阻率曲线测井值降低,为了消除裂缝的影响,提高气层的识别率,应先进行电阻率的裂缝影响校正。

$$A_{\mathrm{f}} = \frac{R_{\mathrm{b}}}{R_{\mathrm{T}}} = 1 + \frac{R_{\mathrm{T}}\cos\alpha}{R_{\mathrm{f}}}\phi_{\mathrm{f}} \tag{5.5}$$

式中,A_{f} 为校正因子;R_{T}、R_{b}、R_{f} 分别为地层、无缝基岩、裂缝中流体的电阻率,$\Omega \cdot \mathrm{m}$;α 为裂缝的倾角,rad;ϕ_{f} 为裂缝孔隙度,小数。

校正后基岩的电阻率:

$$R_{\mathrm{b}} = \left(1 + \frac{R_{\mathrm{T}}\cos\alpha}{R_{\mathrm{f}}}\phi_{\mathrm{f}}\right)R_{\mathrm{T}} \tag{5.6}$$

从该校正系数上可以看出,电阻率越大,校正系数也越大。由于天然气不导电,所以天然气层中导电的孔隙少于相同条件下的水层,天然气层的电阻率高于水层的电阻率。因而在相同条件下,气层的校正系数更大,这就拉大了气层与水层之间的电阻率差异。

2) 构建反映"挖掘效应"的敏感参数

天然气存在"挖掘效应",使得天然气层的中子测井值小于相同条件下的水层的中子测井值。如果利用水层处的中子测井值与孔隙度建立解释模型,则水层的孔隙度解释值基本正确,而天然气气层的孔隙度解释值偏低。

中子孔隙度测量的是含氢指数,而火成岩的岩石骨架不含氢,但当岩石蚀变或发育杏仁构造时,岩石中有大量结合水,造成测井的中子孔隙度偏高,故应选用临井或本井的水层,建立解释孔隙度与中子孔隙度之间关系的解释模型。

为了放大"挖掘效应"的影响,可设计反映中子测井的"挖掘效应"的参数:

$$C_\mathrm{w} = x^C \tag{5.7}$$

式中,$C = \dfrac{\phi_\mathrm{N} - \phi_\mathrm{Nw}}{\phi_\mathrm{N} + \phi_\mathrm{Nw}}$,是依据孔隙度而构造的参数,无因次,其中 ϕ_N 为中子孔隙度测井值,%,ϕ_Nw 为利用解释的孔隙度反演的中子孔隙度值,%;x 为常数,$x > 1$,无因次。

显然,在水层处,$C_\mathrm{w} = 1$,而在气层处,由于"挖掘效应",$C > 0$,$C_\mathrm{w} > 1$;且含气饱和度越大,"挖掘效应"越明显,C 越大,由于 $x > 1$,故 C_w 越大。

3) 含气敏感的电阻率差值的构建

电阻率的差值为

$$\mathrm{DR}_\mathrm{T} = C_\mathrm{w} R_\mathrm{b} - R_\mathrm{b} = (C_\mathrm{w} - 1)\left(1 + \frac{R_\mathrm{T}\cos\alpha}{R_\mathrm{f}}\phi_\mathrm{f}\right) R_\mathrm{T} \tag{5.8}$$

式中,R_T、R_b、R_f 分别为地层、无缝基岩、裂缝中流体的电阻率,$\Omega \cdot \mathrm{m}$;α 为裂缝的倾角,rad;ϕ_f 为裂缝孔隙度,小数;C_w 为构造的参数,无因次。通过前述分析可知,该差值在水层基本等于 0,在天然气层远超过 0,因此达到了提高天然气气层与水层之间界限的目的。根据试气结果,可建立利用电阻率差值识别天然气的识别图版(图 5.6),从该图可以明显看到,深侧向电阻率(纵坐标)基本不能识别气层,而新构建的电阻率差值识别效果良好。

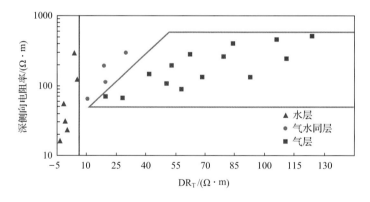

图 5.6 构造电阻率差值法的气层识别图版

4. 微分分析法

微分分析法(裘亦楠和薛淑浩,1997)就是利用阿尔奇公式分别对孔隙度和含水饱和度求偏微分,得到 GIP(公式 5.9)和 GIS(公式 5.10),然后利用 GIP 和 GIS 进行气层识别。

$$GIP = \frac{\partial R_T}{\partial \phi} = -\frac{abmR_w}{S_w^n \phi^{m+1}} \tag{5.9}$$

$$GIS = \frac{\partial R_T}{\partial S_w} = -\frac{abnR_w}{S_w^{n+1} \phi^m} \tag{5.10}$$

式中，S_w 为地层的含水饱和度，%；ϕ 为地层的总孔隙度，%；R_w 为地层水电阻率，$\Omega \cdot m$；R_T 为地层电阻率，$\Omega \cdot m$；a 为地层因素与孔隙度关系式中的系数，无因次；m 为地层因素与孔隙度关系式中孔隙度的指数，无因次；b 为电阻率增大系数与含水饱和度关系式中的系数，无因次；n 为电阻率增大系数与含水饱和度关系式中饱和度的指数，无因次。

对于纯气层，$S_w = S_{wb}$（束缚水饱和度），则

$$GIP_0 = \frac{\partial R_T}{\partial \phi} = -\frac{abmR_w}{S_{wb}^{n+1} \phi^{m+1}} \tag{5.11}$$

$$GIS_0 = \frac{\partial R_T}{\partial S_w} = -\frac{abnR_w}{S_{wb}^{n+1} \phi^m} \tag{5.12}$$

水层的 $S_w = 100\%$，则

$$GIP_w = \frac{\partial R_T}{\partial \phi} = -\frac{abmR_w}{\phi^{m+1}} \tag{5.13}$$

$$GIS_w = \frac{\partial R_T}{\partial S_w} = -\frac{abnR_w}{\phi^m} \tag{5.14}$$

普通储层的 GIP、GIS 则分别位于 GIP_0、GIP_w 和 GIS_0、GIS_w 之间，如果它们的值趋向纯气层的值，则可判别为气层，如果它们的值趋向水层的值则可判别为水层。

由于 GIP、GIS、GIP_0、GIS_0、GIP_w、GIS_w 的变化范围较大，不便于研究和出图观察，本书将 GIP、GIS 进行归一化，将 GIP_w、GIS_w 设为 0，GIP_0、GIS_0 设为 1。则 GIP、GIS 位于 0 与 1 之间，GIP、GIS 的归一化公式为

$$GIPI = \frac{GIP - GIP_w}{GIP_0 - GIP_w} \tag{5.15}$$

$$GISI = \frac{GIS - GIS_w}{GIS_0 - GIS_w} \tag{5.16}$$

通过式(5.15)、式(5.16)转换后，水层的饱和度微分值始终为 0，纯气层的则为 1，一般储层的则位于 0 到 1 之间。

微分分析法中需要的束缚水饱和度可以利用压汞曲线进行求取。由于火成岩储层泥质含量较少，束缚水饱和度的大小主要与反映储层物性的孔隙度相关性较大，故可用校正后的进汞饱和度与孔隙度建立关系(图 5.7)，求取束缚水饱和度。

束缚水饱和度的解释模型为

$$S_{wb} = 94.87 e^{-0.08458\phi} \tag{5.17}$$

式中，S_{wb} 为地层的束缚水饱和度，%；ϕ 为地层的总孔隙度，%。

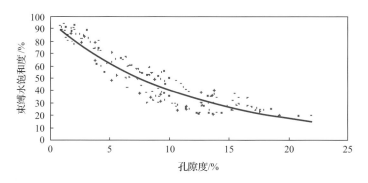

图 5.7 束缚水饱和度与孔隙度相关关系图

水层与气水同层、气水同层与油层之间的识别界限仍需要利用试气资料来刻度（图 5.8）。

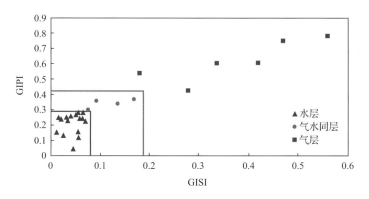

图 5.8 微分分析法识别图版

5. 偶极成像横波测井(DSI 测井)资料识别气层

DSI 采用偶极声波源,它能使井壁产生扰动,从而在地层中直接激发纵波、横波。该扰曲波的振动方向与井轴垂直,传播方向与井轴平行,可用于提取地层的横波时差,进而可以计算纵横波速度比和泊松比。

1) 纵横波速度比

在弹性介质中,纵波的传播速度和横波的传播速度分别为

$$纵波速度:v_\mathrm{p} = \sqrt{K + 0.75\mu} \tag{5.18}$$

$$横波速度:v_\mathrm{s} = \sqrt{\mu/\rho_\mathrm{b}} \tag{5.19}$$

式中, v_p、v_s 分别为地层的纵波速度、横波速度,m/s；K 为体积模量,Pa；μ 为剪切模量, Pa；ρ_b 为地层的密度,kg/m^3。

当储层含气时,地层的密度略降低。由于气体的可压缩性造成体变模量减小的幅度很大,进而造成纵波速度 v_p 的下降值远大于横波速度 v_s 的下降值。因此,可以利用纵、横波速度比识别气层。

2）泊松比

泊松比，又被称之为横向变性系数，它是横向应变与纵向应变之比值，能反映材料横向变形的弹性常数。其中气体的泊松比等于 0，水的泊松比等于 0.5。当地层中含气时，地层的泊松比下降，故可利用泊松比的下降指示气层。

图 5.9 是利用 DSI 处理结果识别天然气层的示意图，从图中可以看出，在试气资料含烃较多的地方，纵、横波速度比下降明显，泊松比下降明显。

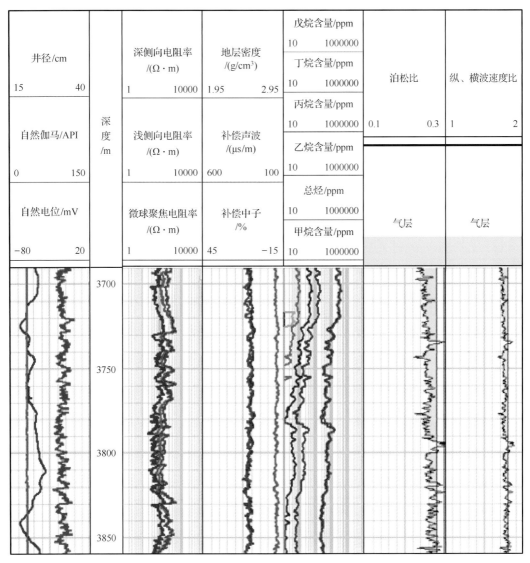

图 5.9　利用 DSI 识别气层（DD18 井）

6. 核磁孔隙度与密度孔隙度重叠法

核磁共振测井（王拥军，2006；李宁等，2009；李国欣等，2009）主要测量氢核的 T_1、T_2 弛豫特征，而弛豫特征与岩石中含氢流体的类型、含量等有密切关系。核磁孔隙度可以表示为

$$\phi_{\text{NMR}} = \phi(S_w + S_o HI_o + S_g HI_g) \tag{5.20}$$

式中，S_w、S_o、S_g 为含水饱和度、含油饱和度、含气饱和度，%；HI_o、HI_g 为油的含氢指数、天然气的含氢指数，无因次；ϕ_{NMR}、ϕ 为核磁孔隙度与地层的总孔隙度，%。

由式 5.20 可以看出，由于天然气的含氢指数低，故在含气层，核磁共振测井也会像中子测井那样出现"挖掘效应"，造成其测量的孔隙度偏低。而在气层处密度测井的测量值偏低，密度孔隙度偏高，因此，可将核磁共振孔隙度与密度孔隙度重叠，利用其差值识别天然气气层。如图 5.10 所示，在试气资料含烃较多的地方，两孔隙度的差值较大。

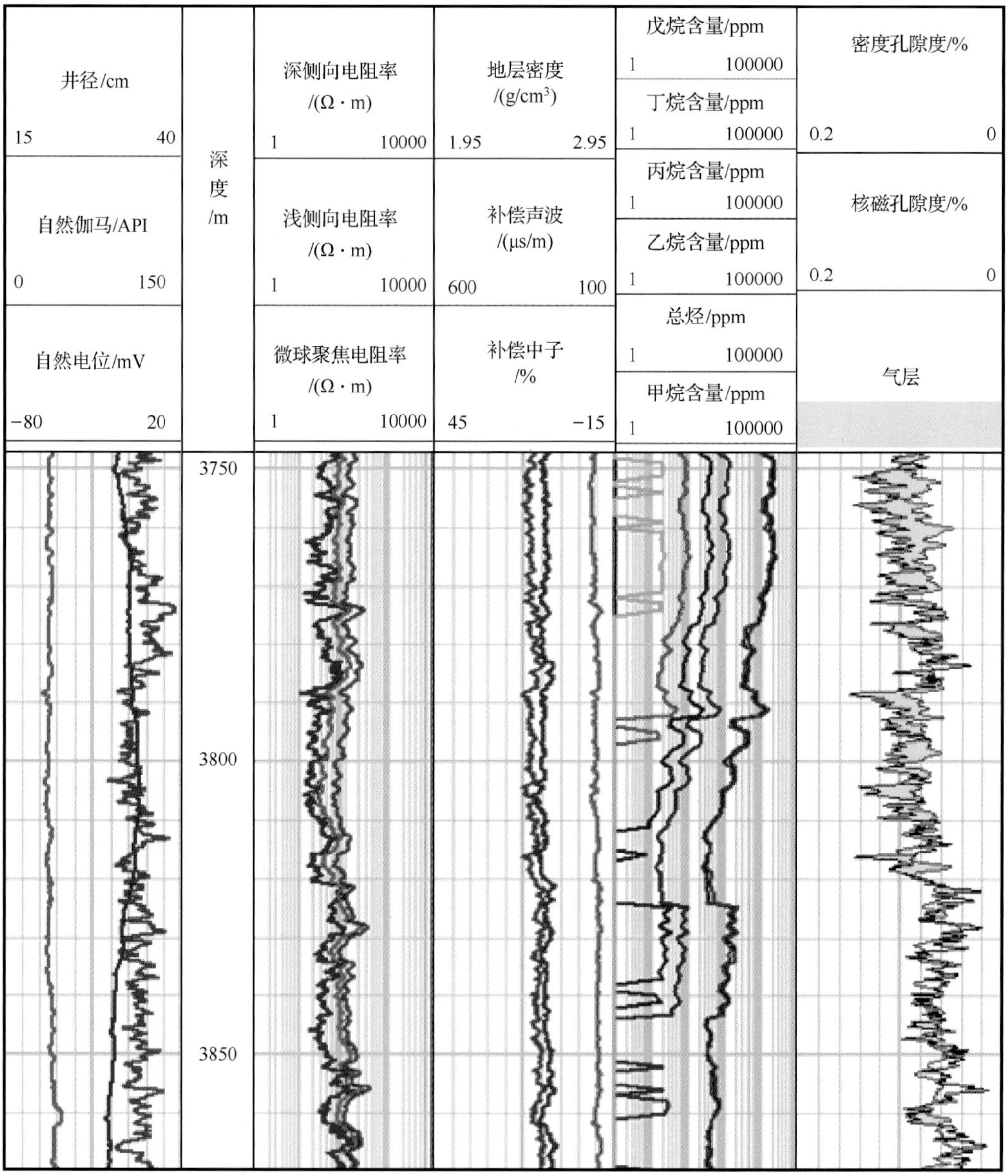

图 5.10　核磁孔隙度与密度孔隙度重叠法识别气层（DD183 井）

7. 测井信息结合改造方式的气水层识别

以气、水层的导电性、中子减速特性、声波传播特性、氢核弛豫特征差异为依据,考虑改造作用的影响,按岩性或储层类型建立火山岩气、水、干层测井响应模式(却少),综合利用核磁测井、声波测井、阵列感应测井和常规测井,采用 T_2 谱分析、差谱法、移谱法、波形分析、曲线交会、曲线重叠等方法,识别火山岩气、水层(图 5.11、图 5.12),在核磁测井 T_2 分布图上,表现为自由峰明显左移、幅度降低。

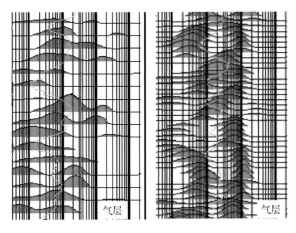

图 5.11　核磁测井 T_2 谱分析法识别气水层

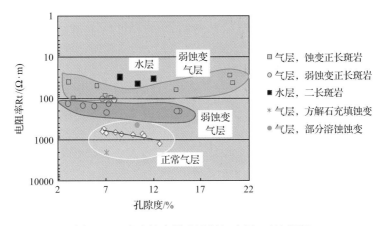

图 5.12　考虑蚀变影响识别气水层(正长斑岩)

由于综合利用多种信息,并考虑改造作用的影响,准噶尔盆地改造型火山岩气藏气、水层识别符合率达到 90% 以上,有效解决该地区酸性、中性、基性火山岩气藏及次火山岩气藏的气水层识别问题,搞清火山岩储层的流体特征。

改造型火山岩气藏储层气水层识别技术中的"蚀变火山岩气藏钻录测试流体识别及储层评价方法",降低流体识别的不确定性,提高识别符合率,有力地证明该方法的创新性与先进性。

5.1.4 流体界面识别

对陆东地区 60 多口井进行气、水层测井解释识别研究,结合单井试气资料和井生产资料,确定了各区块气-水界面位置的海拔分布参数,反映出陆东火山岩气藏岩性-构造对气、水界面的控制特征。不同区块岩性不同,受断层影响程度也不同,气水界面也有一定的差异,以 DD17 井区为例分别说明。

DD17 井区石炭系主要产气层段是一套呈层状分布、向东侧高部位尖灭的灰绿色杏仁状玄武岩、玄武质火山角砾岩。发育 DD17、DD176、DD5 玄武岩体和 DD176 流纹岩体。

DD176 井在石炭系系统试气 2 层,流纹岩段试气获压力系数为 1.16,玄武岩段试气获压力系数为 1.34,证明流纹岩气层与玄武岩气层为两个独立的压力系统(表 5.1),温度梯度基本一致。

表 5.1 DD176 井与 DD17 井区压力系数

井号	层位	储层岩性	试气井段/m	静压/MPa	压力系数
DD17 井		玄武岩	3633~3670	47.00	1.29
DD171 井		玄武岩	3670~3690	48.68	1.32
DD176 井	$C_2b_3^2$	玄武岩	3640~3648	48.67	1.34
DD177 井		玄武岩	3652~3698	47.65	1.30
DD176 井	$C_2b_2^2$	流纹岩	3794~3812	44.18	1.16

试油资料及测井资料表明,DD17 井区气水界面比较复杂,各岩体具有自己的气-水界面。利用各岩体的试油气资料和测井资料,确定各岩体的气-水界面深度。DD17 玄武岩体气-水界面为 −3170m、DD176 玄武岩体气水界面为 −3204m、DD5 玄武岩体的气-水界面为 −3191m。另外,DD17 井区下部发育 DD176 流纹岩岩体,DD176 井射开石炭系 3794~3812m,经压裂改造后针阀控制试产,日产油 5.61t,日产气 96 600m³。同时依据 DD176 井测井解释结果,DD176 流纹岩岩体气-水界面综合确定为 −3278m(表 5.2,图 5.13)。

表 5.2 DD17 井区各岩体气水界面深度

岩体	井号	海拔深度/m	方式	结论	气水海拔深度/m
DD176 玄武岩体	DD1703 井	−3153.3	电测解释	气水层	−3204
	DD178 井	−3204.1	电测解释	气层	
DD17 玄武岩体	DD171 井	−3102.1	试油	气层	−3170
		−3140.4	电测解释	气层	
DD5 玄武岩体	DD5 井	−3191.1	电测解释	气层	−3191
DD176 流纹岩体	DD1705 井	−3286.3	电测解释	气层	−3278
	DD176 井	−3277.9	试油	气层	

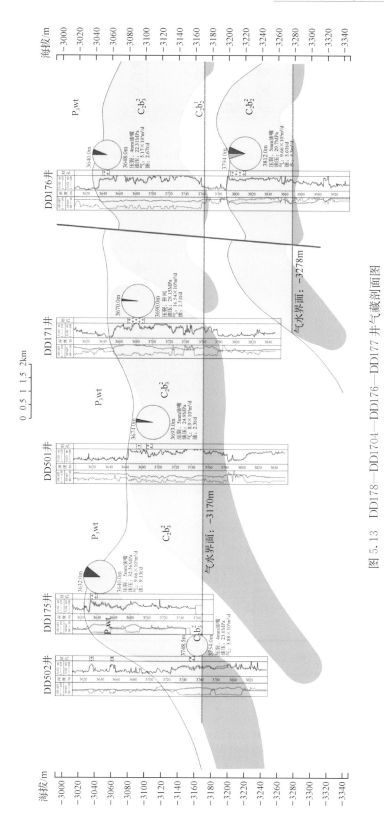

图 5.13　DD178—DD1704—DD176—DD177 井气藏剖面图

DD17 井区石炭系气藏整体具有上气下水的特征。DD17 井区石炭系气藏为带边、底水的构造岩性气藏,气藏中部深度 3629m,中部海拔－3200m,地层压力 48.27MPa,压力系数 1.33MPa/100m,地层温度 112.65℃。

5.2 气藏类型及流体性质

陆东地区气藏类型主要为构造-岩性气藏,对火山岩气藏地质和动态资料进行研究分析后认为,各井区气水关系和气藏特征各不相同。根据陆东地区 60 多口井测井解释对气、水层识别,以及单井试气资料和生产资料,确定了各气藏气-水界面位置,通过连通性分析,进一步搞清火山岩气藏的气、水分布特征,在此基础上,建立气水分布模式。

5.2.1 压力、温度系统

1. 气藏温度系统

地层温度是油气藏开发的重要参数。确定地层温度的方式主要有直接测量法、地温梯度推算法。直接测量法确定地层温度准确性与温度场受干扰的程度、地层温度恢复程度密切相关。由于钻井泥浆循环和泥浆侵入、地层流体层间窜流、井筒温度恢复时间不够等因素,很难测准地层真实温度。现场常用井温测井或者试井测量的温度,通过多井深度-温度拟合关系法,确定地区地温梯度和地面恒温层温度,确定出该地区地温梯度计算公式,用于地层温度的推算。地区地温梯度的计算公式为

$$T = T_G D + T_0 \tag{5.21}$$

式中,T 为地层温度,℃;T_G 为地温梯度,℃/100m;D 为地层埋藏深度,100m;T_0 为地区近地表恒温层平均温度,℃。

陆东地区气田位于滴南凸起上,前人依据滴南凸起各井取得的实测地层温度,建立了地层温度与地温梯度关系式,地层温度计算公式为

$$T = 2.75D + 13.896 \tag{5.22}$$

根据陆东地区气田石炭系多口井的井温测井资料,通过多井的井温拟合建立的地层温度计算公式为

$$T = 2.20D + 14.61 \tag{5.23}$$

根据陆东地区气田石炭系多口井试井测温资料,通过多井拟合建立的地层温度计算公式为

$$T = 2.41D + 25.677 \tag{5.24}$$

通过分析可以看出,滴南凸起地温梯度较石炭系地温梯度偏高,不适合石炭系储层温度的计算。试井建立的地层温度计算公式,恒温层温度偏高,地温梯度与测井井温确立的计算公式近似,但由于试井温度测温点普遍不在石炭系内,属于间接测量温度,只取其梯

度拟合结果,综合测井、试井和滴南地温梯度计算公式,确立克拉美丽气田石炭系地层温度计算公式为

$$T = 2.31D + 14.25 \tag{5.25}$$

式中,T 为地层温度,℃;D 为地层埋藏深度,100m。

陆东地区石炭系火山岩气藏储层地温梯度为 2.31℃/100m,地面近地表恒温层温度为 14.25℃,据此,推算 3000m 处地层温度为 83.55℃,4000m 处地层温度为 106.65℃(图 5.14)。陆东地区石炭系气藏地层温度梯度属于正常地温梯度范围,该气藏为正常温度系统气藏。

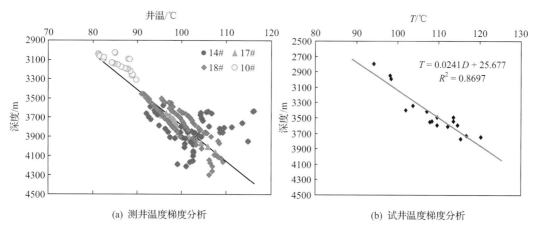

(a) 测井温度梯度分析　　　　　　　　(b) 试井温度梯度分析

图 5.14　陆东地区石炭系火山岩气藏测井与试井地温特征

2. 气藏压力系统

气藏压力是气藏分类中的重要指标,对于压力分类指标有压力系数(梯度)分析法和绝对压力分析法。我国气藏压力系数范围为 0.65～2.14MPa/100m,气藏压力分类中把压力系数大于 1.8 的气藏称为异常高压气藏,压力系数为 1.8～1.3 称为高压气藏,压力系数为 1.3～0.9 称为常压气藏,压力系数小于 0.9 称为低压气藏;按原始地层绝对压力大于 30MPa 为高压气藏,低于 30MPa 为常压气藏。

陆东地区石炭系气藏原始地层压力数据主要来源于试气资料和系统试井资料。由于储层的低渗、特低渗特征,没有可靠的 MDT 测井资料可用于压力梯度分析,无法利用 MDT 资料分析气水界面。

依据实测地层压力结果,石炭系火山岩气藏原始地层压力高于 30MPa,因此,按绝对原始地层压力分类,陆东地区气藏为高压气藏(图 5.15)。

根据压力系数分析,DD10、DD14、DD17、DD18 具有多套压力系统,压力系数为 1.01～1.35MPa/100m,平均压力系数 1.19MPa/100m(表 5.3)。

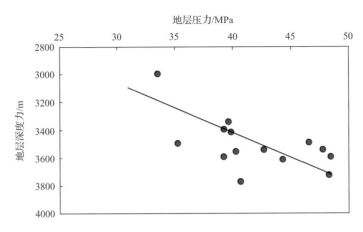

图 5.15　陆东地区气田储层地层压力特征图

表 5.3　陆东地区气田石炭系火山岩气藏压力系数表

井名	压力点深度/m	地层压力/MPa	压力系数/(MPa/100m)	压力点海拔/m
DD1001 井	2995.07	33.52	1.12	−2317.2
DD10 井	2795.24	30.98	1.11	−2128.8
DD1415 井	3725.10	48.24	1.30	−3124.1
DD1416 井	3542.50	47.73	1.35	−2923.4
DD14 井	3611.00	44.27	1.23	−3020.0
DD403 井	3539.50	42.64	1.20	−2944.2
DD17 井	3491.00	46.54	1.33	−2916.0
DD171 井	3592.10	48.38	1.35	−3012.1
DD1805 井	3341.00	39.65	1.19	−2706.1
DD1813 井	3412.05	39.84	1.17	−2775.4
DD1823 井	3495.30	35.29	1.01	−2862.8
DD18 井	3395.20	39.27	1.16	−2745.2
DD182 井	3592.50	39.23	1.09	−2941.6
DD183 井	3772.45	40.71	1.08	−3116.4
DD183 井	3552.45	40.26	1.13	−2896.4

　　按压力系数气藏分类标准,石炭系气藏为正常压力系统(系数)气藏。压力分析表明,陆东地区石炭系气藏为正常压力系统(系数)的高压气藏。

5.2.2　气藏类型

为提高火山岩气藏分类研究对气藏开发的指导作用,根据气藏开发影响因素进行气藏组合因素分类是十分必要的。气藏开发影响因素可分为主因素和特征因素,主因素包括储层因素和驱动因素,特征因素包括圈闭因素、流体组分与相态因素、温度压力因素、储量因素、经济因素等。

多因素组合气藏分类能够较好地描述复杂气藏基本地质特征。为了提高气藏组合因素分类的准确性,采用二元结构的"主因素＋特征因素"组合模式,借鉴三元结构的"储层因素＋驱动因素＋特征因素"分类标准,进行陆东地区石炭系火山岩气藏分类。

根据前面论述,陆东地区主要以断层控制的火山岩、次火山岩岩性圈闭气藏为主,属于岩性、构造和边水与底水综合控制的圈闭性凝析气藏。地质研究和动态分析表明,气藏为中低孔,低渗-特低渗(含致密)裂缝孔隙型,以弹性驱为主,以边水、底水中弱水驱为辅的气藏。气藏类型可表征为中低孔、低渗-特低渗(含致密)、裂缝-孔隙型,火山岩、次火山岩→弹性驱-中弱水驱→中高含 N_2,正常温度压力系统的高压凝析气藏。

陆东地区石炭系火山岩主要发育 DD17、DD14、DD18 和 DD10 含气井区,有多个压力系统,即有多个独立的气藏。在气、水层识别研究基础上,利用高精度三维地震过井剖面,研究绘制了陆东地区石炭系各个含气区气藏剖面图(图 5.16~图 5.18)。

试油资料及测井资料表明 DD17 井区气水界面比较复杂,各岩体气水界面不同。DD17 玄武岩体气水界面为−3170m,DD176 玄武岩体气水界面为−3204m,DD5 玄武岩体的气水界面为−3191m,DD176 流纹岩岩体气水界面为−3278m(表 5.2)。

DD14 井区具有相对统一的气-水界面(−3250m),由于水层物性较差,水的活跃程度受到限制,在限压开采时,应表现为弱水驱特征。DD14 井区上部储层以弹性气驱为主,整体上为具有底水的弱水驱-弹性驱气藏(图 5.17)。

DD18 井区整体具有上气下水的特征,DD18 和 DD183 侵入岩体具有相对统一的气-水界面(海拔:−3090m),显示了该区以岩性体控制为主的气藏圈闭特征,底部水层较发育。由于储层裂缝发育较好,近断层带储集岩体底水能量相对可能活跃,水体倍数为1.2~2.88,因此,该区为弹性驱-弱底水驱气藏(图 5.18)。

5.2.3　气藏驱动因素

气藏开发的驱动力是气藏开发工程中的关键要素,按驱动要素气藏可以分为气驱气藏、弹性水驱气藏和刚性水驱气藏三个大类,按水体与储层的位置关系和水体能量可分为边水驱、底水驱、边底水驱,弱水驱、中水驱和强水驱六种亚类,由于目前该区开发的动态资料尚不足以进行水驱定量指标的评价,本书主要从地质静态研究和动态定性分析两方面认识气藏驱动类型。

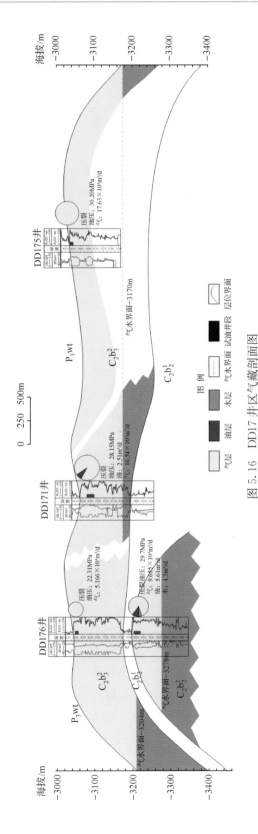

图5.16 DD17井区气藏剖面图

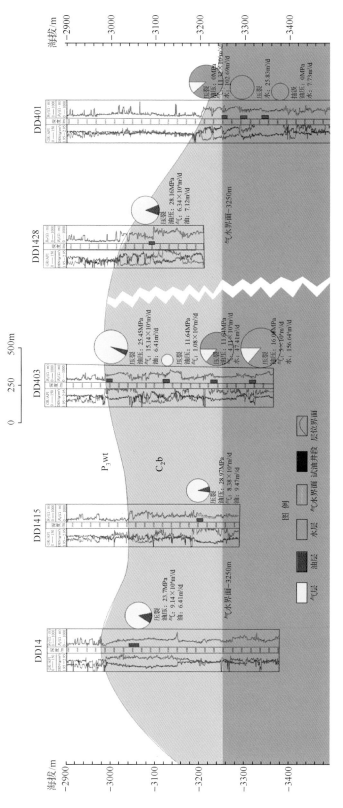

图 5.17　DD14 井区气藏剖面图

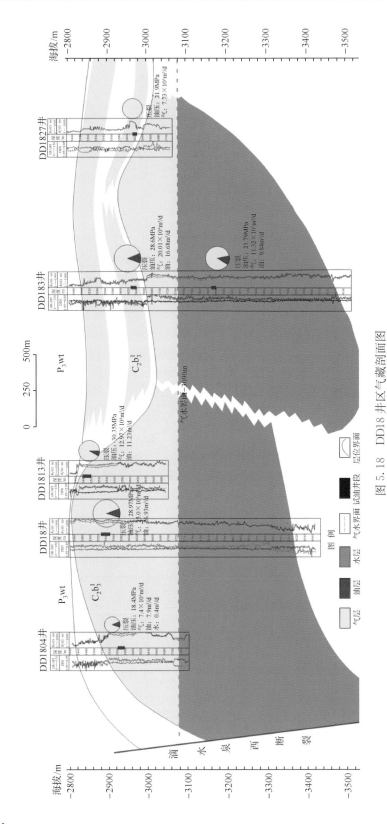

图 5.18 DD18 井区气藏剖面图

利用气-水界面参数、测井储层参数和含气圈闭面积等参数,根据目前的地质认识,采用静态法,对区内含水气藏的水体体积进行了估算,与储量计算结果进行对比,获得地层水体体积与气体体积比倍数(表 5.4)。初步估算 DD14 井区火山岩段水体地下体积为 $0.46 \times 10^8 \, \mathrm{m}^3$,天然气地下体积为 $0.36 \times 10^8 \, \mathrm{m}^3$,水体体积倍数为 1.3 倍。DD17 井区玄武岩段水体地下体积为 $0.04 \times 10^8 \sim 0.41 \times 10^8 \, \mathrm{m}^3$,天然气地下体积为 $0.04 \times 10^8 \sim 0.36 \times 10^8 \, \mathrm{m}^3$,水体体积倍数为 $1.0 \sim 3.0$ 倍;DD18 井区 DD18 正长斑岩岩体水体地下体积为 $0.91 \times 10^8 \, \mathrm{m}^3$,天然气地下体积为 $0.32 \times 10^8 \, \mathrm{m}^3$,水体体积倍数为 2.8 倍;DD18 井区 DD183 正长斑岩岩体水体地下体积为 $0.75 \times 10^8 \, \mathrm{m}^3$,天然气地下体积为 $0.22 \times 10^8 \, \mathrm{m}^3$,水体体积倍数为 3.4 倍(表 5.4)。

表 5.4　陆东地区火山岩气藏水体大小估算结果

井区及岩体		水体计算参数				水体体积 /$10^8 \mathrm{m}^3$	天然气地下 体积/$10^8 \mathrm{m}^3$	水体倍数
		A/km^2	h/m	ϕ	S_w			
DD17 井区	DD17 玄武岩体	4.00	30	0.125	1	0.15	0.05	3.0
	DD5 玄武岩体	2.23	15	0.120	1	0.04	0.04	1.0
	DD176 玄武岩体	13.10	25	0.125	1	0.41	0.36	1.1
	DD176 流纹岩体	5.30	30	0.140	1	0.22	0.08	2.8
DD14 井区		13.00	30	0.120	1	0.46	0.36	1.3
DD18 井区	DD18 正长斑岩体	6.80	160	0.085	1	0.91	0.32	2.8
	DD183 正长斑岩体	6.00	150	0.085	1	0.75	0.22	3.4

注:A 为面积;h 为厚度。

依据试采动态和地质水体倍数分析,该区火山岩气藏以弹性驱动为主、同时又具有一定的边底水发育的中-弱水驱气藏。在边底水发育,特别是在水体倍数较大,水层较为活跃的气藏内部,应注意限压开采,控制压差,控制合理采气速度,防止气层被水侵或水淹。

陆东地区石炭系火山岩主要发育 DD17、DD14、DD18 和 DD10 含气井区,有多个压力系统,即有多个独立的气藏。其中,DD17 井区气藏类型为中低孔、低渗,孔隙-裂缝型,基性火山岩→弹性驱动→中含 N_2,正常温压系统的高压凝析气藏。DD14 井区气藏类型为中低孔、低渗,裂缝-孔隙型,酸性火山岩→底水中弱水驱-弹性驱动→中含 N_2,正常温压系统的高压凝析气藏。DD18 井区气藏类型为低孔、低渗-特低渗(致密),裂缝-孔隙型,次火山岩→底水弱水驱-弹性驱动→中含 N_2,正常温压系统的高压凝析气藏。DD10 井区气藏类型为中低孔、低渗,孔隙-裂缝型,中-酸性火山岩→弹性驱动→高含 N_2,正常温压系统的高压凝析气藏。

该区气藏宜采用直井与水平井开发,含气丰度高的火山岩体可采用密井网开发。欠平衡钻井有利于提高单井产量,水平井压裂是提高单井产能的主要增产措施。为防止因边底水活跃而造成气藏水侵或水淹,应在压裂、采气速度、生产压差等方面进行合理设计或控制。

5.2.4 地层流体特征及分布

1. 天然气性质

1) 天然气组分及性质

根据陆东地区 29 口流体取样井 179 个天然气组分取样分析结果,按气藏分区进行天然气组分及性质分析,获得了陆东地区石炭系天然气组分及特征(表 5.5)。

表 5.5 陆东地区石炭系天然气组分特征表

井区	天然气相对密度	甲烷 /%	乙烷 /%	丙烷 /%	异丁烷 /%	正丁烷 /%	异戊烷 /%	正戊烷 /%	N_2 /%	O_2 /%	CO_2 /%	临界温度/K	临界压力/MPa
DD17	0.6363	87.01	4.70	1.72	0.51	0.50	0.11	0.07	5.29	0.007	0.087	198.60	4.57
DD14	0.6483	85.25	5.17	2.02	0.53	0.57	0.15	0.12	6.07	0.005	0.124	199.70	4.56
DD18	0.6680	83.88	6.11	2.63	0.79	0.77	0.23	0.13	5.32	0.004	0.137	203.62	4.56
DD10	0.6625	82.74	3.41	1.76	0.67	0.72	0.30	0.18	10.10	0.020	0.085	195.70	4.50
平均	0.65	84.72	4.85	2.03	0.63	0.64	0.20	0.12	6.69	0.01	0.11	199.68	4.54

陆东地区石炭系气藏天然气组分统计显示,烃类气体和氮气两种组分占主导,烃类气体含量平均值大于 90%,氮气含量为 3.23%～23.21%,平均为 6.69%,按氮气含量划分标准,确定为微含 N_2(含量小于 2.0%)～高含 N_2(含量大于 10.0%)气藏,平均为中含 N_2 气藏;二氧化碳含量为 0.0%～1.27%,为微含(含量小于 0.01%)～低含 CO_2(含量为 0.01%～2.0%)气藏,平均为 0.108%,可定为低含二氧化碳气藏,微含氧气(平均含氧量为 0.009%),不含硫化氢及其他腐蚀性、有害性气体(图 5.19)。

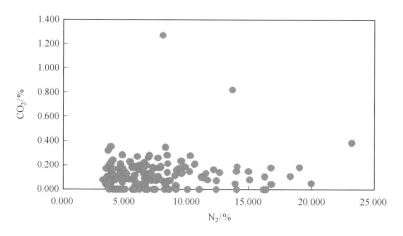

图 5.19 陆东地区石炭系气藏天然气组分中 N_2-CO_2 特征图

2）天然气相图

陆东地区天然气 PVT 分析拟合相图资料分析表明,在原始地层压力和温度条件下,陆东地区石炭系火山岩天然气均位于相图的凝析气区(图 5.20)。

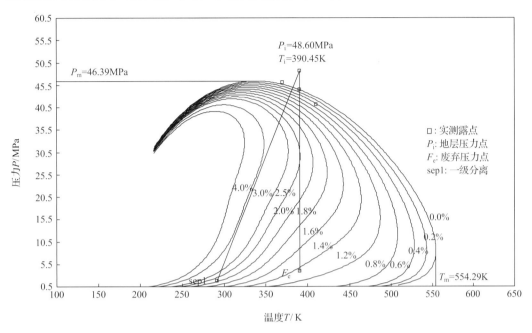

图 5.20　陆东地区石炭系天然气拟合 P-T 相图

分析 DD17 井区流体的反凝析液量在 21.97MPa 左右达到最大值 3.30%,露点压力为 44.44MPa,低于原始地层压力 47.5MPa;凝析油含量为 56.5g/m³,为低凝析油含量的凝析气藏[图 5.20(a)]。DD14 井区流体的反凝析液量在 13.72MPa 左右达到最大值 0.43%,露点压力为 33.15MPa,低于原始地层压力 44.8MPa;凝析油含量为 71.7g/m³,为低凝析油含量的凝析气藏[图 5.20(b)]。DD18 井区流体的反凝析液量在 21.00MPa 左右达到最大值 3.93%,露点压力为 39.43MPa,低于原始地层压力 39.7MPa;凝析油含量为 106.1g/m³,为中凝析油含量的凝析气藏[图 5.20(c)]。DD10 井区露点压力为 21.12MPa,低于原始地层压力 33.7MPa;凝析油含量为 27.7g/m³,为特低凝析油含量的凝析气藏[图 5.20(d)]。依据原始地层压力与露点压力对比可知,克拉美丽气田原始地层压力均高于露点压力,因此,属于无油环存在的低饱和气藏。各含气区凝析油含量均低于凝析油含量气藏定名标准(大于 250g/m³),不参与凝析气藏定名。

2. 凝析油特征

对于凝析气藏开发,凝析油的含量、密度、黏度、凝固点等特征是重要分析要素,这些因素影响凝析气藏开发方案和开发措施的制定。对于凝析气藏开发,凝析油的凝固点温度较为重要。

陆东地区石炭系火山岩凝析气藏凝析油在 40℃时(气井生产时地面井口温度均值),凝析油黏度范围为 0.7～1.8mPa·s,平均值为 1.07mPa·s;凝析油密度范围为 0.723～

0.796g/cm³,平均值为0.771g/cm³;凝析油含蜡0%～6.8%,平均含蜡1.8%;凝固点温度－28～13℃,平均凝固点温度－5.9℃(图5.21～图5.23)。

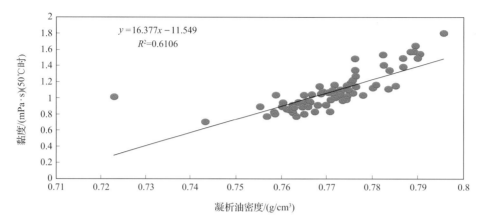

图5.21　陆东地区石炭系凝析油黏度-密度特征

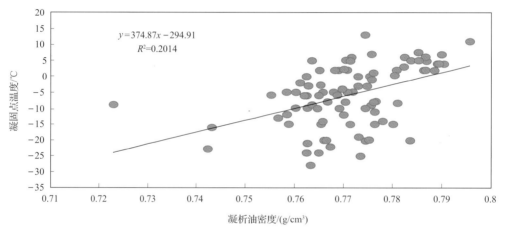

图5.22　陆东地区气田石炭系凝析油凝固点温度-密度特征图

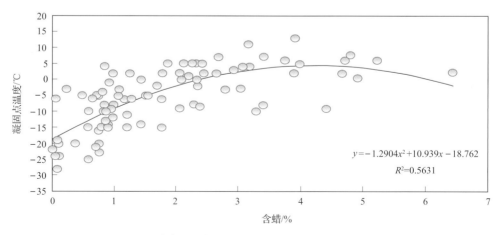

图5.23　陆东地区气田石炭系凝析油凝固点-含蜡特征图

凝析油黏度与密度具有较好的相关性,随着凝析油密度增加,凝析油黏度呈现近似线性增加趋势。凝析油的黏度还跟温度密切相关,随着温度增加,凝析油黏度降低。

凝析油凝固点温度与凝析油密度相关性较差,在凝固点温度与凝析油密度关系图上,二者显示明显的成片展布,有随着密度增加凝固点温度增加趋势,但相关性差。

凝析油凝固点温度与含蜡量具有较好的相关关系,随着含蜡量增加,凝固点温度升高趋势明显。依据凝析油特征分析数据进行分井区特征统计结果(表 5.6)。

表 5.6　陆东地区石炭系分井区凝析油特征

井区	凝析油含量 /(g/m³)	地面密度 /(g/m³)	黏度/(mPa·s) (50℃)	凝固点 /℃	初馏点 /℃	含蜡 /%
DD17	56.45	0.784	1.39	4	120.2	4.73
DD14	71.73	0.797	10.04	6	108.8	3.85
DD18	106.06	0.763	0.82	−7	76.5	1.45
DD10	27.68	0.769	0.93	−15	100.9	0.68
平均	65.55	0.778	3.30	−3	101.6	2.68

根据陆东地区石炭系天然气组分、特征,天然气拟合相图,按照气藏分类标准进行分类,总体上陆东地区石炭系火山岩气藏为中等含氮气的凝析气藏,其中 DD10 井区为高含氮气凝析气藏,DD14、DD17 和 DD18 井区为中等含氮气凝析气藏。

3. 地层水性质

气藏中的地层水性质及其分布对气藏开发具有重要影响,有关克拉美丽气田石炭系地层水分布已在储层评价和气藏驱动类型中进行总结分析,这里主要就地层水的物理性质进行分析。气藏中的地层水大致可分为孔隙自由可动水、孔隙毛管束缚水和气溶水(水蒸气)。地层水的水型、矿化度、酸碱度、体积系数、溶解气水比、地层水压缩系数、地层水黏度、地层水密度等对于气藏开发及开发方案设计具有重要作用。

1) 地层水的地面性质

根据陆东地区石炭系火山岩储层试气、试采地层水样分析可知:地层水总矿化度为 $7885.7 \sim 22775.2 \mathrm{mg/L}$,平均为 $11643.2 \mathrm{mg/L}$;地层水地面密度为 $1.007 \sim 1.036 \mathrm{g/cm^3}$,平均为 $1.017 \mathrm{g/cm^3}$;地层水 pH 为 $6.0 \sim 9.0$,平均为 7.0;水型为 $CaCl_2$ 型(图 5.24)。

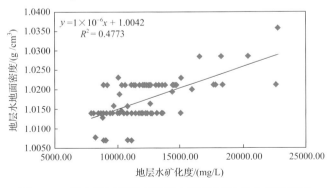

图 5.24　陆东地区石炭系地层水地面密度-矿化度特征图

根据陆东地区地层水分析获得的数据进行分井区统计,得到克拉美丽气田石炭系火山岩地层水地面特征参数(表5.7)。

表5.7　陆东地区石炭系地层水地面性质

井区	Cl^- /(mg/L)	SO_4^{2-} /(mg/L)	HCO_3^- /(mg/L)	Ca^{2+} /(mg/L)	Mg^{2+} /(mg/L)	$K^+ + Na^+$ /(mg/L)	总矿化度 /(mg/L)	密度 /(g/cm³)	水型	pH
DD17	5321.5	243.5	714.9	2341.6	27.2	1100.9	9394	1.016	$CaCl_2$	6.6
DD14	6886.8	256.6	614.2	1152.3	20.2	3488.9	12147	1.017	$CaCl_2$	7.4
DD18	5715.0	391.0	444.3	960.3	10.7	2987.8	10349	1.014	$CaCl_2$	7.5
DD10	8552.6	203.8	332.8	1868.0	51.2	3531.2	14373	1.021	$CaCl_2$	6.3
平均	6619.0	273.7	526.6	1580.6	27.3	2777.2	11566	1.017	$CaCl_2$	7.0

2)地层水的地下性质

原始地层条件下地层水的性质是天然气开发的重要基础资料,通常可由地层水取样高压物性分析(PVT)或者经验公式分析给出。由于陆东地区石炭系火山岩地层水没有PVT取样及实验分析资料,采用地层水高压物性经验公式分析法,计算获得陆东地区石炭系火山岩地层水原始地层条件下的溶解气水比、地层水体积系数、密度、黏度等物性参数(表5.8)。

表5.8　陆东地区石炭系地层水地下性质

井区	埋深 /m	温度 /℃	矿化度 /(mg/L)	地层压力 /MPa	压缩系数 /(10⁻⁴/MPa)	溶解气水比 /(m³/m³)	体积系数 /(m³/m³)	密度 /(g/cm³)	黏度 /(mPa·s)
DD17	3765	101.22	9394	47.5	4.24	3.69	1.021	0.977	0.28
DD14	3852	103.23	12147	44.8	4.28	3.74	1.024	0.977	0.27
DD18	3806	102.17	10349	39.7	4.35	3.70	1.025	0.975	0.27
DD10	3176	87.62	14373	33.7	4.22	3.44	1.017	0.985	0.33
全区	3650	98.56	11566	41.4	4.28	3.64	1.022	0.979	0.29

3)天然气中水蒸发含量

天然气中水蒸气含量是气藏开发过程中凝析水的主要来源,对于认识水窜、水锥进等边底水活动具有重要指示作用。研究表明水蒸气含量主要与气藏的地层温度、压力、气体组成及液态水的含盐量等有关,压力越高气体组成对水蒸气含量影响越大。对天然气中水蒸气含量的分析方法有公式计算法、图版法和试采气水比统计分析法等。

(1)公式法计算水蒸气含量。

天然气中水蒸气含量的计算步骤如下。

① 计算相对密度 $\gamma_g = 0.6$ 时,天然气与纯水平衡状态下的水蒸气含量:

$$W_{0.6} = 0.4736e^{0.0735T - 0.00027T^2}/P + 0.0418e^{0.054T - 0.0002T^2} \tag{5.26}$$

② 将纯水条件下的水蒸气含量进行温度和矿化度校正,校正系数分别为

$$C_{c} = 1 - 0.225 \times 10^{-2} K_{c} \tag{5.27}$$

$$C_{p} = 10^{-7} T^{2} - 1.1 \times 10^{-3} T \gamma_{g} - 0.079 \gamma_{g}^{2} + 0.73 \times 10^{-3} T + 0.156 \gamma_{g} + 0.927 \tag{5.28}$$

③ 利用 $W = W_{0.6} C_{c} C_{p}$ 计算天然气中水蒸气的实际含量。

式中, $W_{0.6}$ 为气体相对密度 $\gamma_{g} = 0.6$ 时与纯水平衡状态下的水蒸气含量, g/m^{3} ; C_{c} 为水中含盐量的校正系数; C_{p} 为 $W_{0.6}$ 的校正系数,与温度有关; K_{c} 为水的含盐量, kg/m^{3} ; T 为温度, ℃; Γ_{g} 为气体相对密度,小数。

(2) 试采井水气比分析。

天然气中,水蒸气的含量在天然气生产井中会以凝析水的方式显示,为地面产水,如果以准确的产气和产水计量资料为基础,分析获得试采气水比,在一定范围内气水比稳定,可确定为水蒸气含量。

根据陆东地区石炭系气藏温度压力资料、地层水物性资料和试采资料,分别确定了DD10、DD14、DD17 和 DD18 井区气藏的水蒸气含量,给出了统计结果(表5.9)。

表 5.9 陆东地区石炭系火山岩气藏天然气中的水蒸气含量特征

井区	理论计算 /(m³/10⁴m³)	图版法 /(m³/10⁴m³)	试采统计分析 /(m³/10⁴m³)	水蒸气含量上限 /(m³/10⁴m³)
DD10	0.647	0.608		0.65
DD14	0.149	0.816	0.025~0.478	0.82
DD17	0.167	0.784		0.78
DD18	0.180	0.864	0.0~2.115	0.86
平均	0.286	0.768		0.78

从表中可以看出,理论计算与图版法水蒸气含量处于同一数量级,二者之间有一定误差。试采分析水蒸气含量为 $0 \sim 2.115 m^{3}/10^{4} m^{3}$ 。根据理论计算、图版法结果,综合选择水蒸气含量小于 $1\ m^{3}/10^{4} m^{3}$ 水蒸气含量上限。依据水蒸气含量特征,综合确定各含气区水蒸气含量上限。若生产气水比突破水蒸气含量上限,可初步判断为有地层水产出或者有边底水突破。

参 考 文 献

李国欣,匡立春,冯志强,等. 2009. 火山岩油气藏测井评价技术及应用[M]. 北京:石油工业出版社

李宁,乔德新,李庆峰,等. 2009. 火山岩测井解释理论与应用[J]. 石油勘探与开发,36(6):683-692

裘亦楠,薛淑浩. 1997. 油气储层评价技术[M]. 北京:石油工业出版社

王拥军. 2006. 深层火山岩气藏储层表征技术研究[D]. 北京:中国地质大学(北京)博士学位论文

火山岩气藏储量评价 第6章

储量计算是一项贯穿油气勘探、开发全过程的长期工作,随着资料的增加和对油气藏认识的不断深入,需要不断对油气储量进行重新计算。储量计算的准确性和可靠性影响勘探和开发决策(梁昌国,2008)。那么,针对火山岩气藏,如何才能准确地计算天然气储量呢? 关键要对火山岩气藏分析其储层参数计算的难点,并客观、准确地认识火山岩气藏,尽可能准确地确定其储量计算参数。

6.1 储量计算方法

国内外地质储量计算的方法主要有容积法、物质平衡方法、压降法、产量递减曲线法、水驱特征曲线法、类比法(经验法)、矿场不稳定试井法、概率统计法、神经网络法、弹性二相法等(杨通佑,1990;国景星和戴启德,2001;吴元燕,2005;印长海等,2009)。

这些方法被应用于不同的油、气田勘探、开发阶段及不同的地质条件。其中,容积法、类比法、概率统计法主要利用油、气田的静态资料和参数来计算油、气地质储量,故统称为油、气地质储量计算的静态法。其余利用油、气田动态资料和参数计算油、气地质储量的方法则属于动态法。陆东地区气藏投产时间短,本书采用容积法计算地质储量。

凝析气藏地质储量的公式为

$$G_c = 0.01 A_g h \phi S_{gi} / B_{gi} \tag{6.1}$$

凝析气藏中干气和凝析油地质储量公式为

$$G_d = G_c f_d \tag{6.2}$$

$$N_c = 10^4 G_d \rho_{oc} / GOR \tag{6.3}$$

式中,G_c 为凝析气原始地质储量,$10^8 m^3$;A_g 为含气面积,km^2;h 为平均有效厚度,m;ϕ 为平均有效孔隙度,%;S_{gi} 为平均原始含气饱和度,%;B_{gi} 为凝析气体积系数,无因次;G_d 为凝析气藏干气储量,$10^8 m^3$;f_d 为凝析气藏干气物质的量分数分量,%;N_c 为凝析油储量,$10^4 t$;ρ_{oc} 为凝析油地面密度,t/m^3;GOR 为凝析气藏生产气油比,m^3/m^3。

陆东地区石炭系火山岩是以基质孔隙为主的非碎屑岩储层,每个气藏都有独立的压力系统和气水界面。因此 DD17 井区、DD14 井区和 DD18 井区三个气藏储量单独计算,每个气藏为单独的计算单元。根据石炭系火山岩储层发育特征,三个气藏均为裂缝—孔隙双重介质的储层,分基质和裂缝两个单元分别计算储量。本书以 DD14 井区为例计算气藏地质储量。

6.2　基质储量参数

6.2.1　含气面积

　　含气面积的确定原则:①未见水的气藏,气藏底界根据测井解释有效厚度底界确定;②对于带底水的气藏,气藏底界根据气水同层射孔段底界海拔确定;③岩性圈闭的边界,以岩体厚度 10m 线圈定;④断层处,以断层为界圈定;⑤按 1.5 倍开发井距确定;⑥根据气藏的气水界面,在气藏顶界构造图上圈定。

　　陆东地区石炭系气藏为构造-岩性气藏,构造图是利用三维地震资料精细解释,并结合大量钻井资料完成的。含气面积是在 1:10000 气层顶面等值线图圈定上的,含气边界确定依据:①以气水界面确定;②以岩体边界作为含气边界,圈定各有利火山岩体含气面积。

　　根据 DD14 井区的气藏压力图,DD401 井、DD402 井、DD403 井和 DD14 井的产层为统一压力系统的同一气藏。比较试油成果的海拔可知,DD401 井、DD402 井和 DD403 井的气水同层底界海拔非常接近,为 $-3234.65 \sim -3255.1\mathrm{m}$,气藏气水界面实际取值为 $-3250\mathrm{m}$,在 DD14 井区块气层顶界等值线图上圈定含气面积为 $19.67\mathrm{km}^2$(图 6.1)。

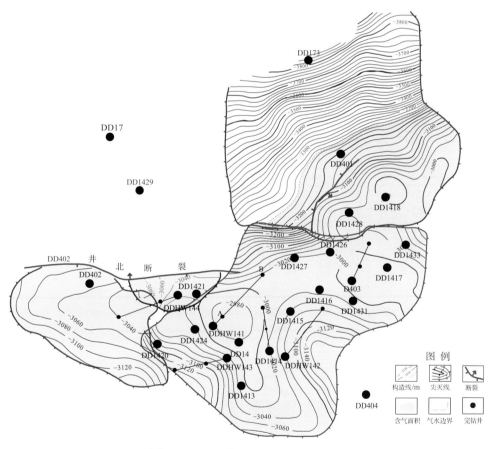

图 6.1　DD14 井区石炭系含气面积图

6.2.2 有效厚度

在气层识别的基础上,根据有效厚度下限确定单井有效厚度(任茵,2012)。由计算机根据以上确定的参数和气层标准自动解释划分测井解释厚度,然后结合录井解释成果,单井有效厚度为测井解释有效厚度与气测录井解释厚度的交集,计算单元平均有效厚度采用算术平均、井点控制面积法、有效厚度等值线法分别计算(表6.1)。DD14井区块石炭系火山岩储层基质有效厚度取值采用等值线面积权衡确定为59.9m(图6.2)。

表 6.1　DD14 井区石炭系气藏储层基质有效厚度取值表

层位	解释井数	层数	区间值/%	平均方法/%			取值/%
				算术平均	井控面积权衡	等值线面积权衡	
$C_2b_2^2$	4	34	13.50~127.25	69.38	75.66	59.9	59.9

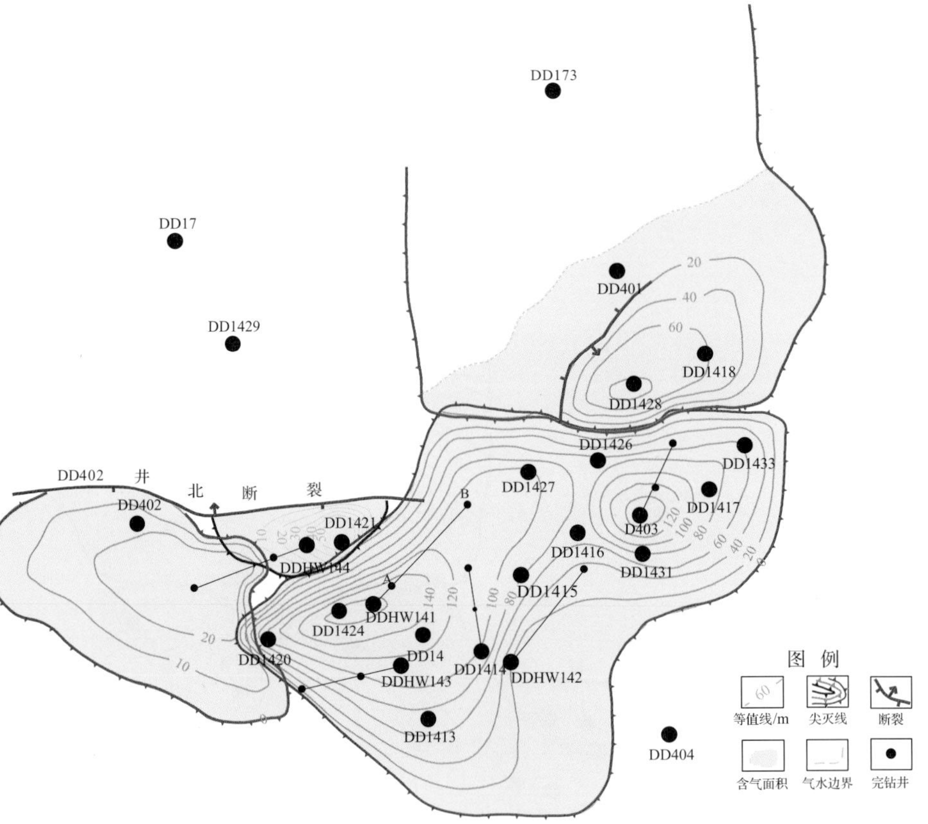

图 6.2　DD14 井区石炭系火山岩气藏储层基质有效厚度图

6.2.3 有效孔隙度

单井平均有效孔隙度采用有效厚度权衡,计算单元采用算术平均法和井控气层体积权衡确定。实际取值见表6.2。

表 6.2　DD14 井区石炭系气藏基质孔隙度取值表

层位	解释井数	区间值 /%	平均方法/%		取值 /%
			算术平均	井控气层体积权衡	
C_2b	4	13.02~16.15	14.90	15.67	15.7

6.2.4　含气饱和度

各有效厚度段的含气饱和度采用阿尔奇公式计算,单井含气饱和度采用孔隙、厚度权衡,计算单元含气饱和度采用算术平均和井点控制孔隙体积权衡,其值见表 6.3。

表 6.3　DD14 井区石炭系气藏基质含气饱和度取值表

井数	含气饱和度/%			取值 /%
	分布区间	算术平均	井控孔隙体积权衡	
4	57.42~65.08	61.95	64.04	64.0

6.2.5　体积系数

气藏原始天然气体积系数分别由相对密度法、气层相态资料和欧氏公式三种方法计算。

相对密度法、相态资料法求取体积系数由式(6.4)计算:

$$B_{gi} = P_{sc}T_iZ_i/P_iT_{sc} \tag{6.4}$$

式中,P_{sc} 为地面标准压力,MPa;T_{sc} 为地面标准温度,K;P_i 为气藏中部原始地层压力,MPa;T_i 为气藏中部地层温度,K;Z_i 为气体偏差因子,无因次(由斯坦丁-卡兹图版查得)。

1. 相对密度法

相对密度法公式如下:

$$r_{well} = \frac{r_g\text{GOR} + 830r_o}{543.15(1.03 - r_o) + \text{GOR}} \tag{6.5}$$

$$P_{pc} = 4.8677 - 0.3565r_{well} - 0.07653r_{well}^2 \tag{6.6}$$

$$T_{pc} = 103.889 + 183.333r_{well} - 39.7222r_{well}^2 \tag{6.7}$$

$$P_{pr} = \frac{P_i}{P_{pc}} \tag{6.8}$$

$$T_{pr} = \frac{T}{T_{pc}} \tag{6.9}$$

式中,r_g 为天然气的相对密度,g/cm^3;r_o 为凝析油的相对密度,g/cm^3;r_{well} 为总井流物的相对密度,g/cm^3;GOR 为稳定生产凝析气油比,m^3/m^3;P_{pc} 为总井流物拟临界压力,

MPa；T 为地层温度，K；T_{pc} 为总井流物拟临界温度，K；P_{pr} 为总井流物拟对比压力，无因次；T_{pr} 为总井流物拟对比温度，无因次。

DD14 井区石炭系气层都进行了系统试井，所以根据系统试井资料，并进行结合外推地层压力及凝析油产量，选择稳定工作制度中凝析油含量高的气油比为合理生产气油比，具体数据见表 6.4。

表 6.4 DD14 井区气体偏差系数计算表

r_g	ρ_o /(g/cm^3)	GOR /(m^3/m^3)	r_{well}	P_{pc}	T_{pc}	P_{pr}	T_{pr}	Z_i	f_d	σ /(cm^3/m^3)
0.652	0.774	10994	0.701	4.580	212.96	9.784	1.82	1.129	0.988	90

注：σ 为凝析油含量。

DD14 井区气层中部压力 44.812MPa，气层中部温度 114.27℃（387.31K），地面标准压力 0.101MPa，标准温度 20℃（293.15K），计算体积系数为 0.00336（表 6.5）。

表 6.5 DD14 井区天然气体积系数计算表

计算单元	地层压力/MPa	地层温度/K	偏差因子	体积系数
C$_2$b	44.812	387.42	1.129	0.00336

2. 相态法

相态资料法采用实际分析资料。由 DD14 井石炭系气层相态资料，其实测气体偏差系数为 1.126，气层中部压力为 44.812MPa，气层中部温度为 114.27℃，地面标准压力为 0.101MPa，标准温度为 20℃，计算体积系数为 0.00336。

3. 经验公式法

欧远德收集整理了准噶尔盆地和柯克亚气田 31 个气藏气体体积系数与有关资料，其中一般气藏 22 个，凝析气藏 9 个，分布地层为古近系至石炭系。应用其资料建立气体体积系数与原始地层压力关系。欧氏气体体积系数公式如下：

$$B_{gi} = 2670 P_{gi}^{-0.553} \tag{6.10}$$

式中，P_{gi} 为气藏中部压力，MPa。

根据欧氏公式，分别求得 DD17 井区体积系数为 0.00326，DD14 井区体积系数为 0.00316，DD18 井区体积系数为 0.00349，DD10 井区体积系数为 0.00382。

根据上述三种不同的方法，计算得到的气体体积系数见表 6.6。实际计算 DD14 井区气体体积系数取值 0.00336。

表 6.6 DD14 井区天然气体积系数对比表

体积系数计算方法			计算取值
相对密度法	欧氏公式	相态法	
0.00336	0.00326	0.00336	0.00336

6.3　裂缝储量参数

6.3.1　含气面积及体积系数

DD14 火山岩气藏为裂缝-孔隙双重介质油藏(秦启荣等,2008),因此,裂缝含气面积的圈定与各区块基质面积相同。无论是基质孔隙还是裂缝孔隙,其流体性质是相同的,因此天然气体积系数也与各区块基质面积相同。

6.3.2　有效厚度

本气藏进行裂缝测井解释所遵循的原则是,用岩心裂缝统计资料对成像测井进行标定,单井有效厚度采用成像资料处理结果。根据成像资料反映的特征,裂缝主要分两种类型:有效缝和无效缝,其中有效缝为张开缝,包括斜交缝、网状缝、直劈缝和半充填缝,无效缝指被方解石(或其他固体充填物)全充填的闭合缝。直劈缝由于角度较高,多数情况下与钻井诱导缝难以区分,为非正弦形态,处理时按不规则缝进行拾取;无效缝(闭合缝)对储层产能基本没有贡献,故没有参与裂缝参数计算。

裂缝参数的定量计算采用 GeoFrame 工作站,通过人工交互拾取的方式,主要提供裂缝长度(FVTL)、裂缝密度(FVDC)和裂缝视孔隙度(FVPA)等参数,各参数的计算公式如下:

$$FVTL = \frac{1}{2\pi RHC}\sum_i L_i \tag{6.11}$$

$$FVD = \frac{1}{H}\sum_i L_i \tag{6.12}$$

$$FVDC = \sum_i \frac{I_i}{H|\cos\theta_i| + 2R|\sin\theta_i|} \tag{6.13}$$

$$FVPA = \frac{\sum L_i W_i}{2\pi RCH} \tag{6.14}$$

式中, R 为井眼半径,m; C 为 FMI 井眼覆盖率; L_i 为第 i 条裂缝的长度,m; I_i 为第 i 深度段内裂缝的条数; W_i 为第 i 条裂缝的平均宽度,m; θ_i 为第 i 条裂缝的视倾角,即裂缝面与井轴的夹角; H 为评价井段长度,m。

通过 DD 地区各个区块各口井的成像裂缝计算,各区块按算术平均、井控面积法和有效厚度等值线法分别计算,最终取值见表 6.7。DD14 井区块裂缝有效厚度,取值采用等值线面积权衡确定为 49.6m(图 6.3)。

表 6.7　DD14 井区石炭系气藏裂缝有效厚度取值表

层位	解释井数	层数	区间值/m	平均方法			取值/m
				算术平均/%	井控面积权衡	等值线面积权衡	
C_2b	4	47	29.2~96.8	59.30	62.02	49.60	49.6

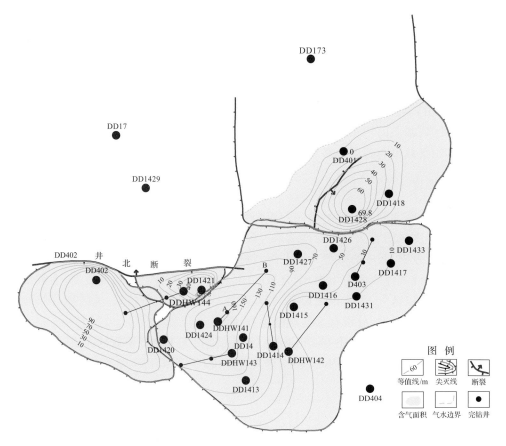

图 6.3　DD14 井区火山岩气藏储层裂缝有效厚度图

6.3.3　裂缝孔隙度

单井裂缝孔隙度采用成像测井解释结果(王贵文和郭荣坤,2000;孙建孟和王永刚,2001),DD14 井区采用算术平均法和井控气层体积法权衡,最终取值 0.2%(表 6.8)。

表 6.8　石炭系气藏裂缝孔隙度取值表

井区块	层位	解释井数	区间值 /%	平均方法/%		取值 /%
				算术平均	井控气层体积权衡	
DD14	C_2b	4	0.17~0.31	0.22	0.20	0.2

6.3.4　裂缝含气饱和度

裂缝含气饱和度与基质孔隙的含气饱和度有相当大的差别。希尔奇和皮尔逊的理论认为,裂缝相对渗透率曲线可等效为一组管状通道的相对渗透率曲线,裂缝含水饱和度等于水的相对渗透率。即

$$S_{wf} = kr_w = \mu_w f_w / (B_o \mu_o - \mu_w f_w) \tag{6.15}$$

式中，S_{wf} 为裂缝含水饱和度，％；Kr_w 为水的相对渗透率，无因次；μ_w 为水的黏度，mPa·s；μ_o 为油的黏度，mPa·s；B_o 为原油体积系数，无因次；f_w 为油田开采初期含水率，％。

利用式(6.15)计算裂缝含水饱和度趋于极小，因此本气藏取值为 95％。

6.4　储量计算及评价

针对陆东地区不同井区及储量单元，采用容积法，分基质和裂缝、基质储层又进一步分类进行了储量评价，储量评价过程中需要充分利用丰富的基础资料，进而才能得到较可靠的评价结果。

首先，通过不同计算单元求取叠合含气面积，进而求取各单元天然气基质储量；其次，根据储层分类标准和不同井区天然气储量特征，计算气藏深度及储量规模，划分储量类型，求取各类储量所占比例；最后，根据试气产能与地层系数、储层类型关系分析，确定各井区不同类储量可动用情况，为开发部署及决策提供依据。

6.5　采收率标定

标定油田采收率的方法很多，例如，实验室法(岩心分析法)、相关经验公式法、图版法、水驱特征曲线法、产量递减法、水动力学计算法和油藏数值模拟法等(童长兵，2011)。

6.5.1　标定方法

1. 相态法

根据相态分析资料，DD14 井区在废弃压力为 4MPa 时，天然气采收率为 87.1％，凝析油采收率为 61.3％。

2. 经验公式法

根据陈元千(2000)经验公式，凝析油的采收率计算公式：

公式一

$$E_{Ro} = 1.41 \times 10^{-8} P_i^{0.9027} GOR^{0.25084} r_o^{-2.25253}$$
$$(141.5 - 131.5 r_o)^{2.50337} (1.8T + 32)^{0.30084} \tag{6.16}$$

公式二

$$E_{Ro} = 8.064 \times 10^{-3} P_i^{0.9027} GOR^{0.2508} (5.625 \times 10^{-2} T + 1)^{0.30084} (1.076/r_o - 1)^{2.5034}$$

$$\tag{6.17}$$

式中，P_i 为原始地层压力，MPa；GOR 为生产气油比，m³/m³；T 为气藏中部温度，℃；r_o 为凝析油相对密度，％。根据资料，计算所得各井区的凝析油采收率见表 6.9。

表 6.9　DD14 井区凝析油采收率计算参数表

P_i /MPa	T/℃	GOR /(m³/m³)	r_o	E_{Ro}/% 公式一	公式二
44.812	114.27	10994	0.774	0.419	0.446

天然气的采收率由下式确定：

$$E_{Rg} = \frac{E_R - E_{Ro}(1 - f_g)}{f_g}$$ (6.18)

式中，E_R 为凝析气的采收率，%；E_{Ro} 为凝析油的采收率，%；f_g 为天然气物质的量分数，%。

凝析气的采收率由式(6.19)确定：

$$E_R = \left(1 - \frac{P_a Z_i}{P_i Z_a}\right)$$ (6.19)

式中，P_i 为原始地层压力，MPa；P_a 为废弃压力，MPa；Z_i 为原始压力下的气体偏差系数，%；Z_a 为废弃压力下的气体偏差系数，%。

根据资料，计算所得各井区的天然气采收率见表 6.10。

表 6.10　由经验公式法确定 DD14 井区天然气采收率参数表

P_i/MPa	Z_i/%	P_a/MPa	Z_a/%	f_g/%	E_R/%	E_{RO}/%	E_{Rg}/%
44.812	1.126	12.75	0.954	0.988	0.664	0.419	0.663

根据中国石油企业标准(SY/T6098—2000)，次活跃的水驱气藏天然采收率为 0.60～0.70，不活跃的水驱气藏天然采收率为 70%～90%，凝析油采收率为 20%～40%。

DD14 井区块为受岩体控制的底水凝析气藏，天然气采收率均取值 0.600；凝析油采收率取值 0.400(表 6.11)。

表 6.11　DD14 井区采收率参数取值表确定

相态法		公式法			取值	
E_{Rg}	E_{Ro}	E_{Rg}	E_{Ro}		E_{Rg}	E_{Ro}
0.871	0.613	0.663	0.419	0.446	0.600	0.400

6.5.2　采收率评价

采用相态法、经验公式法、类比法和生产动态法计算采收率见表 6.12。

表 6.12　各种方法计算 DD14 井区采收率汇总表

分类	相态法	经验公式 陈元千(2000)	类比法 杨宝善(1995)	徐深气田 (印长海等,2009)	可采储量计算	动态法	最终 采用值
天然气/%	57.2	61.8	40～80	40～50	40～60	43	40
凝析油/%	38.3	41.9			20～40	29.8	

该区四年多的生产资料证实,DD14 井区 Ⅰ 类井天然气采收率为 60%,Ⅱ 类井天然气采收率仅为 40%,而 DD14 气藏主要以 Ⅱ 类井为主,井数和产量占全藏总数量的 45% 以上,因此,采用考虑储层条件和生产实际的类比法及生产动态法进行采收率的标定,最终标定 DD14 气藏天然气采收率均为 40%。

凝析油采收率采用生产动态法计算,根据四年来累积产凝析油量和地层压力的关系(表 6.13)和废弃压力 14.5MPa 确定。

表 6.13　DD14 井区火山岩气藏开发指标表

年份	DD14 气藏		
	年产油/10⁴t	累计产油/10⁴t	地层压力/MPa
2009	1.1292	1.1494	45.7
2010	1.7732	2.9226	42.1
2011	1.6087	4.5313	40.3
2012	1.4988	6.0301	37.8

DD14 井区火山岩气藏累积产凝析油量和地层压力的关系式如下:

$$P_i = 47.508e^{-0.0378G_{油}} \tag{6.20}$$

式中,$G_{油}$ 为累产凝析油,10^4t;P_i 为地层压力,MPa。

计算确定 DD14 井区火山岩气藏凝析油采收率为 25.8%。

参 考 文 献

陈元千. 2000. 油田可采储量计算方法[J]. 新疆石油地质. 21(1):130-137

国景新,戴启德,余炜,等. 2001. 储量精细计算方法探讨[J]. 油气地质与采收率,8(3):31-33

梁昌国. 2008. 非均质油气藏的储量计算[D]. 中国石油大学(华东)博士学位论文

秦启荣,苏培东,吴明军,等. 2008. 准噶尔盆地西北缘九区火山岩储层裂缝预测[J]. 天然气工业,28(5):24-27

任茵. 2012. 苏里格气田苏 53 区块天然气储量计算及其参数确定方法[J]. 天然气勘探与开发,35(3):17-23

孙建孟,王永刚. 2001. 地球物理资料综合应用[M]. 北京:石油大学出版社

童长兵,樊万红,郭春芬,等. 2011. 延长东部油田长 6 油层采收率标定方法研究[J]. 延安大学学报(自然科学版),30(1):89-90

王宝善. 1995. 凝析气藏开发工程[M]. 北京:石油工业出版社

王贵文,郭荣坤. 2000. 测井地质学[M]. 北京:石油大学出版社

吴元燕,吴胜和,蔡正旗. 2005. 油矿地质学[M]. 北京:石油工业出版社

杨通佑,范尚炯,陈元千,等. 2005. 石油及天然气储量计算方法[M]. 北京:石油工业出版社

印长海,朱彬,李红娟. 2009. 徐深气田火山岩气藏储量参数计算[J]. 天然气工业,29(8):86-88

三维地质建模 第7章

储层地质模型是气藏储层描述的最终成果体现(裘怿楠,1997)。反映复杂内幕结构及双重介质的三维地质模型是火山岩气藏描述成果的综合体现,建立的地质模型不仅是火山岩气藏评价及井位设计的重要依据(裘怿楠,1993),而且是气藏数值模拟及开发指标预测的基础(冉启全等,2011)。

7.1 三维地质建模技术及方法

7.1.1 三维地质建模技术简介

1. 三维地质建模的概念

传统的地质信息模拟与表达主要采用平面图和剖面图,其实质是将三维空间中的地层、构造、地貌及其他地质现象投影到某一平面上进行表达。该方法存在的主要问题是空间信息的损失与失真、制图过程复杂及信息更新困难。三维地质建模正是针对传统的地质信息模拟与表达方法的缺陷,借助计算机和科学计算可视化技术,直接从三维空间的角度去理解和表达地质体与地质环境(左义权和白云,2006)。

三维地质建模(geosciences modeling,3D)的概念最早由加拿大的 Simon 于 1994 年提出:它是运用计算机技术,在三维环境下,将空间信息管理、地质解释、空间分析和预测、地学统计、实体内容分析以及图形可视化等工具结合起来,并用于地质分析的技术。它是随着地球空间信息技术的不断发展而发展起来的,由地质勘探、数学地质、地球物理、矿山测量、矿井地质、GIS、图形图像和科学计算可视化等学科交叉而形成的一门新兴学科。

2. 油气藏地质建模的组成

油气藏地质模型由三部分组成:即构造模型、储层模型、流体分布模型(王志章等,2010)。

构造模型:主要由断层模型和层面模型组成,反映圈闭类型、几何形态、封盖层及断层与储层的空间配置关系、储层层面的变化状态等。

储层模型:包括储层相模型、储层参数模型及裂缝分布模型等。储层相模型为储层内部不同相类型的三维空间分布,反映储集体的几何形态、连续性、流通性等,包括储层构型模型与流动单元模型。储层参数模型为储层参数在三维空间上的分布和变化,主要包括孔隙度模型和渗透率模型。裂缝分布模型分为两类:一是表征裂缝类型、大小、形状、产状、切割关系及基质岩块特征的裂缝网络模型;二是表征裂缝发育程度的裂缝密度模型。

流体分布模型:反映储层流体(油、气、水)的性质及分布,一般由含油(气)饱和度模型来表达。

3. 油藏地质建模方法

油藏建模实际上是表征油藏结构和油藏参数的空间分布及变化特征,而如何根据已知的控制点的资料内插、外推资料点间及以外的油藏特性是建立油藏地质模型技术中的关键点。根据这一特点,油藏地质建模方法可分为两大类:确定性建模和随机建模(贾爱林,2010;王志章等,2010)。

1) 确定性建模

确定性建模是对井间未知区给出确定性预测,即从具有确定性资料的控制点(如井点)出发,推测出点间(如井间)确定的、唯一的储层参数。确定性建模方法主要有传统的地质作图方法、开发地震反演方法、地质统计学克里金方法三种。

地质作图方法:是一种按地质趋势线性内插的方法,有简单的线性内插、趋势面作图法、相控线性内插法等。

开发地震反演方法:包括三维地震方法与井间地震方法。三维地震方法主要应用于勘探阶段与早期评价阶段的储层建模,用于确定地层层序格架、构造圈闭、断层特征、储集体的宏观格架及储层参数的宏观展布;井间地震方法则主要应用于开发阶段的储层建模。

地质统计学克里金方法:是一种光滑内插方法,实际上是特殊的加权平均法。克里金方法比传统的数理统计方法更能反映客观地质规律,估值精度相对较高,是定量描述储层的有力工具。

2) 随机建模

由于井间储层地质特征参数分布及变化具有一定的随机性,储层预测结果便具有多解性。因此,应用确定性建模方法作出的预测结果便具有一定的不确定性,以此作为决策基础便有风险性。为此,人们广泛应用随机建模方法对储层进行建模与预测。

所谓随机建模(王志章等,2010),是指以已知信息为基础,以随机函数为理论,应用随机模拟方法,对井间地质特征属性参数的分布及其变化给出多种可能的、等概率的预测结果。这种方法承认控制点以外的储层参数具有一定的不确定性,即具有一定的随机性。因此,采用随机建模方法所建立的地质模型不是一个,而是多个,即在一定范围内的几种可能实现,以满足油田开发决策在一定风险范围的需要,这是它与确定性建模方法的重要差别。

7.1.2　火山岩气藏地质建模的技术难点

陆东地区石炭系的储集层以火山岩为主,多个火山岩体相互叠置,互不相通,结构十分复杂。火山岩体储集层具有横向物性变化快、纵向厚度大的特点。由于火山岩体分层性差,纵向难以通过地层对比来细分,内部的结构表征难度大。目标区内钻井密度低,储集空间包括孔、洞、缝多重介质,储层物性分布特征难以准确描述。

火山岩内幕结构复杂,多个火山岩体相互叠置,互不相通;储层发育影响因素多,孔隙空间包括孔隙、裂缝与溶洞,孔渗关系、流体分布规律复杂,其地质特征及地质建模内容、特点与常规碎屑岩有较大差异(冉启全等,2011)(表7.1),地质建模难度大,具体主要体现在以下几个方面。

（1）火山岩发育"火山机构-火山岩体-火山岩性-火山岩性"等多级内幕结构，各级结构单元的空间形态及叠置关系复杂，控制产状及趋势面难度大，导致构造模型和储层格架模型的建立难度大。

（2）火山岩储层成因复杂，储层分布受内部结构控制，发育孔、洞、缝多重介质，储层参数定量表征及属性模型建立难度大。

（3）火山岩气藏气水关系复杂，气水分布受构造、内部结构及储层属性控制，流体分布模型建立难度大。

表 7.1 火山岩储层地质特点与建模特点

模型类型	地质特点		建模内容与特点	
	沉积岩	火山岩	建模内容	建模特点
气藏构造模型	沉积成因，地层层状为主	火山喷发成因，地层呈不规则块状，为结构、岩体、岩相复合体	区域性旋回顶、底构造模型；控制气藏分布的结构顶、底构造模型；控制气水分布的岩体顶、底构造模型	火山喷发旋回的构造形态特征；火山机构的构造形态特征；火山岩体的构造形态特征
储层格架模型	有效砂体组成的储层格架，储层受砂体控制	受喷发、构造、成岩等多因素控制，形成复杂储层格架系统	火山喷发旋回、火山机构、火山岩体、火山岩相及储渗单元空间格架模型	旋回、机构、岩相及储渗单元的形态、规模、叠置关系及空间分布
储层属性模型	主要考虑孔隙型储层物性变化	储层分布受内幕结构控制；储层为孔、洞、缝多重介质	内部结构、地震及地质成因约束下的基质孔隙度、渗透率模型	反映内幕结构控制下的储层基质物性特征及变化
流体分布模型	主要考虑孔隙中流体分布及饱和度变化	流体分布受构造、内幕结构及储层属性共同控制	构造、内部结构及储层属性约束下的基质气水分布模型	反映构造、内幕结构及储层物性控制下，基质流体分布特征
			构造、内部结构及储层属性约束下的裂缝气水分布模型	反映构造、内幕结构及储层物性控制下，裂缝中流体分布特征

7.1.3 火山岩气藏地质建模技术思路

针对陆东地区火山岩气藏的地质特点及建模难点，以成因模式为指导，在充分利用岩心、测井、录井及生产动态等井点资料的基础上，井间以火山喷发旋回、火山机构、火山岩体、火山岩相等内部结构为约束条件，以地震属性体及反演参数体为协同约束条件，建立火山岩气藏构造、储层格架、储层属性及流体分布模型（图 7.1），形成了基于体控、相控、震控的改造型火山岩气藏三维地质建模技术，建立反映气藏复杂内幕结构及多重介质储层的三维地质模型，为水平井轨迹设计、数值模拟及开发指标预测奠定了基础。关键技术包括（吴胜和等，1999；吕晓光等，2000；吴胜和和李宇鹏，2007；徐岩和杨双玲，2009；胡勇等，2011；冉启全等，2011；宗畅等，2012）以下几个方面。

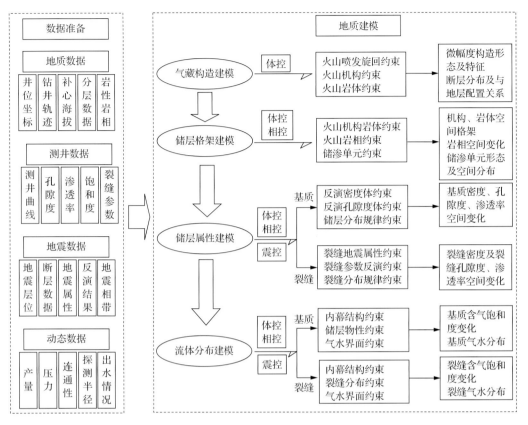

图 7.1　火山岩气藏地质建模技术思路及流程图

1. 气藏构造建模

以地层层序划分及火山机构、火山岩体解剖为基础,建立喷发旋回控制下的区域构造模型、火山岩机构控制下的局部构造模型和火山岩岩体控制下的微构造模型。

2. 储层格架建模

在构造模型的基础上,应用火山喷发旋回、火山机构、火山岩体、火山岩相及储渗单元的表征成果,建立多层级储层格架模型,揭示各级格架的形态特征、叠置关系,以及厚度、面积、规模大小等。

3. 储层属性建模

针对火山岩储层孔、洞、缝发育特点,在火山岩储层格架的约束下,以地震资料为协调约束条件,按基质和裂缝分别建立孔隙度、渗透率的参数模型。

4. 储层流体分布建模

在建立构造模型、储层格架模型及储层属性模型的基础上,以构造、内幕结构及储层属性为约束条件,首先建立气水分布模型,然后按基质和裂缝分别建立流体分布模型。

7.2 气藏构造建模

基于火山岩气藏内幕结构的特点,首先需进行火山岩构造模型的层次划分,然后根据所划分三个层次,准备相应的火山岩构造模型参数,分别建立火山喷发旋回构造模型、火山机构构造模型及火山岩体构造模型。

7.2.1 火山岩构造模型的层次划分

火山岩气藏构造模型应反映三个层次的构造形态及其变化特征。第一个层次为与火山喷发旋回相对应的反映区域构造特征的构造模型,该模型控制火山岩的分布及厚度变化;第二个层次为与火山机构相对应的反映局部构造特征的构造模型,主要控制着气层分布及其规模大小;第三个层次为与火山岩体相对应的反映较小局部构造的构造形态,控制着单个气水系统的分布及规模大小。因此,火山岩构造模型的建立就是在构造解释及内幕结构解剖的基础上,充分利用单井资料及通过地震解释获得的喷发旋回、火山机构、火山岩体层面数据,建立上述三个层次的火山岩气藏构造模型。

7.2.2 构造模型参数准备

基于火山岩构造模型的三个层次划分,建立火山岩气藏构造模型,首先需准备包括火山喷发旋回、火山机构、火山岩体的构造层面的离散数据点、断层文件及井点的分层数据。

1. 火山喷发旋回、火山机构、火山岩体的构造层面数据

以火山岩的地质成因及分布理论为指导,利用目标处理及高精度三维地震资料,采用地质约束相干分析、三维可视化解释等技术,对内幕构造形态、构造层面进行精细解释。

2. 断层文件

综合利用地震数据体时间切片解释技术、相干体时间切片解释技术、断层倾角分析技术,从平面分析断层分布,利用三维数据体分别从平面、剖面、空间不同角度对断层进行精细解释,特别要注意小断层的解释和发现。

3. 分层数据

以火山岩内幕结构解剖及地层层序划分为基础,根据火山喷发旋回、火山机构及火山岩体顶底的识别标志及井间地震反射特征,确定单井钻遇火山喷发旋回、火山机构、火山岩体的深度及坐标。

7.2.3 火山喷发旋回构造模型

火山喷发旋回构造建模主要通过以下六个步骤来实现:①依据火山喷发旋回标志,进行旋回界面的单井划分和地震层位的解释;②建立速度场,将地震解释的火山岩各喷发旋

回时间域层位数据转换为深度域数据;③以构造断层解释为基础,引入断层文件,建立火山岩三维断层模型(图7.2);④井点以单井旋回划分数据为基础,井间以旋回层面数据为约束条件,利用克里金插值分别形成火山岩各旋回层面的海拔高度的网格值;⑤进行喷发旋回构造面的校正以及断层组合,形成构造模型(图7.3);⑥对构造模型进行表征,搞清火山岩各喷发旋回、机构、岩体的构造形态,揭示火山岩断层的空间分布,确定火山岩发育的构造高点及有利的气藏分布位置。

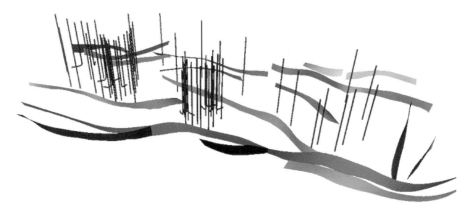

图7.2　陆东地区石炭系断层面空间分布图

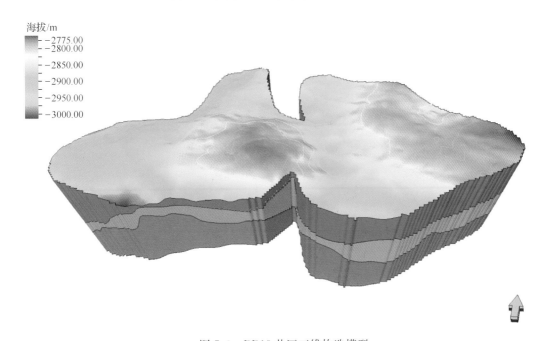

图7.3　DD18井区三维构造模型

根据上述方法和步骤,井点位置严格遵循井筒实际钻遇的分层深度(图 7.4),分别建立陆东地区 DD10、DD14、DD17、DD18 四个区块石炭系火山岩气藏三维构造模型(如 DD14 井区三维构造模型,见图 7.5)。模拟层序界面四个(P_3wt、$C_2b_3^2$、$C_2b_2^1$、$C_2b_2^2$)、断层 17 条,构建陆东地区石炭系整体三维构造地质模型(图 7.6)。

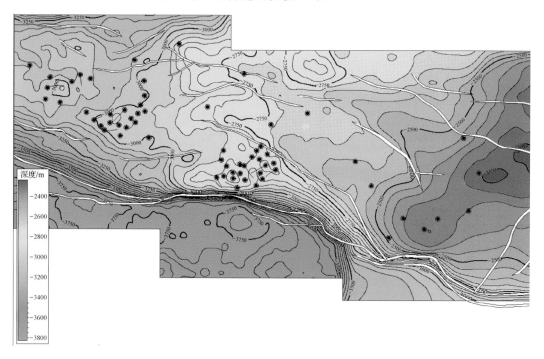

图 7.4　陆东地区石炭系顶面构造图

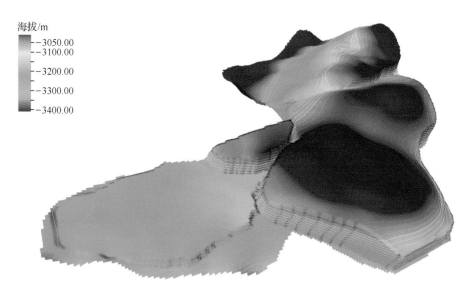

图 7.5　DD14 井区三维构造模型图

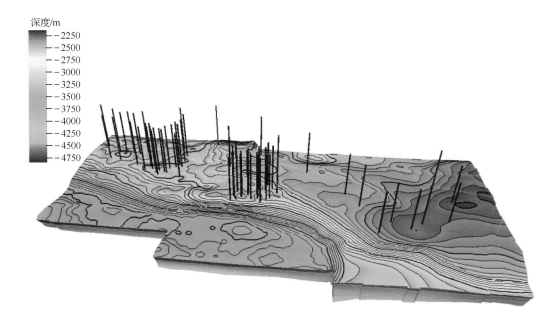

图 7.6　陆东地区石炭系整体三维构造地质模型图

7.2.4　火山机构构造模型

火山机构构造建模步骤与火山喷发旋回构造建模基本相同,主要区别有两点:①火山机构模型反映火山口、围斜构造等火山机构主要组成部分的局部构造形态特征;②火山机构模型精细表征火山机构的整体构造特征、构造变化趋势及火山机构规模(图 7.7)。

图 7.7　DD18 井区结构构造面与地震剖面对比图

　　火山机构构造模型的建立主要是搞清火山机构的规模及形态特征,为评价气藏规模及其水体大小奠定基础。如图 7.8 所示,DD10 井区火山机构的顶面构造清晰地显示了火山机构的轮廓,气藏的规模明显受火山机构控制,气藏高点位于 DD10 井所在的火山口附近,DD1001 井钻遇近火山口的构造较高点,以发育气层为主,气藏气水系统明显受火山机构控制,具有明显的上气下水的特征。

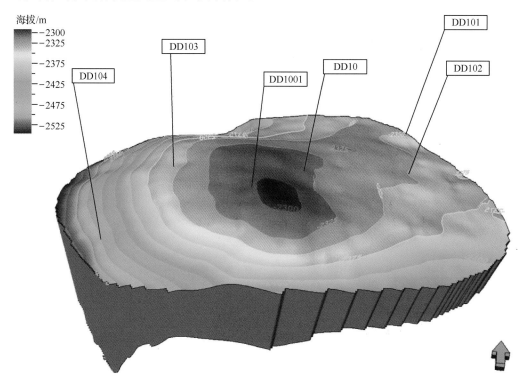

图 7.8　DD10 火山机构顶面构造模型

7.2.5　火山岩体构造模型

　　火山岩体构造模型的层面可以相互叠置或与火山机构层面重合,但不能交叉。火山岩体构造模型主要有三个特点:①表征单个火山岩体的形态、构造变化及火山岩体规模;②当多个火山岩体相互叠置时,真实反映火山岩体空间展布特征、叠置关系及相邻火山岩体连通性;③火山岩体的空间展布和规模控制气水系统的空间展布和规模。

　　火山岩体构造模型为气水分布、水体大小研究、可动用储量评价及开发层系划分奠定基础。

　　以陆东地区 DD17 井区为例,气藏范围内发育四个火山岩体(DD5 玄武岩体,DD17 玄武岩体,DD176 玄武岩体,DD176 流纹岩体)(图 7.9)。不同火山岩体可以局部叠置但各成系统,不同岩体的流体性质及气水界面存在一定差异。

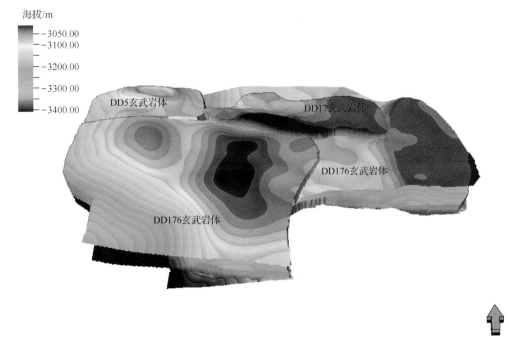

图 7.9 DD17 井区各岩体构造模型三维可视化

7.3 储层格架模型

储层格架指的是储集体的几何形态及其在三维空间的分布,是储层连通性和储层与渗流屏障空间组合分布的表征。储层格架模型是储层地质模型的骨架,也是决定气藏数值模拟中模块大小和数量的重要依据。

火山岩储层的分布受各级次储层格架的控制,因此,以单井划分及地震解释的火山岩内幕结构为约束条件,建立火山岩气藏各级次储层格架模型。

7.3.1 储层格架模型级次及参数准备

1. 储层格架模型级次

根据规模大小,火山岩储层格架模型可划分为五个级次:规模由大到小依次为火山喷发旋回格架模型、火山机构格架模型、火山岩体格架模型、火山岩相格架模型及储渗单元格架模型。火山喷发旋回格架模型可由多个火山机构经多期喷发构成,纵向上涵盖整个火山岩地层,侧向分布几十千米到几百千米;火山机构格架模型由一个火山口喷发形成的多个火山岩体组成,厚度从几百到上千米,侧向分布数千米到数十千米;火山岩体格架模型由多个成因上有联系的岩相组合构成,厚度从百米到数百米,侧向分布数百米到上千米;火山岩相格架模型厚度从十米到数十米,侧向分布数百米,直接控制着火山岩储层的分布与储层性能的优劣;储渗单元格架模型厚度从数米到数十米,侧向分布数十米到上百米。

2. 储层格架模型参数准备

火山岩气藏储层格架模型的引入参数包括火山喷发旋回、火山机构、火山岩体顶底层面的离散数据点、火山岩相单井识别及空间预测结果。

1）火山喷发旋回、火山机构、火山岩体顶底层面数据

井震结合，通过三维空间精细刻画得到各火山岩喷发旋回、火山机构、火山岩体顶底层面数据。

2）火山岩相单井识别及平面预测结果

在建立火山岩相标志的基础上，通过单井相、剖面相、平面相、空间相的研究得到三维空间火山岩相顶底层面数据。

3）单井储层测井解释结果

在单井测井解释的基础上，进行储层分类，多井对比分析，在火山岩相划分的基础上，结合静、动态资料分析，划分储渗单元，由此确定各储渗单元的顶底界面数据。

7.3.2 建立火山岩气藏储层格架模型

1. 火山喷发旋回、火山机构、岩体格架模型

在火山岩多层次构造模型基础上，以构造模型的层面为约束，以各级次储层格架空间闭合面为基础，建立火山喷发旋回、火山机构、火山岩体储层格架模型。

火山喷发旋回、火山机构、火山岩体格架模型真实地反映出各级地层格架的形态、叠置关系，获取各级地层格架的长、宽、高、坡度等特征参数（图 7.10）。

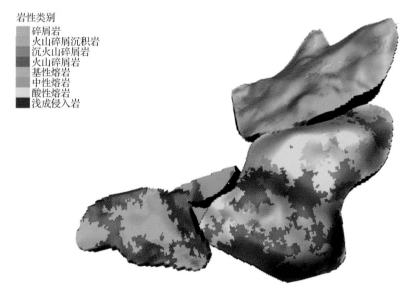

岩性类别
碎屑岩
火山碎屑沉积岩
沉火山碎屑岩
火山碎屑岩
基性熔岩
中性熔岩
酸性熔岩
浅成侵入岩

图 7.10　DD14 井区火山岩体格架模型

　　各级储层格架模型中对应范围内网格面积的累加得到火山喷发旋回、火山机构、火山岩体的面积；格架模型中利用底界面减去顶界面得到火山喷发旋回、火山机构、火山岩体的厚度；格架模型顶底构造面中所夹网格体积累加得到火山喷发旋回、火山机构、火山岩体的体积。

　　2. 火山岩相格架模型

　　火山岩相模型是在多层次构造模型和格架模型的基础上，以火山岩相分布模式为指导，充分应用火山岩相识别和表征成果，建立火山岩相三维空间分布模型。火山岩相模型可通过确定性建模和随机建模两种方式来建立。

　　应用确定性建模方法，建立火山岩相模型主要有以下四个步骤：① 以火山岩体为研究单元，在岩体内部进行喷发韵律的细分；②依据优势相，对各个喷发韵律的岩相类型进行粗化处理；③ 以单井岩相划分为基础，结合剖面相分析结果，利用波形分类、均方根振幅等地震属性预测岩体内部各喷发韵律的岩相分布；④ 井点以单井岩相为基础，井间以火山岩体格架为约束条件，以各喷发韵律的火山岩相预测结果为协同约束条件，建立基于体控的火山岩相三维地质模型(图 7.11)。

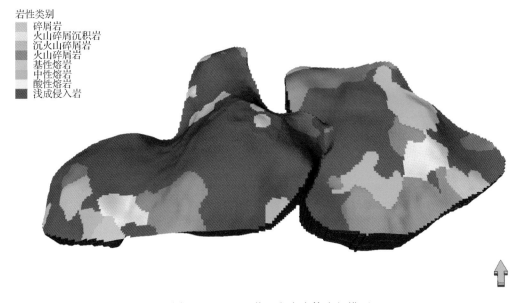

岩性类别
碎屑岩
火山碎屑沉积岩
沉火山碎屑岩
火山碎屑岩
基性熔岩
中性熔岩
酸性熔岩
浅成侵入岩

图 7.11　DD18 井区主力岩体岩相模型

　　应用随机建模方法，建立火山岩相模型具体做法是：①建模资料井点以单井岩相划分结果为基础，井间以岩相表征结果为依据，求准变差函数；②通过建立离散模型，采用序贯指示模拟等算法进行模拟，建立火山岩相随机预测模型。由于火山岩相变化快，叠置关系复杂，因此，所建立的火山岩相随机预测模型多解性强，对生产的指导作用有限。

　　火山机构、火山岩体约束下的火山岩相格架模型的建立主要是搞清各类火山岩相的形态、叠置关系，获取不同火山岩相的长、宽、厚度等特征参数，进而揭示不同火山岩相的面积和体积。

3. 火山岩储渗单元空间格架模型

储渗单元格架模型是火山岩分层次储层格架模型的核心,建模构成包括以下几个步骤:①在单井识别、划分储渗单元的基础上,确定各储渗单元的顶底界面;②在前期火山岩体、火山岩相格架模型的基础上,根据地质、测井解释、地震反映结果,从静态上初步确定火山岩的储集单元;③通过探讨半径、流体、压力系统分析结果,从动态角度对储集单元进行对比,识别和划分储渗单元;④以井点储渗单元划分结果为基础,通过静、动态综合分析,确定储渗单元的空间分布;⑤井点上以单井解释的储渗单元为基础,井间以火山岩体、岩相为约束条件,依据储渗单元识别和表征成果,建立基于体控、相控的火山岩气藏储渗单元模型(图 7.12)。

图 7.12　DD18 井区主力岩体储渗单元三维模型

7.4　储层属性模型

储层属性包括储层孔隙度、渗透率和泥质含量。火山岩储层孔洞缝发育、孔缝组合类型多、储渗能力差异大,基本不含泥质。因此,火山岩气藏储层属性模型就是在火山岩五级储层格架模型和"体控反演"属性体约束下,依据风化淋滤型、异地搬运型、蚀变充填型改造方式形成储层的分布特征,按基质和裂缝两套系统分别建立孔隙度、渗透率模型,为储量计算、数值模拟提供可靠依据。

7.4.1　火山岩气藏储层属性模型的特点

火山岩储层孔、洞、缝发育,孔缝组合类型多,储渗能力差异大,基本不含泥质。因此,火山岩气藏储层属性建模,不仅要建立储层基质参数模型,还有建立储层裂缝参数模型。即火山岩气藏储层属性模型为分基质孔隙度模型、基质渗透率模型、裂缝孔隙度模型、裂缝渗透率模型。

1. 基质孔隙度、基质渗透率模型

火山岩储层基质物性在成因上受古地理环境、火山喷发方式及能量强弱、构造作用及成岩演化等多种因素影响,物性变化快,非均质性强,分布上受火山喷发旋回、火山机构、火山岩体及火山岩相控制。

2. 裂缝孔隙度、裂缝渗透率模型

火山岩气藏储层裂缝类型多,分布规律复杂,裂缝自身的识别及预测难度大。不同火山机构、火山岩体和火山岩相的裂缝发育特征不同,因此,裂缝孔隙度、渗透率模型需要以火山喷发旋回、火山机构、火山岩体及火山岩相为约束条件,从而提高模型的精度。

7.4.2 火山岩气藏储层属性建模参数准备

火山岩气藏储层属性模型的引入参数包括单井解释的基质孔隙度、基质渗透率、裂缝孔隙度、裂缝渗透率,地震反演得到的密度、波阻抗数据体,裂缝敏感性属性体和裂缝参数反演结果。

1. 基质孔隙度、渗透率

在实验室岩心实测孔隙度、渗透率关系的基础上,经过井点测井解释基质孔隙度校正,得到单井基质孔隙度和基质渗透率数据。

2. 裂缝孔隙度、渗透率

在裂缝识别的基础上,综合利用裂缝敏感测井参数进行单井裂缝孔隙度、渗透率解释,得到单井裂缝属性数据。

3. 地震反演得到的密度、波阻抗数据体

井点以单井测得的密度、波阻抗为基础,井间以火山机构、火山岩体为约束条件,通过体控反演,得到三维空间的密度、波阻抗数据体。

4. 裂缝敏感性属性体和裂缝参数反演

井点以单井解释的裂缝参数为基础,井间利用三维地震资料,提取裂缝敏感的地震属性数据体;以单井解释的裂缝参数为基础,井间以火山机构、火山岩体为约束条件,通过裂缝参数反演,得到三维空间的裂缝数据体。

7.4.3 建立火山岩气藏储层属性模型

1. 基质孔隙度、渗透率模型的建立

相比常规沉积岩储层,火山岩储层具有极强的非均质性。因此,针对火山岩储层的特殊性,采用多重地质条件约束、井震资料密切结合的方法来建立属性模型。约束条件包括:①内部结构约束,在火山喷发旋回、火山机构、火山岩体地层格架模型约束下建立属性模型,保证火山岩储层分布的客观真实性;②火山岩相约束,火山岩相对储层物性有明显控制作用,在火山岩相模型约束下建立属性模型,可有效提高属性模型的预测精度;③体控反演约束,针对火山岩储层非均质性强、井间物性变化快、井控程度低的特点,利用"体控反演"下的密度、波阻抗数据体,进行井间约束建立火山岩属性模型。

1) 基质孔隙度模型

在五级储层格架模型约束下,通过以下方法来实现。

(1) 通过"体控"反演得到反演波阻抗、密度模型(图 7.13、图 7.14),利用密度、波阻抗与孔隙度的相关关系转换为孔隙度体,进而利用孔隙度数据体建立确定性基质孔隙度模型。

(2) "体控"条件下直接进行孔隙度反演,利用得到的孔隙度体,建立确定性基质孔隙度模型。

(3) 井点以单井解释的基质孔隙度数据为基础,井间以地震反演得到的密度、波阻抗体为协同变量,采用随机模拟算法,建立基质孔隙度随机模型(图 7.15)。

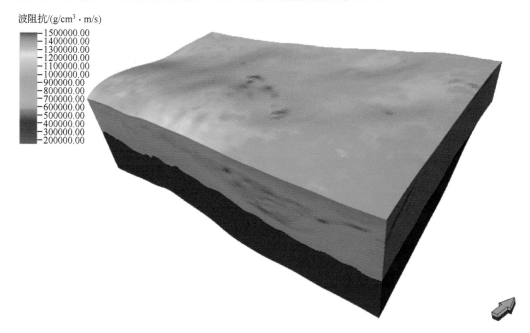

波阻抗/(g/cm³·m/s)

- 1500000.00
- 1400000.00
- 1300000.00
- 1200000.00
- 1100000.00
- 1000000.00
- 900000.00
- 800000.00
- 700000.00
- 600000.00
- 500000.00
- 400000.00
- 300000.00
- 200000.00

图 7.13　DD18 井区地震反演波阻抗模型图

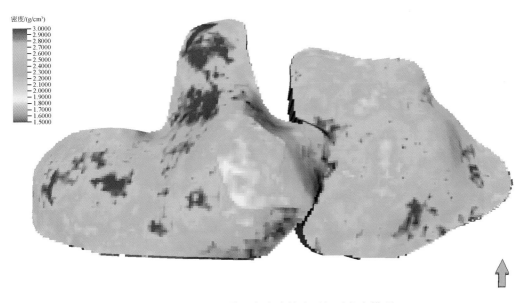

密度/(g/cm³)

图 7.14　DD18 井区主力岩体岩石相对密度模型

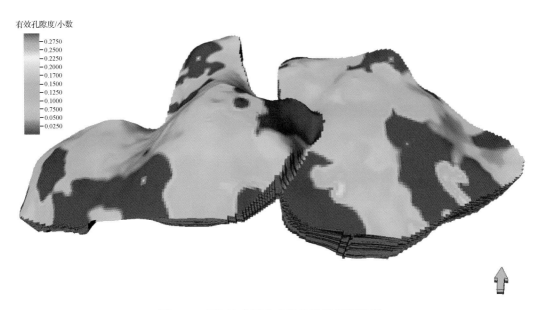

有效孔隙度/小数

图 7.15　DD18 井区主力岩体孔隙度模型图

2）基质渗透率模型

在五级储层格架模型约束下，通过以下两种建模方法来实现。

（1）通过"体控"反演得到反演波阻抗、密度模型（图 7.13、图 7.14），利用密度、波阻抗与孔隙度的相关关系转换为孔隙度体，利用基质孔隙度与渗透率的相关关系将孔隙度体转换为渗透率体，进而应用渗透率数据体建立确定性基质渗透率模型；

（2）体控反演约束：井点以单井解释的基质渗透率数据为基础，井间应用"体控"反演得到的密度、波阻抗体为协同变量进行约束，采用随机模拟算法进行随机模拟建立基质渗透率随机模型（图 7.16）。

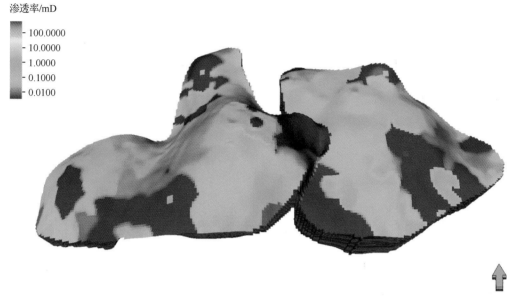

图 7.16　DD18 井区主力岩体渗透率模型图

在五级储层格架模型约束下，应用上述方法建立基质属性模型，通过所建立的模型可以有效地认识火山岩基质储层物性特征，揭示储层物性的空间变化规律。

基质属性模型为储层发育有利区优选、井位设计奠定基础。基于储层格架约束下的火山岩基质孔隙度模型不仅清晰地展示了火山岩储层孔隙度高值区及其平面展布情况，而且显示了不同火山岩体、岩相带的储层物性差异。

2. 裂缝孔隙度、渗透率模型的建立

裂缝发育是火山岩储层的基本特征之一，直接影响微观渗流机理和宏观生产动态特征，如何建立客观反映裂缝孔隙度、裂缝渗透率空间分布特征的裂缝属性模型是目前火山岩气藏地质建模面临的挑战之一。为了提高裂缝属性模型精度，在建模过程中要用五级储层格架模型和"体控反演"属性体作为井间约束条件来建立裂缝孔隙度、渗透率模型。与常规建模相比具有以下优点：①内部结构约束，火山岩内部结构对储层分布起控制作用，因此在各级次格架模型的约束下建立火山岩储层裂缝属性模型，保证了火山岩裂缝分布的合理性；②火山岩相约束，火山岩相对裂缝类型及发育程度有较明显的控制作用，在火山岩相模型约束下建立裂缝属性模型，可提高裂缝属性模型的预测精度；③体控反演约束，由于裂缝物性井间变化快，在建立火山岩裂缝属性模型时，井间应用"体控"下的裂缝敏感性属性体或裂缝参数反演结果进行约束，可有效提高井间裂缝属性预测精度。

裂缝属性模型与基质属性模型的建模思路和方法基本一致,但由于作为井间约束条件之一的地震数据体有敏感性属性和裂缝参数数据体两类,因此建模的方式存在差异。

1) 井间约束地震数据体的类型

在建立火山岩裂缝属性模型时,作为井间约束条件的地震数据体包括两类:一类是"体控"下提取的与裂缝物性具有较好相关性的裂缝敏感性属性,如相干属性、倾角属性等;另一类是裂缝密度、裂缝发育指数等裂缝参数,"体控"反演得到的数据体。

2) 裂缝属性模型的建立

(1) 裂缝敏感性属性作为井间约束条件。

首先,通过单井解释的裂缝参数与过井地震道的单属性及复合属性进行相关性分析(图 7.17)。

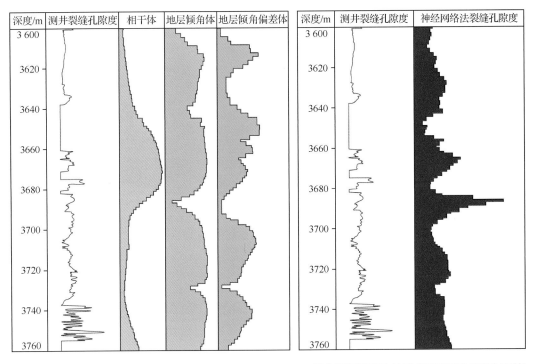

(a) 测井裂缝孔隙度与地震特殊处理数据体的相关性　　　(b) 测井裂缝孔隙度与神经网络法裂缝孔隙度的相关性

图 7.17　测井裂缝孔隙度与地震属性相关性对比

其次,在属性相关性分析基础上,确定与裂缝物性相关性较好的地震属性。陆东地区相关性分析结果表明,与裂缝物性有较好相关性的地震属性有相干属性、倾角属性、地层倾角偏差属性,以及通过神经网络法综合多个敏感性属性得到的复合属性体。

最后,在五级储层格架模型约束下,井点以单井解释的裂缝物性数据为基础,井间应用优选出的裂缝敏感性属性作为约束条件建立裂缝属性模型(图 7.18)。

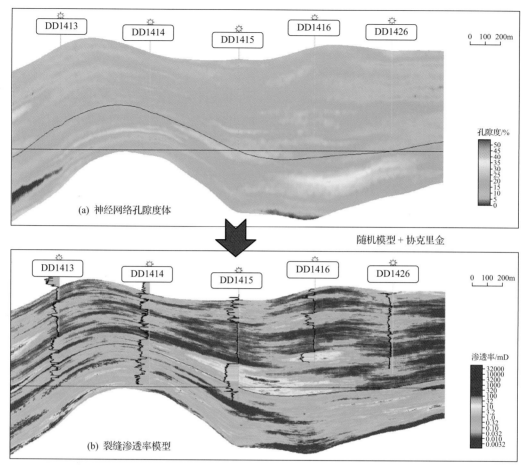

图 7.18 以神经网络为协同变量通过随机模拟预测裂缝渗透率

（2）裂缝参数反演结果作为井间约束条件。

在五级储层格架模型约束下，井点以单井解释的裂缝物性数据为基础，井间以"体控"反演得到的裂缝密度、裂缝发育指数等反演数据体作为协同约束条件，建立裂缝属性模型。裂缝属性模型的建立可搞清火山岩裂缝的空间分布，明确裂缝发育有利区域，揭示裂缝孔隙度、渗透率参数空间变化特征。裂缝属性模型为有效储层富集区优选、水平井设计提供地质依据。火山岩裂缝孔隙度模型展示了火山岩裂缝发育的高值区及其平面展布情况，而且显示了不同火山岩体、岩相带的裂缝差异性，为井位部署提供依据。

陆东地区火山岩储层裂缝建模采用地震蚂蚁追踪技术，以地震蚂蚁追踪数据体为协同模拟条件，以井筒成像测井解释获得的裂缝发育强度为硬数据，协同建立裂缝发育强度模型，并在此基础上，以裂缝发育强度为协同模拟条件，以井筒成像测井解释获得的裂缝孔隙度、渗透率为硬数据，协同建立了裂缝孔隙度和渗透率模型（图 7.19～图 7.22）。

图 7.19　DD18 井区蚂蚁追踪属性模型图

图 7.20　DD18 井区裂缝发育强度属性模型图

图 7.21　DD18 井区裂缝孔隙度属性模型图

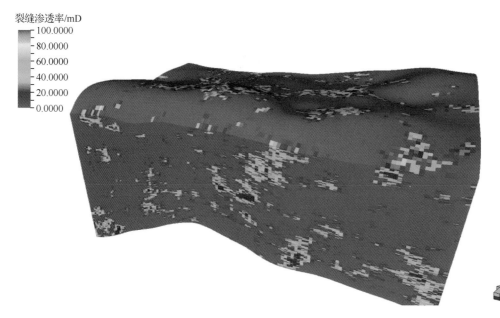

图 7.22　DD18 井区裂缝渗透率属性模型图

7.5 流体分布模型

气藏流体模型主要描述地层条件下气、水的性质，分布状态及饱和度变化。火山岩气藏气水关系复杂、含气饱和度变化大，气、水分布受构造、内部结构、储层介质等多因素控制，因此，在建立流体分布模型时，要考虑以下三个方面的约束条件：第一，火山岩气藏整体受构造控制，表现为上气下水特征，所建模型要体现火山岩喷发旋回格架模型的约束作用，保证流体宏观分布的合理性；第二，火山机构控制气藏分布及规模，火山岩体构造气水系统分布及规模，因此，在火山机构、火山岩体架构约束下建立流体分布模型，可以提高流体分布模型的精度；第三，火山岩储层属于基质、裂缝双重介质，在不同介质中流体分布和含气饱和度分布存在一定差异，在建立火山岩气藏流体分布模型时，要对基质和裂缝区别对待，分别建立相应的流体分布模型，提高流体分布模型的精度。

建立陆东地区火山岩气藏流体分布模型，除了考虑构造、内部结构约束条件外，还考虑风化淋滤型、异地搬运型、蚀变充填型三种不同储层分布模式为约束条件，按基质、裂缝两套系统建立流体模型，从而表征火山岩气藏的气水分布规律。

7.5.1 火山岩气藏流体模型的引入参数

火山岩气藏流体模型需要以储层属性模型为基础，引入的建模参数包括单井解释的基质含气饱和度数据和裂缝含气饱和度数据。

（1）基质含气饱和度数据。在单井孔隙度、渗透率解释的基础上，结合气、水层电阻率特征，利用阿尔奇公式计算得到基质含气饱和度。

（2）裂缝含气饱和度数据。根据测井解释和地质研究，气层中裂缝的原始含气饱和度取 95%，故裂缝的原始含气饱和度模型在含气范围内为常数。

7.5.2 建立火山岩气藏流体模型

1. 气水分布模型

火山岩气藏具有多级次地层格架，各级格架对气水分布的控制程度不同。因此，以单井气水层识别结果为基础，以多级次火山岩格架模型为约束，首先建立火山岩喷发旋回控制的气水分布模型，揭示火山岩气藏上气下水的气水分布特征；其次建立火山机构的气水分布模型，揭示火山机构控制的气藏分布特征及规模；最后建立火山岩体的气水分布模型，即气藏剖面（图 5.13、图 5.14），揭示火山岩体控制的气水系统分布特征及水体规模。建立的多级次气水分布模型为建立基质和裂缝含气饱和度模型奠定基础。

2. 基质含气饱和度模型的建立

火山岩基质含气饱和度模型是在气水分布模型的基础上，井点以测井解释的含气饱和度值为基础，井间以火山岩内部结构为约束条件，以基质属性数据体为协同约束条件，建立火山岩气藏基质含气饱和度模型（图 7.23）。

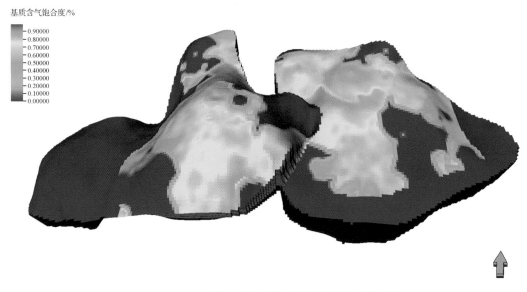

基质含气饱合度/%

图 7.23　DD18 井区主力岩体基质含气饱和度模型图

3. 裂缝含气饱和度模型的建立

据测井解释和地质研究,裂缝系统的原始含气饱和度一般取 95%。因此,在建立火山岩气水分布模型的基础上,将气水界面以上的裂缝含气饱和度赋值为 95%,气水界面以下的裂缝含气饱和度赋值为 0,建立火山岩裂缝含气饱和度模型(图 7.24)。

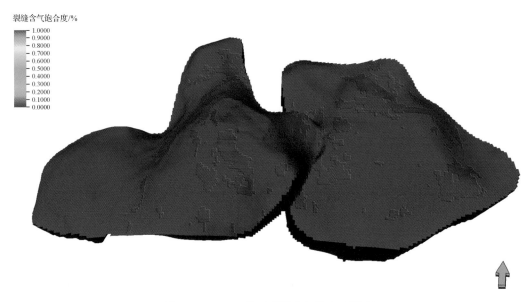

裂缝含气饱合度/%

图 7.24　DD18 井区裂缝含气饱和度模型

流体分布模型的建立可揭示火山岩气藏的各级地层格架控制下的气水分布特征,表征气层的厚度、面积和体积,以及水层的厚度、面积和体积,获取气体的体积和水体的体积。流体分布模型为储量评价、水体大小分析、井位设计及气藏数值模拟提供了依据。

7.5.3　储量预测

三维地质模型计算地质储量的方法与正规的容积法储量计算有所不同,三维地质模型的储量计算采用的是累加法,计算过程中没有含油面积、油层厚度等参数,而是直接计算每个网格的岩石体积、孔隙体积和地质储量,再将所有网格的储量值累加,最终得到整个模型的地质储量。

利用三维地质模型计算地质储量主要有两个目的。

(1) 利用储量计算、验证模型的可靠性。由于容积法通常被认为是比较可靠的一种计算方法,计算结果比较接近于实际地质情况,将地质模型计算的储量与容积法储量计算结果进行比较,是地质模型质量控制的一个常用的方法。

(2) 在精细地质模型工作的基础上计算的地质储量有一定的合理性,可以对油藏的丰度、开发价值及开发方案起到重要的参考作用。

通过测算,陆东地区各个井区火山岩气藏天然气地质储量分别为:建模储量 $32.60 \times 10^8 \mathrm{m}^3$,容积法计算储量 $32.99 \times 10^8 \mathrm{m}^3$;地质建模储量 $206.50 \times 10^8 \mathrm{m}^3$,容积法计算储量 $183.65 \times 10^8 \mathrm{m}^3$;地质建模储量 $315.30 \times 10^8 \mathrm{m}^3$,容积法计算储量 $314.79 \times 10^8 \mathrm{m}^3$。以上数字反映出三个井区利用三维地质模型计算的储量与容积法计算的储量误差很小,说明这三个井区的地质模型比较可靠,同时,也反过来证明容积法计算的储量比较落实、可靠。

总之,三维地质模型储量测算结果与容积法计算的结果具有较好的一致性,证明了地质建模工作具有较高的可靠性,达到了精细建模的地质要求,为进一步的油藏研究提供了保障。

参 考 文 献

胡勇,陈恭洋,周艳丽. 2011. 地震反演资料在相控储层建模中的应用术[J]. 油气地球物理,9(2):41-43

贾爱林. 2010. 精细油藏描述与地质建模技术[M]. 北京:石油工业出版社

吕晓光,王德发,姜洪福. 2000. 储层地质模型及随机建模技术[J]. 大庆石油地质与开发,19(1):10-16

裘怿楠. 1993. 储层地质模型. 中国油气储层研究论文集[M]. 北京:石油工业出版社

裘怿楠. 1997. 油气储层评价技术(修订本)[M],北京:石油工业出版社

冉启全,王拥军,孙圆辉,等. 2011. 火山岩气藏储层表征技术[M]. 北京:科学技术出版社

宋新民,冉启全,孙圆辉. 等. 2010. 火山岩气藏精细描述及地质建模[J]. 石油勘探与开发,4:458-465

王志章,吴胜和,徐樟有,等. 2010. 现代油藏地质学理论与技术篇[M]. 北京:科学技术出版社

吴胜和,金振奎,黄沧钿,等. 1999. 储层建模[M]. 北京:石油工业出版社

吴胜和,李宇鹏. 2007. 储层地质建模现状与展望. 海相油气地质,12(3):55-60

徐岩,杨双玲. 2009. 昌德气田营城组火山岩储层建模技术[J]. 天然气工业,29(8):19-21

宗畅,刘华,王建波. 2012. 松南气田营城组火山岩储层建模技术[J]. 吉林地质,31(1):68-74

左义权,白云. 2006. 三维地质建模研究现状与发展趋势[J]. 河北地质,2(2):27-29

Simon W H. 1994. 3D geoscientific modeling-computer technique for geological characterization[M]. Hong Kong: South Sea Int Press Ltd.